宽禁带电力电子器件原理与应用

秦海鸿　赵朝会　荀　倩　严仰光　编著

科学出版社

北　京

内 容 简 介

本书以碳化硅和氮化镓电力电子器件为主要对象，首先介绍宽禁带电力电子器件的现状与发展，阐述宽禁带电力电子器件的物理基础与基本原理；然后介绍宽禁带电力电子器件的特性与参数，分析宽禁带电力电子器件在单管电路和桥臂电路中的工作原理与性能特点，阐述宽禁带电力电子器件的驱动电路设计挑战、原理与设计方法；最后介绍在宽禁带电力电子器件特性测试和使用宽禁带电力电子器件制作电力电子变换器时的一些实际问题。

本书可作为高等学校电气工程及其自动化、电子信息工程和自动化等专业高年级本科生的教材，也可作为相关学科硕士研究生的教材，还可供从事宽禁带半导体器件研制和测试的工程技术人员，以及应用宽禁带半导体器件研制高性能电力电子装置的工程技术人员参考。

图书在版编目（CIP）数据

宽禁带电力电子器件原理与应用 / 秦海鸿等编著. —北京：科学出版社，2020.5

ISBN 978-7-03-063343-9

Ⅰ. ①宽… Ⅱ. ①秦… Ⅲ. ①禁带-半导体器件-电子器件

Ⅳ. ①TN303

中国版本图书馆 CIP 数据核字（2019）第 255586 号

责任编辑：余 江 / 责任校对：王 瑞
责任印制：赵 博 / 封面设计：迷底书装

科学出版社 出版

北京东黄城根北街 16 号
邮政编码：100717
http://www.sciencep.com

北京市金木堂数码科技有限公司印刷

科学出版社发行 各地新华书店经销

*

2020 年 5 月第 一 版 开本：787×1092 1/16
2025 年 1 月第四次印刷 印张：17 3/4
字数：432 000

定价：79.00 元
（如有印装质量问题，我社负责调换）

前　言

　　电力电子技术在国民经济领域中得到了广泛的应用，成为国民经济发展中的关键支撑技术。而电力电子器件作为电力电子技术的基础与核心，其性能的提高必然会带动电力电子装置性能的改善，推动电力电子技术的发展。相对于硅基半导体电力电子器件而言，宽禁带电力电子器件具有更低的导通电阻、更快的开关速度、更高的阻断电压和更强的工作温度承受能力。采用宽禁带电力电子器件有望大大降低电力电子变换器的功耗，提高电力电子变换器的功率密度和耐高温能力。

　　本书以碳化硅和氮化镓电力电子器件为主要对象，介绍宽禁带电力电子器件的原理、特性和应用。本书的编写采用原理解释、对比分析与实际问题讨论相结合的方法，遵循深入浅出、循序渐进及理论联系实际的原则。

　　全书共 6 章。第 1 章阐述应用领域对高性能电力电子变换器的需求，以及硅基半导体电力电子器件的技术瓶颈，并对新型宽禁带电力电子器件的国内外现状进行概要分析；第 2 章介绍宽禁带电力电子器件的物理基础，以及 SiC 和 GaN 器件的基本结构与原理；第 3 章阐述宽禁带电力电子器件的特性与参数，SiC 器件主要介绍二极管、MOSFET、JFET 和 BJT，GaN 器件主要介绍二极管、常通型 GaN HEMT、Cascode GaN HEMT、eGaN HEMT 和 GaN GIT，每种宽禁带电力电子器件均从导通、开关、阻态和驱动特性等方面进行阐述；第 4 章对基于宽禁带电力电子器件的单管和桥臂电路进行阐述，剖析桥臂直通、桥臂串扰和死区续流等关键问题；第 5 章阐述宽禁带电力电子器件的驱动电路设计挑战、原理与设计方法，对宽禁带电力电子器件的驱动保护方法进行分析，并对高温驱动技术和集成驱动技术进行介绍；第 6 章阐述宽禁带电力电子器件特性的基本测试方法及测试中存在的挑战，并对宽禁带电力电子器件高速开关限制因素、封装设计挑战、散热设计挑战、高温变换器设计挑战以及参数优化设计等问题逐一进行阐述。

　　本书是作者所在研究团队在近十年来从事宽禁带半导体器件特性与应用研究的基础上编写的。书中参考和引用了同行专家的研究成果，相关著作和学术论文均在书后参考文献中列出，在此表示衷心的感谢！并向中国电子科技集团公司第五十五研究所宽禁带半导体电力电子器件国家重点实验室柏松研究员、瑞典查尔姆斯理工大学柳玉敬教授等审稿专家表示感谢！

　　本书的出版得到国家自然科学基金面上项目(No.51677089)、国家留学基金、国家级一流本科专业建设、江苏高校品牌专业建设工程项目和南京航空航天大学"十三五"重点教材建设专项资金资助，作者对这些相关部门的支持表示感谢。

　　本书相关内容是在南京航空航天大学硕士研究生张英、董耀文、朱梓悦、聂新、谢昊天、彭子和、王若璇、莫玉斌、汪文璐、杨跃茹等和上海电机学院硕士研究生范春丽等的研究基础上编写的，作者在此一并向他们表示衷心的感谢。

由于作者学识水平有限，书中难免出现疏漏及不足之处，敬请专家和读者给予批评指正。

作　者

2019 年 8 月

目　　录

第1章 绪 论

1.1 电力电子器件的基本功能和用途

电力电子技术是有效地使用电力电子器件，应用电路和设计理论以及分析方法工具，实现对电能的高效变换和控制的一门技术。电力电子技术于 20 世纪 70 年代形成，经过 40 多年的发展，已成为现代工业社会的支撑技术之一，在推动科学技术和经济的发展中发挥着越来越重要的作用。

有别于电力电子技术的简单描述，本书使用电力电子装置及电力电子变换器的概念来更加明确电力电子器件的功能和用途。电力电子变换器是进行电能变换的电力电子电路和装置的总称。

电力电子变换器有四种基本模式，即直-直(DC/DC)变换模式、直-交(DC/AC)逆变模式、交-直(AC/DC)整流模式和交-交(AC/AC)变频模式。它们的基本特点如下。

(1) 无论哪种形式的电力电子变换器都要求产生目标波形，即期望输出，来实现由一种电能形式到另一种电能形式的变换，这些电能特征可以包括电压或者电流的波形、幅值、相位、频率、相数以及周期性等。

(2) 共同的基本组成形式，即器件、拓扑和控制，称为"三要素"。电力电子器件是电力电子变换器的核心和基础，但仅有电力电子器件是不能组成电力电子变换器的，变换器还应包括拓扑、控制以及其他元素，这些元素相互作用，共同影响变换器的性质。

(3) 相同的变换规则，即变换器的输出和输入存在一定的约束关系。电力电子变换器在规定的条件下输出所需要的电能特征量。

虽然电力电子变换器的形式多种多样，但一般以电力电子器件、不同拓扑形式的电路和不同的控制策略作为基本组成元素，图 1.1 是一个典型的电力电子变换器结构示意图，变换器的基本组成元素都在其中得到明显的体现。其中辅助电源、吸收电路和检测电路等都是实施有效变换的外部条件和辅助元素。由此可以这样理解，在电力电子变换器中，电力电子器件是基础，变换器拓扑是条件，变换器的控制是关键。

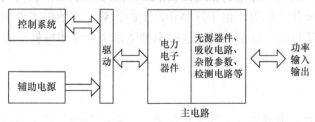

图 1.1 一个典型的电力电子变换器结构示意图

电力电子器件作为电力电子装置中的核心部件，其器件性能的优劣对电力电子变换器高性能指标的实现有着重要的影响。器件技术的突破往往会推动电力电子变换器性能的进一步提高。

电力电子变换器的应用领域越来越广泛，电力电子器件水平还远远不能满足应用场合的要求。目前电力电子器件用于变换器中的根本问题是其功率承受能力和开关频率之间的矛盾，而现有电力电子器件工艺水平并不能很好地解决该问题，往往功率越大，耐压越高，开关频率越低。从电力电子器件个体来说，大功率和高频化仍是现阶段电力电子器件发展的两个重要方向。新型电力电子器件及其相关新型半导体材料的研究，一直是电力电子技术领域极为活跃的主题之一；新型电力电子器件的应用特性，即其在电力电子变换器中与其他元素之间的相互影响，也一直是电力电子变换器领域研究中的重要问题之一。

1.2　电力电子器件的优选材料

多年来，电力电子器件的改进或创新基本都集中体现在器件结构上，在材料的使用方面没有超出硅(Si)的范围。无论是晶闸管还是功率 MOSFET 和 IGBT，全都是用硅做的器件。但从电力电子器件的特性和应用需要考虑，硅材料并不十分理想。经过人们多年来对硅器件在创新原理、创新结构等方面的不断探索，硅材料在电力电子器件方面的应用潜力似乎已得到了充分的发挥。因此需要采用新的、更合适的宽禁带半导体材料来制造功率器件，以适应电力电子技术长足发展的需要。

砷化镓(GaAs)曾经是人们开发高频大功率器件所关注的对象。砷化镓在载流子迁移率、禁带宽度和临界雪崩击穿电场强度方面相对于硅有明显优势，其在场效应器件和肖特基势垒二极管(简称为肖特基二极管(SBD))等器件应用方面具有相当强的优势。砷化镓肖特基二极管呈现出非常好的导通与开关特性，电压超过 200V 的砷化镓竖直沟道功率 JFET 和MESFET 在 20 世纪 90 年代初就已陆续商品化，成为最早付诸应用的使用较宽禁带材料的功率器件。但是，作为电力电子器件的制造材料还应有良好的导热性，以免在大电流下结温过高。砷化镓的热导率远比硅低，因此不能作为电力电子器件的优选材料。

研究人员为便于区分，通常把硅材料制成的电力电子器件称为第一代电力电子器件，把砷化镓材料制成的电力电子器件称为第二代电力电子器件，把采用宽禁带半导体材料制成的电力电子器件称为第三代电力电子器件。宽禁带半导体材料有许多共同特征，如宽禁带、高熔点、高临界雪崩击穿电场强度、高热导率、小介电常数、大激子束缚能、大压电系数，以及较强的极化效应等。由于这些特征上的优势，宽禁带半导体成为人们改进电力电子器件性能的优选材料。其中最受关注的两种宽禁带半导体材料是碳化硅(SiC)和氮化镓(GaN)。

1.2.1　碳化硅材料

碳化硅是典型的实用宽禁带半导体材料之一，跟硅和砷化镓一样具有典型的半导体特性，称为继硅和砷化镓之后的"第三代半导体"，尤其在制造电力电子器件方面具有广阔的应用前景。但是，在半导体已深得人心的一个很长时期内，很多人对碳化硅的了解，还仅限于它的高硬度、耐磨和耐高温特性，因而其实用价值在过去的长时期内主要是作为研磨材料应用于机械加工和作为耐火材料应用于金属冶炼。

虽然碳化硅作为半导体材料的应用比硅和砷化镓几乎晚了半个世纪，但早在 1824 年，瑞典科学家 J. J. Berzelius 在人工合成金刚石的过程中就已经观察到了它的存在。由于自然界中天然碳化硅晶体极少，人工合成又极困难，人们在那个年代对其不可能有太多了解。直到 E. G. Acheson 发明了碳化物晶体的人工制造技术之后，人们才逐渐对其有所认识。Acheson 的最初目的是想寻找一种能够代替金刚石的金属研磨材料。他在合成碳化物的晶体中发现了这种硬度高、熔点高的材料之后，于 1893 年申请了专利，并将这种物质定名为Carborundum。用 Acheson 法制造出来的碳化硅是多晶体或鳞片状单晶，在当时和后来都主要用来加工研磨材料。

1893 年，法国科学家 H. Moissan 在美国亚利桑那州陨石坑中发现了天然的碳化硅单晶，因而矿物学家将天然的 SiC 晶体命名为莫桑石(Moissanite)。现在，珠宝行也把人造碳化硅晶体称作莫桑石。

SiC 半导体特性的发现已有 100 多年的历史。1907 年，英国电气工程师 H. J. Round 用SiC 首先发现了半导体的电致发光效应；20 世纪 20 年代的早期无线电接收机也使用了 SiC晶体检波器。1955 年，飞利浦研究室的 J. A. Lely 根据升华-凝聚原理发明了一种生长高品质 SiC 单晶的新方法，在 2500℃高温下无籽晶生长小尺寸针状或片状纯度较高的半导体SiC 晶体。此后，对 SiC 半导体的研究在世界范围内全面展开，并于 1958 年在美国 Boston召开了第一届国际 SiC 学术研讨会。但是，在随后的 20 年间，Si 技术的卓越成就及其迅猛发展，转移了人们对 SiC 这一难以用人工合成方法大量生产的半导体材料的研究兴趣，对SiC 半导体的研究只有少数人，主要是苏联的一些科学家在缓慢地进行着。1978 年，苏联科学家 Yu. M. Tairov 和 V. F. Tsvetkov 改进了 Lely 的方法，用籽晶生长了较大尺寸的 SiC 晶体。这个进步使得蓝色发光二极管在 1979 年左右诞生。1980 年，Nishino 等提出在 Si 衬底上异质外延生长 3C-141 SiC 单晶薄膜的实验构想。但是，由于 3C-SiC 和 Si 的晶格失配与热失配都很严重，这种以廉价衬底生长昂贵材料的梦想至今仍未真正实现。1987 年，美国Cree 公司以成功生长 6H-SiC 体单晶为契机宣告成立，并很快成为全球首家销售 SiC 晶片和器件的企业。

SiC 具有多种不同的晶体结构，目前已发现 250 多种。虽然 SiC 材料晶格类型很多，但目前商业化的只有 4H-SiC 和 6H-SiC 两种。4H-SiC 由于有着比 6H-SiC 更高的载流子迁移率，因此成为 SiC 基电力电子器件的首选使用材料。表 1.1 列出目前主要的半导体材料的物理特性。

从表 1.1 可见，4H-SiC 半导体材料的物理特性主要有以下优点。

(1) SiC 的禁带宽度大，约是 Si 的 3 倍、GaAs 的 2 倍。

(2) SiC 的临界击穿场强高，约是 Si 的 8 倍、GaAs 的 6 倍。

(3) SiC 的饱和电子漂移速度高，约是 Si 及 GaAs 的 2 倍。

(4) SiC 的热导率高，约是 Si 的 2 倍、GaAs 的 7 倍。

SiC 半导体材料的优异性能使得 SiC 基电力电子器件与 Si 基电力电子器件相比具有以下突出的性能优势。

表 1.1　室温(25℃)下几种半导体材料的物理特性

物理特性指标	SiC			GaN	Si	GaAs
	4H-SiC	6H-SiC	3C-SiC			
禁带宽度/eV	3.2	3.0	2.2	3.42	1.12	1.43
临界击穿场强/(10^6V·cm^{-1})	2.2	2.5	2.0	3.3	0.3	0.4
热导率/[W·(cm·K)$^{-1}$]	3~4	3~4	3~4	2.2	1.7	0.5
饱和电子漂移速度/(10^7cm·s^{-1})	2.0	2.0	2.5	2.8	1.0	1.0
介电常数	9.7	10	9.7	9	11.8	12.8
电子迁移率/[cm^2·(V·s)$^{-1}$]	980	370	1000	2000	1350	8500
空穴迁移率/[cm^2·(V·s)$^{-1}$]	120	80	40	600	480	400

(1) 具有更高的额定电压。图 1.2 为 Si 基和 SiC 基电力电子器件额定电压的比较。可以看出，无论是单极型还是双极型器件，SiC 基电力电子器件的额定电压均远高于 Si 基同类型器件。

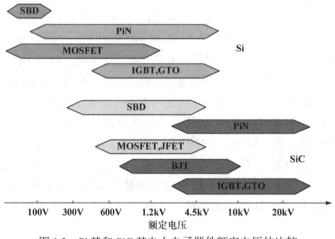

图 1.2　Si 基和 SiC 基电力电子器件额定电压的比较

(2) 具有更低的导通电阻。图 1.3 为室温下 Si 基和 SiC 基单极型电力电子器件的理论比导通电阻对比。在额定电压相同时，SiC 基单极型电力电子器件的比导通电阻远小于 Si 基单极型电力电子器件的比导通电阻。

(3) 具有更高的开关频率。SiC 基电力电子器件的结电容更小，开关速度更快，开关损耗更低。图 1.4 为相同工作电压和电流下，设定最大结温为 175℃时，Si 基和 SiC 基单极型电力电子器件的理论工作频率性能对比。10kV SiC 基单极型高压器件，仍可实现 33kHz 的最大开关频率。在中大功率应用场合，有望实现 Si 基电力电子器件难以达到的更高开关频率，显著减小电抗元件的体积和重量。

(4) 具有更低的结-壳热阻。由于 SiC 的热导率是 Si 的 2 倍以上，器件内部产生的热量更容易释放到外部。相同条件下，SiC 基电力电子器件就可以采用更小尺寸的散热器。

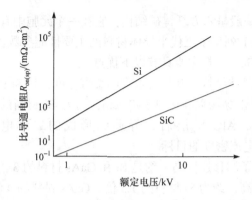

图 1.3 室温下 Si 基和 SiC 基单极型电力电子器件的理论比导通电阻对比

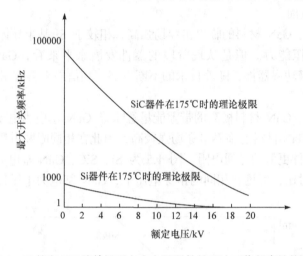

图 1.4 Si 基和 SiC 基单极型电力电子器件的理论工作频率性能对比

(5) 具有更高的结温。SiC 基电力电子器件的极限工作结温有望达到 600℃以上,远高于 Si 基电力电子器件。

(6) 具有极强的抗辐射能力。辐射不会导致 SiC 基电力电子器件的电气性能出现明显的衰减,因而在航空航天等领域采用 SiC 基电力电子装置,可以减轻辐射屏蔽设备的重量,提高系统的性能。

1.2.2 氮化镓材料

氮化镓也是典型的实用宽禁带半导体材料之一,属于 III-N 化合物。III-N 化合物一般具有高熔点、高饱和蒸气压和高温下结构不稳定的特点。例如,GaN 晶体的熔点约为 1700℃,相应的平衡蒸气压高达 4.5GPa,在大气压下 1000℃左右就会分解。因此 III-N 化合物材料的制备,特别是体单晶的生长,难度太大,至今还没有哪一种能像 Ge、Si、GaAs 那样制成有较大直径和长度的晶锭,大多也难以像 SiC 那样长成有一定厚度的晶块。主要是由于体单晶生长太难,III-N 化合物的研究和开发,在半导体科学与技术长足发展的前 40 年进展十分缓慢。

GaN 材料是 1928 年由 Johnson 等采用氮和镓两种元素合成的,具有非常强的硬度。在大气压力下，GaN 晶体一般呈六方纤锌矿结构，它在一个元胞中有 4 个原子，原子体积大约为 GaAs 的 1/2。表 1.1 列出了三代半导体材料的主要性能参数。对比表 1.1 中不同半导体材料的性能参数可知 GaN 材料主要具有以下优点。

(1) GaN 材料独特的晶体结构使其具有很大的禁带宽度，是 Si 和 GaAs 材料的 2～3 倍。

(2) GaN 材料的临界击穿场强高达 3.3MV/cm，约为 Si 材料的 10 倍、GaAs 材料的 8 倍；在 GaN 层上生长 AlGaN 层后，异质结形成的二维电子气(2DEG)浓度较高(2×10^{13}cm/s)，可达到高电流密度的目标。

(3) GaN 材料饱和电子漂移速度高，约是 Si 和 GaAs 材料的 3 倍。

(4) GaN 材料热导率高，约为 Si 材料的 1.5 倍、GaAs 材料的 4 倍。

由于 GaN 材料的优越特性，将其制作成电力电子器件会具有更为突出的性能优势，具体表现在以下几个方面。

(1) 耐压能力高。GaN 材料的临界击穿场强高，相较于 Si 基半导体器件，GaN 器件理论上具有更高的耐压能力。但是从现阶段的器件发展水平来看，GaN 材料更适合制作 1000V 以下电压等级功率器件，随着技术的不断发展，相信未来会有耐压等级更高的 GaN 基电力电子器件出现。

(2) 导通电阻小。GaN 材料极高的带隙能量意味着 GaN 基电力电子器件具有较小的导通电阻。同时由于 GaN 材料的临界击穿场强较高，因此在相同阻断电压下，GaN 基电力电子器件具有比 Si 器件更低的导通电阻。图 1.5 为 Si、SiC、GaN 基电力电子器件在室温下的理论比导通电阻对比，可见在相同的击穿电压下，GaN 基电力电子器件的理论比导通电阻值最小。

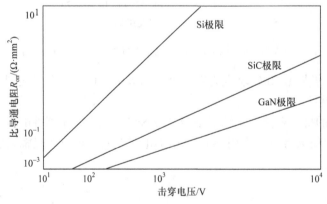

图 1.5   Si、SiC、GaN 基电力电子器件在室温下的理论比导通电阻对比

(3) 开关速度快、开关频率高。GaN 材料的电子迁移率较高，因此在给定的电场作用下其电子漂移速度快，使得 GaN 基电力电子器件开关速度快，适合在高频条件下工作。同时由于 GaN 材料的饱和漂移速度高，因此 GaN 基电力电子器件能够承受的极限工作频率更高，在高频应用下可使电力电子装置的电抗元件体积大大缩小，显著提高功率密度。

(4) 结-壳热阻低。GaN 材料的热导率相对于 Si 材料来说更高，因此 GaN 基电力电子器件的热阻更小，器件内部产生的热量更容易释放到外部，对散热装置要求较低。

(5) 具有更高的结温。GaN 基电力电子器件相较于 Si 基电力电子器件可承受更高的结温而不发生退化现象。

GaN 可以生长在 Si、SiC 及蓝宝石上，在价格低、工艺成熟、直径大的 Si 衬底上生长的 GaN 器件具有低成本、高性能的优势，因此受到广大研究人员和电力电子厂商的青睐。

除了 SiC 和 GaN，宽禁带材料中金刚石和氧化镓的带隙更高，金刚石的带隙为 5.4~5.7eV，氧化镓的带隙为 4.5~4.9eV，临界击穿电场强度更高，可望进一步提高器件性能。为区别 SiC 和 GaN 半导体，有学者也把金刚石和氧化镓称为"超宽禁带"半导体。目前这两种半导体材料及其器件研制仍在进行中。

图 1.6 是宽禁带电力电子器件对电力电子装置的主要影响。将宽禁带电力电子器件应用于电力电子装置，可使装置获得更高的效率和功率密度，能够满足高压、高功率、高频、高温及抗辐射等应用要求，支撑飞机、舰艇、战车、火炮、雷达、太空探测等国防军事设备的功率电子系统领域，以及民用电力电子装置、电动汽车驱动系统、列车牵引设备和高压直流输电设备等领域的发展。

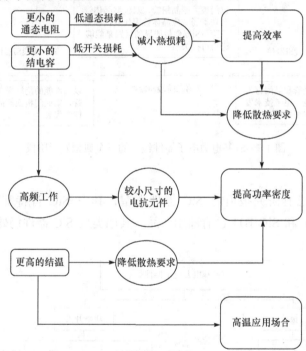

图 1.6 宽禁带电力电子器件对电力电子装置的主要影响

1.3 电力电子器件的基本分类和应用

根据器件所用半导体材料、控制特性、驱动方式的不同，电力电子器件有多种不同的分类方式。

1.3.1 按半导体材料分类

按照半导体材料特性，可把现有常用电力电子器件分为 Si 器件、SiC 器件和 GaN 器件。

1. Si 器件

从 1957 年美国通用电气公司开发出世界上第一只 Si 基晶闸管至今，Si 基电力电子器件经历了三个典型发展阶段，如图 1.7 所示。

(1) 第一阶段。主要以功率二极管和晶闸管为代表，是电力电子技术发展早期的主要器件，是传统电力电子技术的标志。

(2) 第二阶段。主要以门极关断晶闸管(GTO)、双极型晶体管[BJT，也称为大功率晶体管(GTR)]和功率场效应晶体管(Power MOSFET)为代表。随着电力电子技术的发展，对器件的可控性提出了更高的要求，这些器件相对于第一阶段 Si 器件最明显的区别是能够进行可控关断，这也是现代电力电子技术的标志。

(3) 第三阶段。主要以高性能的绝缘栅双极型晶体管(IGBT)、集成门极换流晶闸管(IGCT)等器件为代表。其中，IGBT 成为第三阶段 Si 基电力电子器件的典型代表。

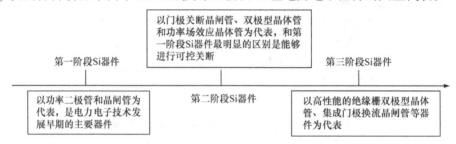

图 1.7   Si 基电力电子器件经历的三个典型发展阶段

2. SiC 器件

图 1.8 是目前已有研究报道的 SiC 器件类型，其中 SiC 肖特基二极管(SBD)、SiC MOSFET、SiC JFET 和 SiC BJT 已有商用产品，其他类型 SiC 器件仍处于样品阶段或实验室研究阶段。

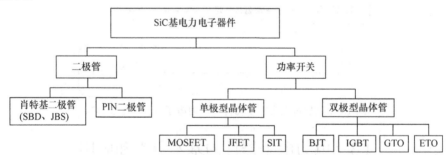

图 1.8   已有研究报道的 SiC 器件类型

3. GaN 器件

图 1.9 为目前已有研究报道的 GaN 器件类型，其中 GaN 基二极管、级联型(Cascode) GaN HEMT、增强型 GaN(eGaN) HEMT 和 GaN GIT 已有商用产品，其他类型 GaN 器件仍处于样品阶段或实验室研究阶段。

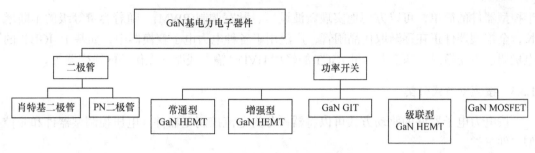

图 1.9 已有研究报道的 GaN 器件类型

1.3.2 按控制特性分类

按照电力电子器件控制特性来分类，习惯上根据器件的开通、关断控制特性的不同，可分为不控型器件、半控型器件和全控型器件三大类。

1. 不控型器件

不控型器件主要为各种不同类型的功率二极管，如大功率二极管、快恢复二极管和肖特基二极管等。这类器件一般为两端器件，其中一端为阳极，另一端为阴极。其开关操作仅取决于施加于器件阳、阴极间的电压。无论是正向导通，还是反向阻断，流过其中的电流都是单方向的。由于其开通和关断不能通过器件本身进行控制，故这类器件称为不控型器件。二极管的正向导电和反向阻断特性十分显著，因此常用来控制电流的方向，如只用二极管来构成的 AC/DC 整流电路、二极管与其他类型器件配合构成的 DC/DC 或者 DC/AC 变换电路等。有时，也会使用二极管反向阻断过程的特殊性，如稳压特性，有此功能的二极管一般称为稳压管，可以用于电路中抑制电压的幅值。不控型器件(即二极管)是电力电子器件中最基本的、用途最广的器件。

2. 半控型器件

半控型器件主要指晶闸管及其派生器件，如双向晶闸管、逆导晶闸管等。这类器件一般是三端器件，除阳极和阴极，还增加了一个控制用门极。半控型器件也具有单向导电性，其开通不仅需要在其阳、阴极间施加正向电压，而且必须在门极和阴极间输入正向可控功率，称为"开通可控"。然而这类器件一旦开通，就不能再通过门极控制关断，只能从外部改变加在阳、阴极间的电压极性或强制阳极电流变成零，所以把它们称为半控型器件。晶闸管制造工艺相对简单，是最早生产的可控电力电子开关器件。其在诞生后，被大量用于工业电力控制装置中。由其组成的变换器的性能一般，其最大特点是价格低廉、可靠性高。目前在许多大容量变换器领域，因没有可以替代的其他器件，晶闸管仍得到广泛使用，如大功率电力系统的无功补偿、直流输电、大型同步电机调速等设备中均有采用。

3. 全控型器件

全控型器件种类较多，工作机理也不尽相同，包括 Si 基和 SiC 基 GTO、BJT、功率 MOSFET、IGBT 以及 eGaN HEMT、Cascode HEMT、GaN GIT 等。这一类器件也是带有控制端的三端器件，其控制端不仅可控制其开通，而且也能控制其关断，故称为全控型器件。由于不需要外部提供关断条件，仅靠自身控制即可关断，所以这类器件常被称为自关断器件。与半控型器件相比，其性能比较完善，应用上也更灵活，但其器件制造工艺相对复杂。相对地，在实现电力电子变换器过程中，采用全控型器件的变换器拓扑和控制均比半控型器件的简单，可以方便地实现斩波调压、脉宽调制(PWM)。随着容量等级的不断增长，全控型器件正在逐渐取代晶闸管，广泛用于各种电力电子变换器中，如基于 IGBT 的电机调速用变频器、基于大容量 IGCT 的轻型 HVDC 输电线路、光伏并网逆变器等。

1.3.3　按驱动方式分类

按电力电子器件的驱动方式可以将器件分为电流控制型器件、电压控制型器件和光控型器件三类。

1. 电流控制型器件

电流控制型器件有 Si 基或 SiC 基 SCR、BJT、GTO 和 GaN GIT 等，这类器件必须有足够的驱动电流才能使器件导通或者关断，本质上是通过控制极电流(对 SCR、GTO 为门极，对 BJT 为基极，对 GaN GIT 为栅极)来直接影响器件的行为，随着器件容量的增加，一般需要更大的驱动功率。对于 GTO 和 SCR 来说，一般需要脉冲电流控制，而对于 Si 基或 SiC 基 BJT、GaN GIT 一般需要采用持续的电流控制，GTO 和 SCR 的驱动电路相对复杂，但不需要持续的功率消耗。

2. 电压控制型器件

电压控制型器件有 Si 基或 SiC 基 MOSFET、IGBT，以及 eGaN HEMT、Cascode GaN HEMT 等，这些类型器件的开关行为只需要有一定的电压和很小的驱动电流就可以，因而电压控制型器件只需很小的驱动功率，驱动电路也比电流控制驱动型的简单，已经有很多专用集成驱动芯片可以直接使用。另外，采用电压控制驱动的器件开关动作一致性相对较好。

3. 光控型器件

光控型器件一般是专门制造的电力电子器件，如光控晶闸管。这类器件通过光纤和专用的光发射器来控制器件的开关行为，驱动电路非电化，可以很大程度上减小电路的电磁干扰，如主电路的传导和辐射干扰。光控型器件一般用在某些大容量电力电子变换系统中，如电力系统的直流输电装置中。

1.4　宽禁带电力电子器件的现状与发展

宽禁带电力电子器件技术是一项战略性的高新技术，具有极其重要的军用和民用价值，因此受到国内外众多半导体公司和研究机构的广泛关注与深入研究。在经过长时间研究和开发过程后，英飞凌(Infineon)公司在 2001 年推出首个商业化的 SiC 肖特基二极管，拉开了宽禁带电力电子器件商业化的序幕。随后，国际上各大半导体器件制造厂商都相继推出宽禁带电力电子器件。

1.4.1　SiC 基电力电子器件

美国的 Cree、Semisouth、Microsemi、GE、USCi、GeneSiC、Powerex、Fairchild、IXYS 和 IR 等公司，德国的 Infineon，瑞典的 Transic，意大利和法国联合的 ST，以及日本的 Rohm、Mitsubushi、Fujistu、Hitachi、Panasonic 和 Renesas 等公司都相继推出 SiC 基电

力电子器件。国内外的很多科研机构与高等院校也在开展 SiC 基电力电子器件的研究，并积极与半导体器件制造厂商合作，开发出了远高于商业化器件水平的实验室器件样品和非商用产品。

1. SiC 基二极管

目前，SiC 基二极管主要有三种类型：肖特基二极管、PIN 二极管和结势垒肖特基二极管(JBS)。肖特基二极管采用 4H-SiC 的衬底以及高阻保护环终端技术，并用势垒更高的 Ni 和 Ti 金属改善电流密度，开关速度快、导通压降低，但阻断电压偏低、漏电流较大，适用于阻断电压在 0.6~1.5kV 的应用；PIN 二极管由于电导调制作用，导通电阻较低，阻断电压高、漏电流小，但工作过程中反向恢复严重；JBS 结合了肖特基二极管所拥有的出色的开关特性和 PIN 二极管所拥有的低漏电流特点，把 JBS 结构参数和制造工艺稍作调整就可以形成混合 PIN-肖特基结二极管(MPS)。

与 Si 基快恢复二极管相比，SiC SBD 的显著优点是阻断电压升高、无反向恢复，以及具有更好的热稳定性。目前，Infineon 公司已推出的第五代 SiC SBD，采用了混合 PIN-肖特基结、薄晶圆和扩散钎焊等技术，使得其正向压降更低，具有很强的浪涌电流承受能力。Cree 和 Rohm 公司也已开发出类似技术，新一代 SiC SBD 商用产品即将批量上市。国内可提供 SiC SBD 商用产品的公司仍较少，只有以泰科天润半导体科技(北京)有限公司、中国电子科技集团公司第五十五研究所和深圳基本半导体有限公司为代表的几家单位可提供 SiC SBD 产品，耐压有 650V、1200V、1700V 等三个等级，最大额定电流为 40A。

除分立封装的 SiC SBD 器件以外，SiC SBD 还用作续流二极管与 Si IGBT 和 Si MOSFET 进行集成封装制成 Si/SiC 混合功率模块。多家生产 Si IGBT 模块的公司均可提供由 Si IGBT 和 SiC SBD 集成的 Si/SiC 混合功率模块，其中美国 Powerex 公司提供的 Si/SiC 混合功率模块最大定额为 1700V/1200A。美国 IXYS 公司生产出由 SiC SBD 器件制成的单相整流桥，满足变换器中高频整流的需求。这些商业化的 SiC SBD 主要应用于功率因数校正(PFC)、开关电源和逆变器中。

与商业化器件相比，目前 SiC SBD 的实验室样品已达到较高电压水平。Cree 公司和 GeneSiC 公司均报道了阻断电压超过 10kV 的 SiC SBD。要实现更高电压等级的 SiC 基二极管，需要采用 PIN 结构。2012 年德国德累斯顿工业大学实验室报道了 6.5kV/1000A 的 SiC PIN 二极管功率模块。近期有报道称 20kV 耐压等级的 SiC PIN 二极管研制成功，这些高压 SiC 基二极管的出现将大大推动中高压变换器领域的发展。

2. SiC MOSFET

功率 MOSFET 具有理想的栅极绝缘特性、高开关速度、低导通电阻和高稳定性，在 Si 基电力电子器件中，功率 MOSFET 获得巨大成功。同样，SiC MOSFET 也是最受瞩目的 SiC 基电力电子器件之一。

SiC 功率 MOSFET 面临的两个主要挑战是栅氧层的长期可靠性问题和沟道电阻问题。随着 SiC MOSFET 技术的进步，高性能的 SiC MOSFET 被研制出来。2011 年，美国 Cree 公司率先推出了两款额定电压为 1200V，额定电流约为 30A 的商用 SiC MOSFET 单管。为满足高温场合的应用要求，Cree 公司还提供 SiC MOSFET 裸芯片供用户进行高温封装设计。2013 年，Cree 公司又推出了新一代商用 SiC MOSFET 单管，并将额定电压提高到

1700V，而且新产品也提高了 SiC MOSFET 的栅极最大允许负偏压值(从–5V 提高到–10V)，增强了 SiC MOSFET 的可靠性。日本的 Rohm 公司也推出了多款定额相近的 SiC MOSFET 产品，并且在减小导通电阻等方面做了很多优化工作。目前，Cree 公司主要采用水平沟道结构的 SiC MOSFET，而 Rohm 公司则侧重于垂直沟道结构 SiC MOSFET 的研制。Infineon 公司也主要针对沟槽结构的 SiC MOSFET 进行研究，其主推的 CoolSiC MOSFET 与其他公司的 SiC MOSFET 相比，具有栅氧层稳定性强、跨导高、栅极阈值电压高(典型值为 4V)、短路承受能力强等特点，其在 15V 驱动电压下即可使得沟道完全导通，从而可与现有高速 Si IGBT 常用的+15/–5V 驱动电压相兼容，便于用户使用。目前已有少数型号产品投放商用市场。

SiC MOSFET 单管的电流能力有限，为便于处理更大电流，多家公司推出了多种定额的 SiC MOSFET 功率模块。2010 年，美国的 PowerEx 公司推出了两款 SiC MOSFET 功率模块(1200V/100A)，该功率模块具有很高的功率密度。随后，日本的 Rohm 公司在 2012 年推出了定额为 1200V/180A 的 SiC MOSFET 功率模块，该功率模块内部采用多个 SiC MOSFET 芯片并联进行功率扩容，配置为半桥电路结构，采用 SiC SBD 作为反并联二极管(这种由 SiC 可控器件和内置 SiC SBD 集成的 SiC 模块，通常称为"全 SiC 模块")，模块的开关频率能够达到 100kHz 以上，满足了较大功率场合的应用要求。Cree 公司也相继推出了类似定额的 SiC MOSFET 模块。到目前为止，多家公司均可提供额定电压为 1200V、1700V 的多种电流额定值的全 SiC 功率模块。

SiC MOSFET 的主要研究热点是提高其通态电流能力和降低通态比导通电阻。Cree 公司对 SiC MOSFET 的研究已覆盖 900V～15kV 电压等级。常温下额定电压为 900V 的 SiC MOSFET 通态电阻约为目前最高水平 600V Si 超结 MOSFET 和 GaN HEMT 的 1/2，且其通态电阻的正温度系数比 Si 超结 MOSFET 和 GaN HEMT 的低得多，高温工作优势更为明显。Cree 公司报道了尺寸为 8.1mm×8.1mm、阻断电压为 10kV、电流为 20A 的 SiC MOSFET 芯片。该器件在 20V 栅压下的通态比导通电阻为 $127m\Omega \cdot cm^2$，同时具有较好的高温特性，在 200℃条件下，零栅压时可以可靠阻断 10kV 电压。通过并联多只芯片已制成可以处理 100A 电流的功率模块。美国北卡罗来纳州立大学研究室报道了 15kV/10A 的高压 SiC MOSFET 样品。2012 年美国陆军研究实验室报道了一款 1200V/880A 的高功率全 SiC MOSFET 功率模块。最新报道称 Powerex 公司已为美国军方成功研制 1200V/1200A SiC MOSFET，这些大电流模块的研制，拓展了 SiC MOSFET 的功率等级和应用领域。

3. SiC JFET

SiC JFET 是碳化硅结型场效应可控器件，相对于具有 MOS 结构的功率器件，JFET 结构的栅极采用反偏的 PN 结调节导电沟道，因此不会受到栅氧层缺陷造成的可靠性问题和载流子迁移率过低的限制，同样的单极型工作特性使其保持了良好的高频工作能力。SiC JFET 具有导通电阻低、开关速度快、耐高温和热稳定性高等优点，因此在 MOS 器件彻底解决沟道迁移率等问题前，SiC JFET 器件一度表现出更加有利的发展态势。

根据栅压为零时的沟道状态，研究工作者把 SiC JFET 分为常通型(normally-on)和常断型(normally-off)两种类型(也对应称为耗尽型和增强型)。常通型 SiC JFET 在没有驱动信号时沟道即处于导通状态，容易造成桥臂的直通危险，不利于其在常用电压型电力电子变换器中应用。一些 SiC 器件公司通过级联设置使常通型 SiC JFET 实现常断型工作，来保证电路安全。如图 1.10 所示，常通型 SiC JFET 串联一个低压的 Si MOSFET，实现了常通型 SiC JFET 的"常断工作"，这种结构通常称为级联(Cascode)结构。由于 Cascode 结构的出现，难以再用常通型和常断型准确区分器件的结构方案，因此又把栅压为零时沟道就已经导通的 SiC JFET 称为耗尽型 SiC JFET，需加上适当栅压沟道才能导通的 SiC JFET 称为增强型 SiC JFET，而耗尽型 SiC JFET 与低压 Si MOSFET 级联的 SiC JFET 称为 Cascode 结构 SiC JFET。

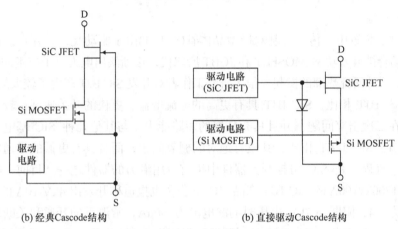

(b) 经典Cascode结构　　　　　　(b) 直接驱动Cascode结构

图 1.10　两种典型的 Cascode 结构 SiC JFET 示意图

Semisouth 公司是最早推出商用 SiC JFET 产品的公司，其生产的 SiC JFET 分立器件最高额定电压达到 1700V，最大额定电流为 50A。美国 USCi 公司和德国 Infineon 公司均有常通型 SiC JFET 产品。为便于用户使用，USCi 公司推荐采用如图 1.10(a)所示的经典 Cascode 结构 SiC JFET，而 Infineon 公司推荐采用如图 1.10(b)所示的直接驱动 Cascode 结构 SiC JFET。

经典 Cascode 结构 SiC JFET 采用 N 型 Si MOSFET 和耗尽型 SiC JFET 级联，N 型 Si MOSFET 的漏极和耗尽型 SiC JFET 的源极相连，N 型 Si MOSFET 的源极和耗尽型 SiC JFET 的栅极相连。驱动信号加在 Si MOSFET 的栅源极之间，通过控制 Si MOSFET 的通断来间接控制 SiC JFET 的通断。这种经典 Cascode 结构 SiC JFET 实质上是一种间接驱动，虽然易于控制，但会导致 Si MOSFET 被周期性雪崩击穿，并且其结构会使得 SiC JFET 的栅极回路引入较大的寄生电感。

直接驱动 Cascode 结构 SiC JFET 采用 P 型 Si MOSFET 和耗尽型 SiC JFET 级联，Si MOSFET 的源极和 SiC JFET 的源极相连，SiC JFET 的栅极通过二极管连到 Si MOSFET 的漏极，顾名思义，这种结构的 SiC JEFT 由驱动电路直接驱动，正常工作时 Si MOSFET 处于导通状态。SiC JFET 可由其驱动电路控制其通断。因此正常工作时 Si MOSFET 只开关一次，只有导通损耗。当驱动电路断电时，通过一个二极管将 SiC JFET 的栅极与 Si MOSFET 的漏极连接起来保证 SiC JFET 处于常断状态，P 型 Si MOSFET 确保 SiC JFET 在电路启动、关机和驱动电路电源故障时均能处于安全工作状态。与经典 Cascode 结构相比，该结构易于单片集成生产。

目前，商业化的 SiC JFET 分立器件产品有 1200V、1700V 两种额定电压规格，最大额定电流为 65A。在商业化 SiC JFET 发展的同时，SiC JFET 的实验室研究也在不断进步。早在 2002 年，日本关西电力公司就曾报道过额定电压为 5kV、通态比导通电阻为 $69m\Omega \cdot cm^2$ 的 SiC JFET。另据 2013 年报道，美国田纳西州立大学研究人员采用 4 个分立的 SiC JFET 并联制成 1200V/100A 定额的功率模块，测试结果表明在 200℃ 结温下其通态电阻仅为 55$m\Omega$。为了适应 3.3～6.5kV 中压电机驱动场合的需求，美国 USCi 公司开发出 6.5kV 垂直结构的增强型 SiC JFET 和 6kV 超级联结构 SiC JFET。

4. SiC BJT

在电力电子装置中，传统硅基双极型晶体管(Si BJT)由于驱动复杂，存在二次击穿等问题，在很多场合被硅基功率 MOSFET 和 IGBT 所取代，逐渐淡出电力电子技术的应用领域。然而随着 SiC 器件研究热潮的掀起，很多研究工作者对开发 SiC BJT 产生了较大的兴趣。

与传统 Si BJT 相比，SiC BJT 具有更高的电流增益、更快的开关速度、较小的温度依赖性，不存在二次击穿问题，并且具有良好的短路能力。与其他几种 SiC 基电力电子器件(SiC MOSFET、SiC JFET)相比，其没有绝对的栅氧问题，而且具有更低的导通电阻和更简单的器件工艺流程，是 SiC 可控开关器件中很有应用潜力的器件之一。目前，GeneSiC 公司已推出了 1700V/100A 的 SiC BJT 产品。Cree 公司也报道称开发出 4kV/10A 的 SiC BJT，其电流增益为 34，阻断 4.7kV 电压时的漏电流为 50μA，常温下的开通和关断时间分别为 168ns 和 106ns。2012 年，GeneSiC 公司开发出耐压为 10kV 的 SiC BJT，电流增益为 80 左右，并将其与 ABB 公司耐压为 6.5kV 的 Si IGBT 的开关损耗进行了对比。在 SiC BJT 集电极电流为 8A，Si IGBT 集电极电流为 10A 的条件下，开通 SiC BJT 时的开关能量为 4.2mJ，约为 Si IGBT(80mJ)的 1/19；关断 SiC BJT 时的开关能量为 1.6mJ，约为 Si IGBT(40mJ)的 1/25。最新报道称已开发出耐压高达 21kV 的超高压 SiC BJT。

5. SiC IGBT

尽管 SiC MOSFET 阻断电压已能做到 15kV 的水平，但作为一种缺乏电导调制的单极型器件，进一步提高阻断电压也会面临不可逾越的通态电阻问题，就像 1000V 阻断电压对于 Si 功率 MOSFET 那样。SiC MOSFET 的通态电阻随着阻断电压的上升而迅速增加，在高压(>15kV)领域，SiC 双极型器件将具有明显的优势。与 SiC BJT 相比，SiC IGBT 因使用绝缘栅而具有很高的输入阻抗，其驱动方式和驱动电路相对比较简单，因此高压大电流器件(>7kV，>100A)的希望就落在既能利用电导调制效应降低通态压降又能利用 MOS 栅降低开关功耗、提高工作频率的 SiC IGBT 上。

由于受到工艺技术的限制，SiC IGBT 研发起步较晚。高压 SiC IGBT 面临两个主要挑战：第一个挑战与 SiC MOSFET 器件相同，即沟道缺陷导致的可靠性以及低电子迁移率问题；第二个挑战是 N 型 IGBT 需要 P 型衬底，而 P 型衬底的电阻率比 N 型衬底的电阻率高 50 倍。1999 年制成的第一个 SiC IGBT 采用了 P 型衬底。经过多年的研发，逐步克服了 P 型衬底的高电阻率问题。2008 年报道了 13kV 的 N 沟道 SiC IGBT 器件，比导通电阻达到 22$m\Omega \cdot cm^2$。2014 年 Cree 公司报道了阻断电压高达 27.5kV 的 SiC IGBT 器件。

新型高温高压 SiC IGBT 器件将对大功率应用，特别是电力系统的应用产生重要的影响。在 15kV 以上的应用领域，SiC IGBT 综合了功耗低和开关速度快的特点，相对于 SiC MOSFET

以及 Si IGBT、Si 基晶闸管等器件具有显著的技术优势，特别适用于高压电力系统领域。

6. SiC 基晶闸管

在大功率开关应用中，晶闸管以其耐压高、通态压降小、通态功耗低而具有较大优势。在高压直流输电系统中使用的 Si 基晶闸管，其直径超过 100mm，额定电流高达 2000～3000A，阻断电压高达 10000V。然而，在与 Si 基晶闸管尺寸相同的情况下，SiC 基晶闸管可以实现更高的阻断电压、更大的导通电流、更低的正向压降，而且开关过程转换更快、工作温度更高。总之，晶闸管在兼顾开关频率、功率处理能力和高温特性方面最能发挥 SiC 材料特长，因而在 SiC 基电力电子器件开发领域也受到人们的重视。因 SiC 基晶闸管也有与 Si 基晶闸管类似的缺点，如电流控制开通与关断，需要处理开通 di/dt 的吸收电路，有时还需要处理关断 du/dt 的吸收电路，因此对 SiC 基晶闸管的研究主要集中在门极可关断晶闸管(GTO)和发射极关断晶闸管(ETO)上。

2006 年有研究报道了芯片尺寸为 8mm×8mm 的碳化硅门极换流晶闸管(SiCGT)，其导通峰值电流高达 200A。2010 年有研究报道了单芯片脉冲电流达到 2000A 的 SiCGT 器件。2014 年报道了阻断电压高达 22kV 的 SiC GTO。对该 SiC GTO 注入大电流(>100 A/cm^2)时的正向导通特性进行测试，结果表明，20℃时比导通电阻为 7.7m$\Omega \cdot$cm^2，150℃时比导通电阻为 7.6m$\Omega \cdot$cm^2。不同温度下的比导通电阻稍有不同，这是由于 150℃时 22kV SiC GTO 的双极型载流子寿命略有提高。这说明在高温下可通过并联 SiC GTO 来提高电流等级。

SiC ETO 利用了 SiC 晶闸管的高阻断电压和大电流导通能力，以及 Si MOSFET 的易控制特性，构成 MOS 栅极控制型晶闸管。该 MOS 晶闸管具有通态压降低、开关速度快、开关损耗小、安全工作区宽等特点。目前已有 15kV SiC p-ETO 的报道。

随着 SiC 材料和制造工艺的日趋成熟，高压大功率 SiC 器件将形成如图 1.11 所示的格局，SiC MOSFET 主要用于 15kV 以下，SiC IGBT 主要用于 15～20kV，SiC GTO 主要用于 20kV 以上。这些高压器件将使微网、智能电网的功率密度、系统响应速度、过载能力和可靠性明显提高。

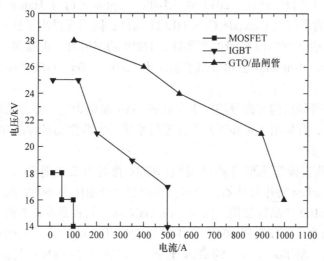

图 1.11　高压大功率 SiC 器件电压和电流定额

1.4.2 GaN 基电力电子器件

2010 年美国国际整流器公司(IR)推出了第一款 GaN 商用集成功率级产品 iP2010 和 iP2011，并开发出氮化镓功率器件技术平台 GaNpowIR。iP2010 和 iP2011 集成了超快速 PowIRtune 栅极驱动芯片以及一个单片多开关氮化镓功率器件。这些器件贴装在一个倒装芯片封装平台上，比硅集成功率器件具有更高的效率和两倍以上的开关频率。紧接着，EPC 公司也推出了 GaN 系列产品，其增强型器件最高耐压达到了 300V，导通电阻为 150mΩ，尺寸为 1.95mm×1.95mm。EPC 公司独有的触点阵列封装(land grid array，LGA)将器件漏极和源极交错分布，占据极小的布局空间，非常有助于提高变换器的功率密度，使系统更加小型化。随后，Transphorm 公司也推出了 GaN 基功率器件产品，其最新产品包括耐压为 600V 的系列化 Cascode 结构 GaN 基高电子迁移率晶体管(HEMT)产品，以及集成的功率模块和演示板，可广泛应用于中小功率光伏逆变、电机驱动、功率因数校正等电力电子产品中。

在加拿大，GaN Systems 于 2012 年研制出基于 SiC 衬底的 1200V GaN 晶体管，目前该公司商业化产品均为 Si 基衬底增强型 GaN 器件，包括耐压 100V 和耐压 650V 的器件，这些器件电流范围为 10~200A，具有大电流、小封装等特点。

在欧洲，MicroGaN、NXP、Infineon 等公司也陆续推出了自己的产品，其中，英国的 MicroGaN 公司于 2011 年就推出了常通型 GaN HEMT 和 Cascode GaN HEMT。NXP 公司主要致力于开发 GaN 基微波功率器件。2018 年，Infineon 公司推出 600V CoolGaN HEMT 和专用驱动 IC，其质量因数(FOM)值在当前市场上的所有 600V GaN 器件中首屈一指。

日本在 GaN 器件方面的研究起步相对较晚，但他们对这方面的工作非常重视，投入力度大，参与的研究机构多，包括 Toshiba、Panasonic、Sharp、Fujitsu、Sanken、Rohm 等公司。2012 年 Fujitsu 公司将其研制的基于 Si 衬底的 GaN 基功率器件用于服务器电源单元，并成功实现高输出功率。2013 年上半年，日本 Panasonic 和 Sharp 公司相继推出了耐压为 600V 的 GaN 肖特基二极管产品。2013 年下半年，Fujitsu 公司与 Transphorm 公司合作，推出了耐压为 600V 的系列化 Cascode GaN HEMT 器件；随后又推出了针对 GaN 器件的驱动芯片和开发板，包括 250W LLC 谐振变换器、320W 功率因数校正器和 1kW 单相电机驱动器等产品。2016 年，Panasonic 公司推出了耐压为 600V 的 GaN GIT 产品，并为其设计了专用的驱动芯片。

国内外的很多科研机构与高等院校也在开展 GaN 基电力电子器件的研究，并积极与半导体制造厂商合作，开发出了远高于商业化器件水平的实验室器件样品和非商用产品。

1. GaN 基二极管

目前，GaN 基二极管主要有两种类型：GaN 肖特基二极管和 PN 二极管。EPC、NXP、NexGen、Sanken 等半导体器件公司都在研制生产耐压为 600V 的 GaN SBD 产品，但商业化的 GaN SBD 产品种类仍然较少。在 GaN 基二极管商业化方面，NexGen 公司(原 Avogy 公司)走在前列，不仅提供 600V 的 GaN SBD 商用产品，而且 1700V 的 GaN 基 PN 二极管也有商用产品。耐压为 3700V 的 GaN 基 PN 二极管已经在 GaN 体晶片上制作完成，这种器件具有很高的电流密度、较好的承受雪崩击穿能量的能力和非常小的漏电流等特点。

与商业化器件相比，目前 GaN 基二极管的实验室样品已达到较高的电压水平。蓝宝石衬底的 GaN 基整流管的击穿电压已高达 9.7kV，但存在正向压降较高的问题。另外，GaN 基 JBS 二极管也在研究中，其应用于 600V～3.3kV 的电压领域可大大提高 GaN 基功率整流器的性能，但是 GaN 基 JBS 二极管的接触电阻问题仍需改善。

2. GaN HEMT

在 GaN 所形成的异质结中，极化电场显著调制了能带和电荷的分布。即使整个异质结没有掺杂，也能够在 GaN 界面形成密度高达 1×10^{13}～$2 \times 10^{13} \mathrm{cm}^{-2}$，且具有高迁移率的二维电子气(2DEG)。2DEG 沟道比体电子沟道更有利于获得强大的电流驱动能力，因此 GaN 晶体管以 GaN 异质结场效应管为主，该器件结构又称为高电子迁移率晶体管。

根据不加驱动信号时器件的工作状态，研究工作者把 GaN HEMT 分为常通型和常断型两大类(也对应称为耗尽型和增强型)。最早出现的 GaN HEMT 器件是常通型 GaN HEMT，与常断型器件相比，常通型器件通常具有更低的导通电阻、更小的结电容，因此，在高电压等级，应用常通型器件可获得更高的效率。但由于常通型器件在电压源型变换器中不方便使用，为此，研究人员通过级联设置使常通型 GaN HEMT 实现常断型工作，来保证电路安全。由于 Cascode 结构的出现，难以再用常通型和常断型准确区分器件的结构方案，因此把栅压为零时已处于导通状态的 GaN HEMT 称为常通型 GaN HEMT，需要加上适当栅压才能导通的 GaN HEMT 称为增强型 GaN HEMT。而常通型 GaN HEMT 与低压 Si MOSFET 级联的 GaN HEMT 称为 Cascode 结构 GaN HEMT。根据栅极结构的不同，增强型 GaN HEMT 也可以分为非绝缘栅型和绝缘栅型两大类。非绝缘栅型器件是通过在栅极下方加入 p 型掺杂层将栅源阈值电压提升为正压，实现常通型器件向常断型器件的转换。EPC 公司的 eGaN HEMT 和 Panasonic 公司的 GaN GIT 是具有代表性的两种非绝缘栅型 GaN 基功率器件。绝缘栅型器件是通过在栅极下方加入绝缘层实现常断功能。GaN Systems 公司的 eGaN HEMT 是具有代表性的绝缘栅型 GaN 基功率器件。绝缘栅型器件的特点与压控型器件类似，当栅源电压超过栅源阈值电压后器件开通，沟道打开，并且器件稳态导通时不需要提供栅极电流。

1) 常通型 GaN HEMT

常规 GaN HEMT 由于材料极化特性，不加任何栅压时，沟道中就会存在高浓度的 2DEG，使得器件处于常通状态，即为耗尽型器件。为了实现关断功能，必须施加负栅压。

由于常通型器件在电压型功率变换器中不易使用，因此研制生产常通型 GaN 器件的公司很少，目前只有 MicroGaN 和 VisIC 等公司有商用产品。

2) Cascode GaN HEMT

为了实现 GaN 器件常断工作，还可以通过级联低压 Si MOSFET 和常通型 GaN HEMT 形成 Cascode 结构，采用这种级联方式的 GaN 器件称为 Cascode GaN HEMT，其等效电路如图 1.12 所示。

目前，提供 Cascode GaN HEMT 产品的公司主要有 Transphorm 公司和 VisIC 公司，其中 Transphorm 公司采用 N 型 Si MOSFET 与常通型 GaN HEMT 进行级联，而 VisIC 公司则采用 P 型 Si MOSFET 与常

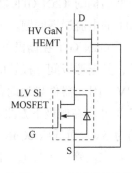

图 1.12   Cascode GaN HEMT 的等效电路

通型 GaN HEMT 进行级联。Cascode GaN HEMT 商用器件的额定电压目前通常为 600V 或 650V。Cascode GaN HEMT 的驱动要求与传统 Si MOSFET 接近，易于驱动。但由于 Cascode GaN HEMT 器件内部存在 Si MOSFET，因此在反向导通后会存在反向恢复损耗。

3) eGaN HEMT

在最为常用的电压源型功率变换器中，从安全和节能等角度考虑都要求功率开关器件为常断状态，因此现在大量研究工作致力于实现 eGaN HEMT 器件。eGaN HEMT 目前已有栅下注入氟离子、金属氧化物半导体(MOS)沟道 HEMT 以及 p 型 GaN 栅等实现方法。目前商用的 eGaN HEMT 器件主要分为低压(30～300V)和高压(650V)两种类型。

低压 eGaN HEMT 的代表性生产企业是 EPC 公司，其生产的 eGaN HEMT 均采用触点阵列封装，源极 S、漏极 D 交错分布，占据极小的布局空间，大大减小了引线寄生电感，利于 GaN HEMT 的高频工作，从而达到大幅度减小变换器中电抗元件体积、提高系统功率密度的目的。

高压 eGaN HEMT 的代表性生产企业为 GaN Systems 公司。与 EPC 公司器件相似的是，GaN Systems 公司推出的 eGaN HEMT 同样采用了 Si 衬底生长 GaN，并通过 AlGaN/GaN 异质结形成高电子迁移率的二维电子气构成导电沟道。GaN Systems 公司的高压 eGaN HEMT 通过在栅极下方加入绝缘层，形成绝缘栅结构，从而实现增强型器件的功能。

无论是低压 eGaN HEMT 还是高压 eGaN HEMT，器件内部均没有 PN 结，因此不存在体二极管，无反向恢复问题。

4) GaN GIT

通过在常通型 GaN 器件栅极下方注入 p 型 AlGaN 基盖帽层(p-doped AlGaN cap)提高栅极电位同样能够实现器件常断的功能，只有当栅极电压为正压时，器件才能够导通，采用这种方法的 GaN 器件称为 GaN GIT。由于电导调制效应的影响，注入的 p 型 AlGaN 基盖帽层中的空穴同样形成了相同数量的电子，使得 GaN GIT 具有大漏极电流和低导通电阻优势。值得注意的是，由于器件结构中电子的俘获现象，当 GaN 器件漏源极间施加高电压时，器件的导通电阻会变大，这一技术问题称为电流崩塌现象。针对这一问题，Panasonic 公司在传统结构基础上，通过在器件栅极和漏极同时增加 p 型 AlGaN 基盖帽层的方法，研制出新型结构的 GaN GIT 器件，有效地释放了关断状态下 GaN GIT 漏极的电子，解决了 GaN GIT 的电流崩塌问题。

由于 GaN GIT 在栅极下方注入了 p 型掺杂层，在器件开通时栅极会表现出类似二极管的特性，其栅源极间二极管的阈值电压约为 3V，而 GaN GIT 器件导通时的驱动电压往往高于 3V，因此器件导通时的栅极电流会上升为几毫安。而 EPC 公司推出的低压 eGaN HEMT 虽然也在栅极下方注入了 p 型掺杂层，但是其掺杂层更厚，栅源极间二极管的偏置电压约为 5V，而低压 eGaN HEMT 器件的驱动电压大多取为 4.5～5V，器件导通时栅源极间的等效二极管尚未导通，因此不会出现明显的栅极电流上升现象。Infineon 公司推出了 CoolGaN HEMT 产品，其器件特性与 GaN GIT 较为相似。

1.4.3　宽禁带电力电子器件的发展

以 SiC 和 GaN 为代表的宽禁带半导体电力电子器件具有更优的性能，不仅可以在混合动力汽车、电机驱动、开关电源和光伏逆变器、LED 照明、无线电能传输和通信等民用与工业电力电子行业广泛应用，还会显著提升战机、舰船和电磁炮等军用武器系统的性能，并将对未来电力系统的变革产生深远影响，宽禁带半导体电力电子器件正成为新兴战略产业。各国都非常重视宽禁带半导体电力电子器件的研究和开发工作。国外 SiC 和 GaN 器件发展较为迅速，很多大学、研究机构和公司通过政府牵引或行业牵引相互合作，建立了强大的研发支撑力量和产业联盟，多家公司都已推出商业化产品。

美国国防部(DOD)、美国国防高级研究计划局(DARPA)、美国陆军研究实验室(ARL)、美国海军研究实验室(NRL)、美国能源部(DOE)和美国自然科学基金(NSF)先后持续支持宽禁带半导体器件的研究二十多年，加速和改进了宽禁带材料和功率器件的特性，并于 2014 年初，宣布成立"下一代功率电子技术国家制造业创新中心"，中心由北卡罗来纳州立大学领导，协同 ABB、Cree、RFMD 等超过 25 家知名公司、大学及政府机构进行全产业链合作。在未来 5 年内，该中心通过美国能源部投资，带动企业、研究机构和州政府共同投入，通过加强宽禁带半导体技术的研发和产业化，使美国占领下一代功率电子产业这个正在出现的规模最大、发展最快的新兴市场。

欧洲启动了产学研项目 LAST POWER，由 ST 公司牵头，协同来自意大利、德国、法国、瑞典、希腊和波兰等六个欧洲国家的企业、大学与公共研究中心，联合攻关 SiC 和 GaN 的关键技术。项目通过研发高性价比、高可靠性的 SiC 和 GaN 功率电子技术，使欧洲跻身于世界高能效功率芯片研究与商用的最前沿。

日本建立了"下一代功率半导体封装技术开发联盟"，由大阪大学牵头，协同 Rohm、Mitsubushi、Panasonic 等 18 家从事 SiC 和 GaN 材料、器件以及应用技术开发及产业化的知名企业、大学与研究中心，共同开发适应 SiC 和 GaN 等下一代功率半导体特点的先进封装技术。联盟通过将 SiC 和 GaN 封装技术推广到产业，以及实现可靠性评价方法和评价标准化，来充分发挥下一代功率器件的性能，推动日本的 SiC 和 GaN 应用的快速产业化发展。

我国政府也非常重视宽禁带半导体材料(也称第三代半导体材料)的研究与开发，从 20 世纪 90 年代开始，对第三代半导体材料科学的基础研究部署经费支持。从 2003 年开始，通过"十五"国家科技攻关计划、"十一五"863 计划、"十二五"专项规划、"十三五"国家重点研发计划对半导体器件技术进行了持续支持。"十二五"以来，我国开展了跨学科、跨领域的研发布局，在新材料、能源、交通、信息、自动化、国防等各相关领域分别组织国内科研院所和企业联合攻关，并成立了"中国宽禁带功率半导体及应用产业联盟""第三代半导体产业技术创新战略联盟"等产业联盟。通过政府支持、产业联盟、多元投资等举措，推动中国宽禁带半导体电力电子器件产业的发展。

随着宽禁带电力电子器件的发展，应用新型器件开发的高性能电力电子装置将逐渐从实验室样机研制阶段走向实用化阶段，促进装备升级换代，支撑民用、工业和军事领域的技术进步。

思考题和习题

1-1　电力电子变换器的组成有哪些基本要素？

1-2　电力电子器件优选材料有何特征？

1-3　与 Si 器件相比，宽禁带器件对电力电子装置性能有何促进作用？

1-4　SiC 器件有哪些类型？

1-5　GaN 器件有哪些类型？

1-6　何谓 Cascode 结构？简述这种结构的特点。

1-7　EPC 公司的 eGaN HEMT 和 Panasonic 公司的 GaN GIT 同为非绝缘栅型结构，为何前者不需稳态栅极驱动电流，而后者需要？

第2章 宽禁带电力电子器件的物理基础与基本原理

搞清楚什么是半导体，掌握半导体物理基础知识，有助于理解电力电子器件的工作原理、基本特性，甚至是器件在变换器中的应用特性。本章首先介绍宽禁带电力电子器件的物理基础，接着对典型宽禁带电力电子器件的结构与原理进行介绍。

2.1 半导体的物理基础

2.1.1 半导体、导体与绝缘体

众所周知，目前所用的电力电子器件绝大多数都是用半导体材料制造的。而半导体本身并没有明确的定义，一般是以其与导体和绝缘体的区别来界定的。

一般情况下，人们用电导率或者电阻率的高低来区分导体、半导体和绝缘体，认为电导率或者电阻率处于导体和绝缘体之间的是半导体。铜、铝、银等金属材料能非常容易地传导电流，都是非常好的导体；而橡胶、陶瓷、塑料等材料几乎不能导电，是非常好的绝缘体；而硅、碳化硅、氮化镓等是用于制造电力电子器件的半导体材料。一般将电阻率介于 $10^{-6} \sim 10^{8} \Omega \cdot m$ 的材料称作半导体，如图 2.1 所示。对于三者界限的数值并没有绝对准确的说法。某些结构完整且不包含杂质，或杂质浓度极低的结晶态半导体，以及大多数未掺杂的非晶态半导体，也会具有跟绝缘体不相上下的高电阻率；而当它们含有足够高浓度的某些特殊杂质时，其电阻率又会下降到金属的电阻率范畴，甚至比某些导电性欠佳的金属的电阻率还低，这是半导体特性之一。

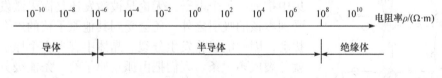

图 2.1 依据电阻率对材料的分类

此外，半导体的导电能力还与某些外部条件有关。与金属和绝缘体相比，半导体的电阻率对环境温度、光照，乃至磁场和电场等外加条件的敏感性要强得多。在实际应用中，利用半导体电阻率随温度或者光照的变化而变化这一特点，可以制造热敏电阻或者光敏电阻；半导体内掺入一些杂质，就能改变半导体的导电能力和导电类型，这是今天可以用来制造各种半导体器件和集成电路的依据。从本质上说，半导体是导电性明显取决于材料的内外状态而可以灵活改变的一类特殊物质。正是利用这样一种灵活多变的特点，半导体才能用来制造像晶体管、晶闸管那样的器件，而导电性难以明显改变的金属和绝缘体却不能。

2.1.2　能带

1. 能带概念

在认识原子内部规律时，可从共价键结构，也可从能带角度分析。共价键形象地表明了半导体内部的结构和原子之间的联系，而能带图则是从能量观点来说明电子的运动状态。

这里选用最具有代表性的半导体材料 Si 来进行分析。Si 的原子序数是 14。第一壳层有 2 个电子，是填满的；第二壳层有 8 个电子，也是满的；第三壳层只有 4 个电子，而第三壳层最多可以容纳 8 个电子，因此是半满的。当然，和其他原子一样，Si 原子中也存在其他更高能量的壳层，不过只要原子不处于激发态，这些壳层就都是空的。一个孤立的没有处于激发状态的硅原子模型可以使用图 2.2(a)和(b)所示的结构来表示。

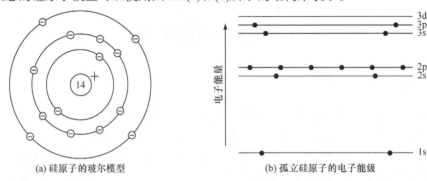

| (a) 硅原子的玻尔模型 | (b) 孤立硅原子的电子能级 |

图 2.2　硅原子模型

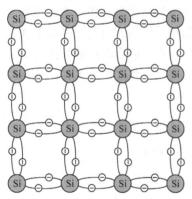

图 2.3　硅晶体的二维示意图

Si 结晶后就成为通常所说的金刚石结构，每一个原子拥有 4 个"最近邻"的原子。如图 2.3 所示，在晶体内部每个 Si 原子的 4 个外层电子分别和 4 个近邻原子共有。近邻的两个原子通过两个电子结合在一起，晶体通过成键的电子和正离子中心之间的静电力(共价键)结合在一起。

晶体中的电子不同于孤立原子的电子。由于大量原子集中排列，每个电子，无论是被激发还是尚未激发，除受到本核的吸引之外，还会受到其他原子核的库仑引力的扰动，因而能级将发生分裂。晶体中有多少个原子，能级就分裂成多少条。人们把由孤立原子的一条能级分裂而成的众多能级的集合称为能带，图 2.4 给出单个硅原子到晶体中硅原子的电子能级的变化，即电子能级到能带的变化。

原子间的距离很小，因此电子受到所有附近的原子核和电子的影响很明显，一个电子的势能是所有近邻原子库仑力产生的势能的总和，沿用原子玻尔模型中的势能陷阱，则晶体中的势能陷阱是重叠的，如图 2.5 所示。由于不同轨道上的电子所受其他核的扰动程度并不完全一样，因而不同能级分裂而成的能带在疏密程度上也很不相同。自由电子和外层束缚电子受到的扰动较强，因而分裂能级距离较大，能带较宽，能带的特征较显著；内层束缚电子由于被自由电子和外层束缚电子屏蔽着，受其他核的扰动不大，因而分裂能级很密集，能带较窄，带状特征不显著。轨道越是靠内的电子越是如此，甚至与孤立原子的能级没有多大差别。处于两个能量较低的壳层中的电子被紧紧束缚在它们所属的原子周围，一般对半导体器件的工作没有贡献。所以，可以认为能级能够真正分裂成带的只有自由电子和外层束缚电子(主要是价电子)。

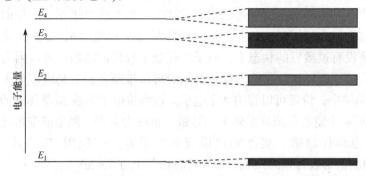

图 2.4 单个硅原子到晶体中硅原子的电子能级的变化

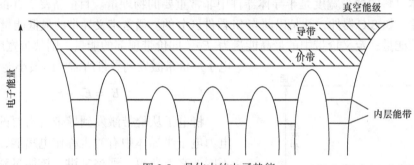

图 2.5 晶体中的电子势能

尽管这些电子的能级能够通过分裂扩展成带，但能级之间的间隔不会因此而弥合。Si 晶体中，Si 原子的第三壳层电子的能量分裂为两个能带。图 2.6 给出了 Si 晶格距离与能带的关系，Si 晶格中最上层的两个被占有的能级是原子间距离的函数，从另一个角度给出孤立原子到晶体硅原子中电子能级的变化。在孤立的 Si 原子中，3s 层被 2 个电子完全占有，而能够容纳 6 个电子的 3p 层，只容纳了 2 个电子。随着两个 Si 原子间距离的减小，最开始的 3s 和 3p 能级向能带转化。在 Si 原子某个特定的距离之内，这些能级会重叠，也就是说，它们会融合成一个共同的能量范围。最终，当接近 Si 的晶格常数(0.543nm)时，能量范围会自动分成两个能带。

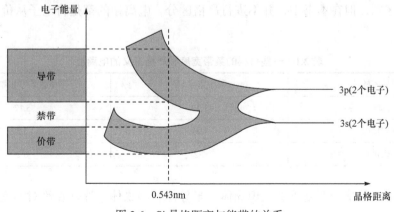

图 2.6 Si 晶格距离与能带的关系

可以定性地解释这些能带：在没有受到激发的 Si 晶体中(在很低的温度下)，每个价电子与相邻的 Si 原子停留在一个共价键上，也就是说，每个价电子被紧紧地约束住。因为所有的约束在性质上是恒等的，所以可以把它总结为：所有的电子在一个相似的能级上，也就是说，它们都在一个相同的能带上。通过检验图 2.5 和图 2.6，显然这是一个很低的能带，因为在一个没有被激发的状态下，电子总是处于较低的能级位置。因为较低的能带中的电子都是价电子，所以该能带称为价带，同时可以推断，价带必须被填满，该能带也称作满带，在 Si 晶体中，价带可以容纳 4 个电子。这些价电子形成 Si 晶体中的共价键。Si 原子的第三壳层的 4 个空态形成硅晶体中的导带，也称为空带。两个能带边缘的能量差异称为能带间隙，也称作禁带，更准确地说应称作带隙，一般用 E_g 表示。在室温下，E_g=1.12eV(Si 的晶格常数为 0.543nm)，即导带在价带上方 1.12eV 处。

2. 晶体中的禁带宽度

半导体材料的禁带宽度是半导体器件中非常重要的物理量。目前备受关注的宽禁带电力电子器件，如 SiC 器件，就是以此与 Si 器件区分的。通常定义导带的最低能量为 E_C，即导带底部的能量；定义价带中的最高能量为 E_V，即价带顶部的能量，则禁带宽度 E_g 为将电子从价带激发到导带所需要的最小能量，即

$$E_g = E_C - E_V \tag{2.1}$$

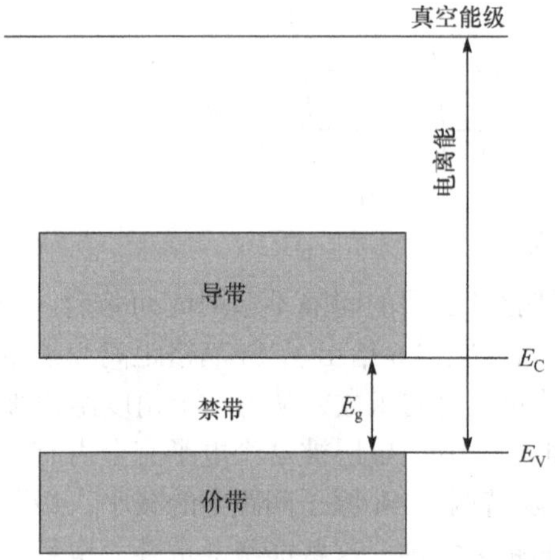

将电子从价带激发到导带所需要的能量，在电力电子半导体中有时也称作电离能，它能够从不同的来源获得。严格来讲，该能量称作电离能并不十分准确。电离能指的是将一个电子从原子中完全地分离出来，将其移动至真空能级。而导带仍属于晶格。所以，电子从价带到导带的转移是激发，不是电离。在电力电子器件领域中采用"电离"这一词的原因是导带中电子表现得像自由电子一样。但实际上，导带电子依旧被晶格强烈影响导致它们区别于自由电子。图 2.7 和表 2.1 对禁带宽度与严格意义的电离能进行了对比，两者存在明显的区别，但在本书中，并不进行严格区分，电离指的都是将电子从价带转移到导带的行为。

图 2.7   禁带宽度与严格意义的电离能的区别

表 2.1   一些材料的禁带宽度和严格意义的电离能

半导体材料	禁带宽度/eV	严格意义的电离能/eV
硅	1.12	5.17
砷化镓	1.43	5.5
碳化硅	2.2	6.2

可以从晶体的禁带宽度重新认识导体、半导体和绝缘体。导体在绝对零度(0K)时，其

全部价电子只能填满其对应能带的下半部,上半部则完全空着,因而其完全空着的能带(导带)和完全被电子占满的能带(价带)之间没有能量间隙,即没有禁带,或者说禁带宽度为零。跟半导体中能量最高的一个满带不同,金属导体的所有满带都由内层电子占据。一般认为,绝缘体的能带结构及其在绝对零度时被电子填充的情况与半导体有些相似,即绝对零度下所有能带要么全满,要么全空。所不同的是,绝缘体全空能带跟离它最近的一个全满能带之间的能隙较宽,即禁带宽度非常宽。导体、半导体和绝缘体的能带示意图如图 2.8 所示。

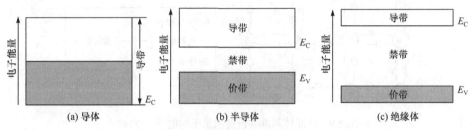

图 2.8　导体、半导体和绝缘体的能带示意图

需要注意的是在绝缘体中,较高温度下没有杂质能在其导带中产生一定数量的电子,因而在几乎任何温度下都不能导电。以金刚石和氮化铝为例,其禁带很宽,都在 5eV 以上,其价带电子在室温乃至相当高温度下都难以向导带激发,因而它们在纯净状态下跟绝缘体一样,其导带在较高温度下也几乎没有电子。但是,跟 Si 这些典型半导体一样,适当地掺杂,金刚石和氮化铝也会在一定温度下产生导带中的电子,因而它们其实也是半导体,而非绝缘体。

总的来说,禁带宽度决定了材料的导电性。在绝缘材料中,能带间隙非常宽。所以,把电子从价带转移到导带需要很多的能量。如热振动甚至不能产生传导电子,这就解释了为什么这些材料在通常条件下几乎不能传导电流。对于金属来说,价带和导带是重叠的。所以,总能够在导带中找到电子,也就是说,金属能在不受温度和其他能量源限制的条件下传导电流。这些材料特性的区分,对于掌握电力电子器件的工作原理、基本特性,甚至是器件在变换器中的应用特性都非常重要。

2.1.3　本征半导体与杂质半导体

前面章节从导体、半导体和绝缘体的比较定性地分析了半导体材料的导电行为。本节将从具体的物理定义和概念来详细分析。

1. 电子与空穴

一般都认为在半导体材料中有两种载流子,即电子与空穴。电子和空穴的定向移动才能构成电流,即构成半导体的导电行为。可以从共价键和能带两种方式来分析电子与空穴的形成以及它们的导电行为,共价键直观性较强,能带侧重分析电子与空穴具有的能量。

仍以 Si 半导体为例,一般电子都处于可能的最低能态,即位于半导体的共价键上,或者说位于价带中。在非绝对零度的温度下,电子会获得从晶格传递过来的热能。这些能量可以将电子从共价键上电离出来,或者从价带电离到导带,这样就在共价键留下一个空穴(准确地说是激发,不是严格的电离)。电子和空穴一起称作电子-空穴对。如果电子-空穴对是通过吸收热能产生的，就把这个过程称为热产生；如果激发的能量是由光子提供的，这个过程就称为光产生。所形成的电子-空穴对在 Si 晶体两维共价键示意图中形式如图2.9所示。

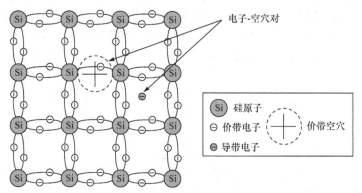

图 2.9　硅晶体两维共价键示意图的电子-空穴对

在电场的作用下，导带中电子可以直接在晶格中产生定向运动，而价带中的空穴可以由其他共价键上的电子进行填补，看上去也形成了定向移动。简单来说，电子-空穴的导电行为分别是由导带中的电子和价带中的电子定向移动形成的。引入"空穴"一词，避免了区分不同能带上电子的麻烦，此时电子一般特指在导带中的电子。

从晶体能带的角度看，使电子从 E_V 电离到 E_C 的能被价电子吸收的最小能量是 E_g，即禁带宽度。如果价带是满的情况下，提供的能量小于禁带宽度，那么电子就不能吸收，因为如果吸收这一能量，电子的终态将处于禁带中，而禁带中没有允许能态，所以电子只能停留在价带。值得注意的是，在绝对零度时是不会有电流的，因为所有的状态都是填满的，没有空的状态可以接纳移动过来的电子，所以电子就无法移动了。图 2.10 是电子从价带被电离到导带形成电子-空穴对的示意图。

同样地，价带中空穴的移动如图 2.11 所示，同上面的分析一样，空穴本身并不移动，但是，与之相邻的电子占据了这个空态，就会在电子刚才的位置留下一个空态。如果一个向左边移动的电子占据了空态，就等效于空穴向右边移动了一步。

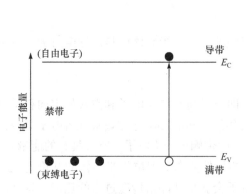

图 2.10　能带图上电子-空穴对的形成

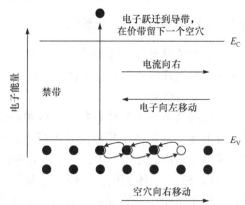

图 2.11　价带中空穴的移动

图 2.12 显示了电子-空穴对产生之后在能带图中的情况。位于能带的边界的一个电子或一个空穴具有最小的能量(否则在另外一个能带中)。当电子具有更多的能量时，它就在导带中处于更高的位置；而空穴具有更多的能量时，它就在价带中处于更低的位置，即离 E_V 更远的位置。

在室温条件下，由于热扰动，只有少数电子被激发到导带，每一个激发到导带的电子最终都会重新回到价带的空态上，以热或光的形式将多余的能量释放，如图 2.13 所示。电子处于导带上的平均时间称为电子寿命，电子寿命的范围根据材料的不同为 $10^{-10}\sim10^{-3}$s。

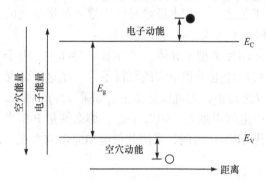

图 2.12 电子和空穴在能带上的位置   图 2.13 室温下电子在两能带间的运动

当然，在实际应用中，不可能像上述一样只考虑单个导带中的电子和价带中的空穴对半导体导电行为的作用，在半导体中两种载流子的数目相对于 Si 原子的数目来说虽然是较少的，但也是一个庞大的数字，实际中不可能去追踪单个电子或者空穴的运动对半导体导电的影响，这也没有意义。所以，通常将半导体作为一个整体来考虑其导电行为，此时就需要知道两种载流子的浓度，一般使用 n 和 p 来表示。从图 2.13 中可以看出，电子具有电子寿命，此时就不可避免地要使用统计力学中的能量状态分布概率函数来决定载流子的分布情况。

2. 从本征半导体到杂质半导体

本征半导体是指没有杂质、纯净的、没有晶体缺陷的半导体。更严格地说，本征半导体是指半导体中杂质的浓度远小于半导体价带空穴的浓度或者导带电子的浓度。在这一假设下，从前面半导体电子-空穴对的产生机制来看，本征半导体中电子浓度等于空穴的浓度，即不产生多余的电子和空穴。在此使用 n_i 和 p_i 来表示本征半导体中电子与空穴的浓度，其中 i 代表本征(intrinsic)，由于两个参数相等，仅使用 n_i 来表示本征半导体中电子或空穴的浓度。也就是说，对于本征半导体存在

$$n = p = n_i \tag{2.2}$$

式中，n 为电子浓度；p 为空穴浓度；n_i 为本征载流子浓度或本征载流子密度。

在热平衡的状态下，本征半导体满足

$$np = n_i^2 \tag{2.3}$$

式(2.3)说明，对于一个给定的半导体，在固定的温度下，半导体内的电子与空穴的乘积是一个固定的常数。该公式称为质量作用公式。

在常温下，本征半导体中只有为数极少的电子-空穴对参与导电，部分自由电子遇到空穴又迅速恢复合成为共价键电子结构，所以从外特性来看它们是不导电的。为增加半导体的导电能力，一般都在Ⅳ价本征半导体材料中掺入一定浓度的硼、铝、镓等Ⅲ价元素或磷、砷、锑等Ⅴ价元素，这些杂质元素与周围的Ⅳ价元素组成共价键后，即会出现多余的电子或空穴。这些掺入了其他元素杂质的半导体称为杂质半导体。

杂质半导体的导电行为有了明显不同，电力电子器件的导电行为主要取决于杂质半导体，而不是本征半导体。从某种意义上讲，本征半导体只是体现了半导体的提纯技术，而杂质半导体才是体现电力电子器件制作的主要工艺之一。在本征半导体中掺入微量杂质的方法有很多，如合金法、扩散法、外延生长法和离子注入法等，在此不赘述。

一般来说，杂质半导体有两种，即N型半导体和P型半导体。在本征半导体中，电子的浓度等于空穴的浓度。通过掺入杂质原子，可以让电子和空穴的数目不等，在这种情况下，材料就是非本征的，即$n \neq p$。掺杂原子可以是施主，也可以是受主。如果$n > p$，那么就是N型半导体，意味着带负电的电子对导体中电流贡献大。如果$n < p$，那么就是P型半导体，带正电的空穴对导体中电流贡献大。这里仍以Si为例，采用共价键和能带的方式来分析N型与P型半导体如下。

1）N型半导体

在硅的本征半导体中，掺入Ⅴ价元素的杂质(如磷、砷、锑)，就可以使晶体中电子的浓度大大增加。假设一个外层有5个电子的磷原子，替代了纯硅晶体中的一个硅原子，如图2.14的N型半导体的共价键示意图所示。硅是Ⅳ价，磷原子多余的1个电子不需要参与构成共价键，因为已经有足够的电子构成共价键了。该多余电子虽然不受共价键的束缚，但仍受Ⅴ价原子核的正电荷所吸引而在Ⅴ价原子的周围活动，不过所受力要比共价键的束缚作用小得多，这个电子很容易"贡献"给导带，因此杂质磷原子称为施主原子。

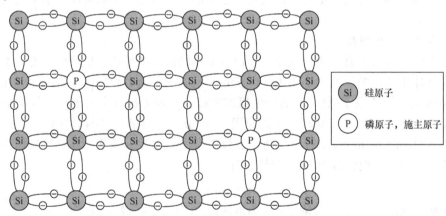

图2.14　N型半导体的共价键示意图

N型半导体的能带图如图2.15所示。施主原子的能级和周围硅原子的能级有轻微的差别，其中一些能级位于硅的禁带中。而且，施主能级接近导带底，这意味着只需要极少的能量就可以将施主原子的第5个电子激发到导带。对于磷来说，只需要45meV的能量就能做到，即施主能级 E_D 与导带边界 E_C 中间的距离只有 45meV。需要注意的是，施主原子在产生电子的同时并不产生新的空穴。磷原子变成带正电的离子，但是由于受到晶体的约束，磷离子不能移动。只有电子对导电有贡献，离子不参与导电。

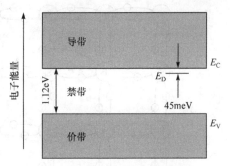

图 2.15　N 型半导体的能带图

2) P 型半导体

在硅的本征半导体中，掺入 III 价元素的杂质(如镓、铝、硼)，就可以使晶体中的空穴浓度大大增加。假设一个外层有 3 个电子的硼原子，替代了纯硅晶体中的一个硅原子，如图 2.16 的 P 型半导体的共价键示意图所示。硅是 IV 价，硼原子只有 3 个电子参与构成共价键，邻近的硅原子提供 1 个电子就能使其形成填满的共价键，该吸收电子是附近硅原子的价电子，会形成一个空穴，该过程所需能量非常小。此时，杂质硼原子称为受主原子。

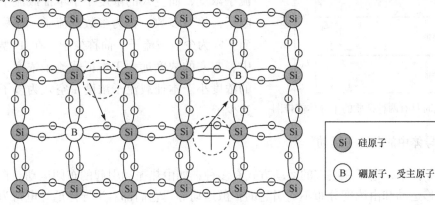

| Si | 硅原子 |
| B | 硼原子，受主原子 |

图 2.16　P 型半导体的共价键示意图

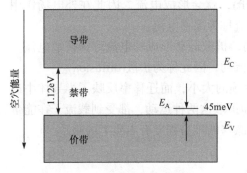

图 2.17　P 型半导体的能带图

P 型半导体的能带图如图 2.17 所示。受主能级接近价带顶部，这意味着只需要极少的能量就可以在价带中产生一个空穴。对于硼来说，也只需要 45meV 的能量就能做到，受主能级 E_A 与价带边界 E_V 中间的距离只有 45meV。需要注意的是，受主原子在产生空穴的同时并不产生新的电子。硼原子变成带负电的离子，但是由于受到晶体的约束，硼离子不能移动，不参与导电。

为了工业和制作的需要，有时候会在硅材料中先后加入不同的杂质，而使材料在 N 型和 P 型半导体之间转变。例如，先在硅材料中加入一定浓度的硼杂质，变成 P 型半导体，如果再加入浓度更大的磷杂质，磷的多余电子在补偿硼原子周围的共价键后空穴仍有剩余，此时半导体则由 P 型转变成 N 型。此时的共价键示意图如图 2.18 所示。同时具有两种杂质的半导体能带图如图 2.19 所示。

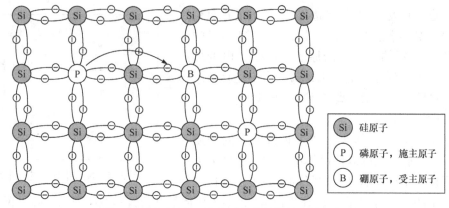

图 2.18　同时具有两种杂质的半导体共价键示意图

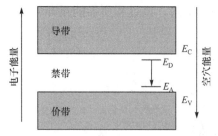

图 2.19　同时具有两种杂质的半导体能带图

在 N 型半导体中，电子的浓度远大于本征载流子浓度，而空穴的浓度小于本征载流子浓度，电子占绝对多数，称为多数载流子，简称多子，而空穴为少数载流子，简称少子。在 P 型半导体中，空穴的浓度远大于本征载流子浓度，而电子的浓度小于本征载流子浓度，空穴为多子，电子为少子。

2.1.4　半导体中的载流子运动

在半导体中，电子和空穴的运动方式有多种，如由热振动引起的布朗运动、在电场作用下的漂移运动和由浓度分布不均引起的扩散运动等。它们都对半导体的导电行为构成影响，但最终在半导体中产生电流的只有漂移和扩散运动。

如果给半导体施加一个电场，带负电荷的电子和带正电荷的空穴在电场的作用下向相反的方向加速。只要是电荷的净移动，即漂移(drift)，就会形成电流，因此在外电场作用下，载流子的净移动称为漂移运动，由此引起的电流称为漂移电流。

载流子在半导体内分布不均匀会产生扩散运动，扩散运动形成的电流称为扩散电流。从平均效果看，载流子总是从高浓度区往低浓度区流动，因此称为扩散(diffusion)。

载流子的扩散系数的数值反映了载流子扩散本领的大小，而迁移率反映了半导体中载流子在电场作用下做定向运动的难易程度。漂移和扩散这两种运动，都受到载流子在能带中所经历的碰撞的制约。因此，扩散的难易程度和漂移的难易程度有本质上的联系。

2.1.5　PN 结

1. PN 结的基本特性

半导体器件的基础是 PN 结，当在结的两端施加电压的方向是正(反)方向时，就会有电流(没有电流)流过 PN 结，下面来看一下 PN 结的电流与电压之间的关系。

通过杂质方法使半导体的一部分为 P 型区域，而另一部分为 N 型区域，其交界面就构成了 PN 结。图 2.20 所示为 PN 结模型。一旦 PN 结形成，就立即会出现 P 型侧空穴向 N 型侧扩散，N 型侧电子向 P 型侧扩散，在结附近空穴和电子复合而消失，如图 2.21 所示。PN 结附近空穴和电子的相互扩散以及它们之间的复合进行到某种程度而终止，这样改变了交界面附近的原始状态，交界面附近 P 区一侧剩下一些带负电的电离受主杂质，而交界面附近 N 区一侧留下了一些带正电的电离施主杂质，把交界面附近没有载流子的区域称为耗尽层。由于耗尽层中残留着电离杂质，因此耗尽层又称为空间电荷层或势垒区。耗尽层的宽度取决于载流子的浓度，通常为 1μm 左右。

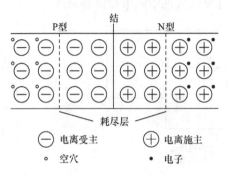

图 2.20 PN 结模型

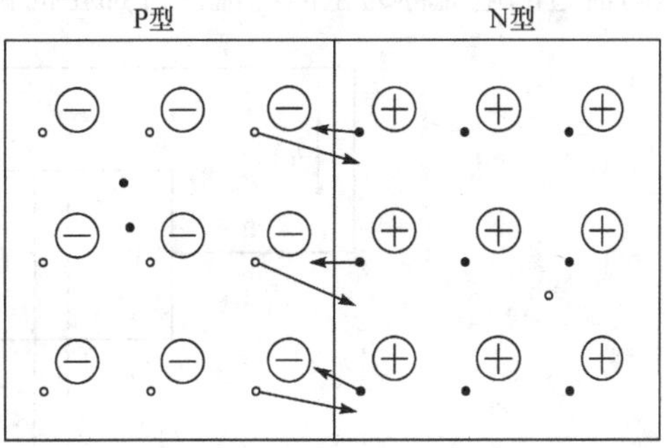

图 2.21 载流子的扩散

在 PN 结两侧的正负电荷形成电容效应，称为势垒电容，或称耗尽层电容，其值可表示为

$$C_{\mathrm{B}} = \frac{\varepsilon_{\mathrm{s}} \varepsilon_0}{d} A \tag{2.4}$$

式中，ε_{s} 为半导体相对介电常数；ε_0 为真空介电常数，$\varepsilon_0 = 8.854 \times 10^{-12}\,\mathrm{F/m}$；$d$ 是耗尽层宽度(m)；A 为结的截面积(m^2)；C_{B} 的单位为法(F)。

另外，在结的两侧形成电位差，称为扩散电位，用 φ_{D}(V) 表示。在 PN 结 N 型一侧 φ_{D}(V) 比 P 型一侧高，如果用电子势能来解释，则 P 型侧的势能比 N 型侧高出 $q\varphi_{\mathrm{D}}$(J)，称 $q\varphi_{\mathrm{D}}$ 为势垒，如图 2.22 所示。

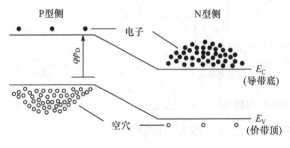

图 2.22 PN 结的能带

若在 PN 结上施加电压，则根据所加电压，势垒会变低或者变高，这就是为什么电流会时有时无。当 PN 结 N 型侧接地，P 型侧加上电压 V 时，从 P 型侧向 N 型侧流过的电流 I 可表示为

$$I = I_s \{\exp[qV/(kT)]-1\} \tag{2.5}$$

式中，k 为玻尔兹曼常量，$k=1.38\times10^{-23}$J/K；T 为热力学温度；I_s 为饱和电流。

由式(2.5)可知，$V=0$ 时，$I=0$，无电流流过；若在 P 型侧加上足够高的正电压，则式(2.5)中的指数项将变得非常大，所以大电流从 P 型侧流向 N 型侧。如图 2.23 所示，P 型侧大量存在的空穴被 N 型侧的负电压吸引，N 型侧大量存在的电子被 P 型侧的正电压吸引，因而相互流入相对区域，这就是形成大电流的原因。施加这样的电压称为正向偏压，这时流过的电流称为正向电流。外加正向偏压时，PN 结内部空间电荷区变窄。

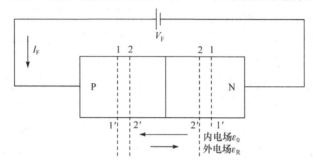

图 2.23　正向偏压时 PN 结内部空间电荷区的变化

另外，若在 P 型侧加上负电压，由于式(2.5)中的指数关系项变得非常小，所以 I 几乎与 $-I_s$ 相等，也就是说，此时从 N 型侧向 P 型侧只流过幅度微小的电流 I_s。因为 P 型侧的空穴被 N 型侧的正电压及 N 型侧的电子被 P 型侧的负电压分别排斥而更远离结区，所以耗尽层(绝缘层)的宽度增加。施加这种电压的方式称为反向偏压，这时流过的电流称为反向电流。外加反向偏压时，PN 结内部空间电荷区变宽，如图 2.24 所示。PN 结电压-电流特性如图 2.25 所示。

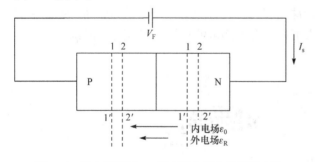

图 2.24　反向偏压时 PN 结内部空间电荷区的变化

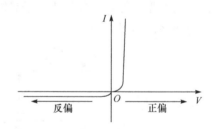

图 2.25　PN 结电压-电流特性

PN 结作为半导体器件使用时，称为二极管。

2. PN 结的反向击穿

当 PN 结的反向电压增大到一定程度后，其反向电流就会突然增大，这种现象称为 PN 结的反向击穿，发生反向击穿所需要的电压 V_{BR} 称为反向击穿电压。反向击穿电压分为雪崩击穿和齐纳击穿两种。

所谓雪崩击穿就是指随着 PN 结反向电压的升高，其空间电荷区的电场强度随之增大，产生漂移运动的电子和空穴随着电场强度的不断增大，动能也不断加大，电子和空穴将不断与晶体原子发生碰撞，当这些载流子的能量足够大时，通过这样的碰撞，可使共价键发生断裂而形成自由电子和空穴对。新产生的电子和空穴与原有的电子、空穴一样，在电场的作用下获得能量，并产生碰撞，从而产生新的电子-空穴对，载流子迅速增加，这就是载流子的倍增效应。当反向电压增大到某一值时，载流子数目急剧增加，反向电流突然增大，于是 PN 结产生雪崩击穿。雪崩击穿是在耐压大的器件中发生的现象，制作 PN 结的 P 型、N 型半导体的固有电阻越大，反向偏压下的耗尽层的扩展也越宽，击穿电压也越高。

齐纳击穿的物理过程与雪崩击穿完全不同，在高杂质浓度的 PN 结中，P 区与 N 区之间能带的间距较窄，再加上反偏电压使电场强度增大，而能带间距变得更窄，根据隧道效应原理，P 区中某些电子则可能穿过空间电荷区进入 N 区，形成反向电流。反向电压所产生的电场强度约达到 $2 \times 10^5 V/cm$，形成齐纳击穿。齐纳击穿多发生在掺杂浓度高的器件中。

击穿现象，在实际应用二极管中是一个令人困扰的现象，然而反过来，也可以将这一现象进行有效应用。即在 PN 结的杂质浓度和形状上下工夫，制作出击穿电压为期望值的二极管来，将它应用在即使电流有变化而电压仍能保持恒定的电路(稳压电路等)中。以此为目的而特别制作出来的二极管，称为齐纳二极管或稳压二极管。

发生雪崩击穿和齐纳击穿后，当反向电流和反向电压的乘积不超过 PN 结所容许的耗散功率时，在 PN 结反向电压下降到正常值后，二极管可以恢复到正常工作状态。但是由于击穿后反向电流很大，当 PN 结上消耗的功率超过 PN 结允许的耗散功率时，PN 结就会因产生的热量散发不出去而使结温上升，最终导致过热而烧毁，这种击穿称为热击穿，热击穿是不可以恢复的。

3. PN 结的电容效应

PN 结中存储的电荷量随外加电压的变化而变化，呈现电容效应，称为结电容 C_J。结电容影响 PN 结的工作，在高频开关场合，使电路产生损耗或性能变坏。PN 结的结电容由势垒电容 C_B 和扩散电容 C_D 组成。

PN 结交界处形成的空间电荷层是积累空间电荷的区域，极性不同的电荷分别处于界面两侧(P 区和 N 区)，就如平板电容器的极性一样。当外加正向电压升高时，N 区电子进入耗尽层中与一部分带正电荷的离子中和，而 P 区空穴进入耗尽层中与一部分带负电荷的离子中和，这就相当于电子和空穴分别向势垒电容"充电"，这种现象称为载流子的存储效应。同样，当外加正向电压降低后，又有一部分电子和空穴离开耗尽层，相当于电子和空穴分别从势垒电容"放电"。这种充放电效应相当于电容在外界电压作用下的充放电过程，所不同的是势垒电容会随着外加电压的改变而改变。当外加电压变化频率越高时，势垒电容 C_B 的作用就越明显，势垒电容 C_B 的大小与 PN 结的结面积成正比，与空间电荷层的厚度成反比。势垒电容和结电阻是并联的。当 PN 结反向偏置时，由于其结电阻很大，所以势垒电容的作用不能忽视，而当 PN 结正向偏置时，结电阻很小，这时势垒电容的作用就相对较小。

扩散电容 C_D 反映了在外加电压的作用下载流子在扩散过程中积累的过程，当 PN 结正向偏置时，大量电子由 N 区进入 P 区，空穴由 P 区进入 N 区。但电子进入 P 区后并不是立即与空穴复合而消失，而是在靠近耗尽层的一定距离内(通常称为扩散长度)，一面继续扩散，一面与空穴复合后消失。电子在外加电压的作用下沿 P 区构成扩散电流，P 区注入的少

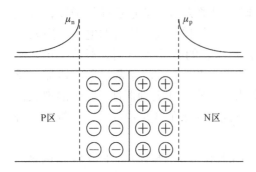

图 2.26　N 区和 P 区中少数载流子的分布

数载流子沿 PN 结有一个浓度差，即在 PN 结的边缘处浓度大，离 PN 结越远处浓度越低，可见在扩散长度内存储了一定数量的电荷。正向电流越大，存储电荷越多。同样，在 N 区也有空穴的积累。N 区和 P 区中少数载流子的分布如图 2.26 所示。其中 μ_n 和 μ_p 分别为 P 区和 N 区的少数载流子浓度。

PN 结的扩散电容 C_D。PN 结正向偏置时，P 区的电子和 N 区的空穴浓度随正向电压的改变而很快地变化，表现为 C_D 很大；PN 结反向偏置时，由于扩散作用可以忽略不计，所以等效的扩散电容很小。图 2.27 所示为 PN 结势垒电容与扩散电容随电压变化的曲线。

在外加正向电压改变时，相当于有载流子的注入和放出，所以积累在 P 区中的电子和 N 区中的空穴数量就会相应地改变，这就构成了

在高频情况下，PN 结的电容效应不能忽视。工作频率越高，结电容作用越大，考虑结电容时，PN 结的等效电路如图 2.28 所示。其中，r 表示结电阻，C_J 表示结电容。当 PN 结正向偏置时，结电阻 r 非常小，结电容 C_J 主要是扩散电容 C_D，结电容值较大，但是由于二极管处于导通状态，因此结电容在电路中的影响较小。而当 PN 结反向偏置时，二极管处于截止状态，其结电阻 r 非常大，结电容主要是势垒电容 C_B，尽管结电容较小，但在高频工作时，可能对电路工作产生较大的影响。

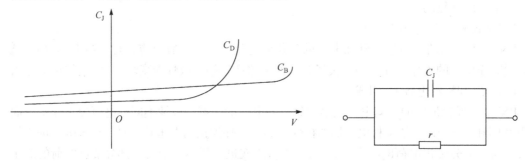

图 2.27　PN 结势垒电容与扩散电容随电压变化的曲线　　　　图 2.28　PN 结的等效电路

2.2　SiC 器件的结构与原理

2.2.1　SiC 基二极管

1. SiC 肖特基势垒二极管

SBD 在导通过程中没有额外载流子的注入和储存，因而基本没有反向恢复电流，其关断过程很快，开关损耗很小。但是对硅而言，由于所有金属与硅的功函数差都不大，硅的肖特基势垒较低，Si SBD 的反向漏电流偏大，阻断电压较低，只能用于一二百伏的低电压

场合。然而，许多金属，如镍(Ni)、金(Au)、铂(Pt)、钯(Pd)、钛(Ti)、钴(Co)等，都可与碳化硅形成势垒高度 1eV 以上的肖特基势垒接触。据报道，Au/4H-SiC 接触的势垒高度可达 1.73eV，Ti/4H-SiC 接触的势垒较低，但最高也可达到 1.1eV。6H-SiC 与各种金属接触之间的肖特基势垒高度变化范围较宽，最低只有 0.5eV，最高可达 1.7eV。于是，SBD 成为人们开发 SiC 基电力电子器件首先关注的对象。高压 SiC SBD 的典型结构示意图如图 2.29 所

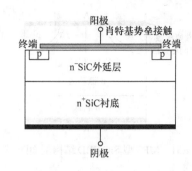

图 2.29　高压 SiC SBD 的典型结构示意图

示，为了避免接触边沿附近的表面电场过于集中，用离子注入在外延层表面的肖特基接触边沿附近形成一个较浅的 PN 结，实行终端保护。

2. SiC JBS

高势垒 SBD 难以兼顾反向电压和正向压降的问题，可以通过 JBS(junction barrier SBD) 复合结构设计来解决。同时，JBS 还有利于解决 SiC SBD 在高反压下因隧穿电流增大而引起的反向漏电流过大问题。由于高电压下 SiC 的肖特基势垒比 Si 薄，进一步提高 SiC SBD 的阻断电压会受到隧穿势垒引起的反向漏电流的限制。计算表明，对一个高度为 1eV 的典型 SiC 肖特基势垒，当其电场极大值随着外加反向电压的升高而接近 SiC 的临界击穿电场强度 3MV/cm 时，其势垒宽度只有 3nm 左右。这正好是发生电子隧穿的典型宽度，因而反

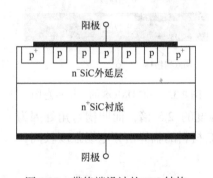

图 2.30　带终端设计的 JBS 结构

向漏电流在击穿电压之前会升得很高。为了充分发挥 SiC 临界击穿电场强度高的优势，高压 SiC SBD 大多采用如图 2.30 所示的带终端设计的 JBS 结构。当 JBS 正偏置时，肖特基势垒区可因其势垒低而首先进入导通状态，成为器件的主导部分，而 PN 结则因其转移电压较高而基本不起作用。但在反偏状态，PN 结正好可以发挥其高势垒的作用，在高反压下以迅速扩展的耗尽区为肖特基势垒屏蔽强电场，从而使反向漏电流大幅度下降。与 SiC SBD 一样，SiC JBS 仍然是一种多数载流子器件，其反向恢复时间可做到几纳秒，只有 Si 基快恢复二极管和 SiC 高压 PN 结二极管的 1/10。

3. SiC MPS

MPS(merged pn junction SBD)型 SiC SBD 被誉为第二代 SiC SBD，图 2.31 给出其结构剖面图。采用 MPS 结构设计的主要目的是利用 PN 结的电导调制作用来提高 SiC SBD 的浪涌电流承受力。通过对器件结构和 PN 结与肖特基势垒接触面积比例的优化，采用 MPS 结构之后，其正向特性的浪涌电流承受力可提高 2~3 倍，其正向不重复峰值电流 I_{FSM}(正弦半波宽 10ms)可达到其标称额定电流的 8~9 倍，额定 I^2t 的值则可相应地提高 5 倍左右。不仅如此，SiC MPS 结构的采用对 SiC SBD 的反向特性也有很大改善。因为 MPS 的 p^+ 离子注入要比场保护环深，所以反向偏压下的最高电场出现在 PN 结区，而不在肖特基势垒区，

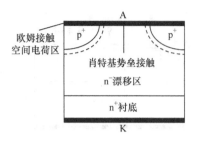

图 2.31　MPS 型 SiC SBD 结构剖面图

从而使雪崩击穿特性非常稳定。目前，多家 SiC 器件生产商的最新一代 SiC SBD 均采用了此项技术。

目前，商业化的 SiC 二极管主要是肖特基二极管。Infineon、Cree、Rohm 等国际半导体器件公司已可提供电压等级为 650V、1200V 和 1700V 的多种电流定额 SiC SBD 商业化产品。国内可提供 SiC SBD 商用产品的公司仍较少，只有以泰科天润半导体科技(北京)有限公司和中国电子科技集团公司第五十五研究所为代表的几家单位可提供 SiC SBD 产品，耐压有 650V、1200V 和 1700V 等三个等级，最大额定电流为 40A。与 Si 基二极管相比，SiC SBD 的显著优点是阻断电压提高、无反向恢复以及具有更好的热稳定性。

2.2.2　SiC MOSFET

SiC 功率 MOSFET 在结构上与 Si 功率 MOSFET 没有太大区别，一般也都采用 DMOS 或 UMOS 的结构形式。不过，SiC DMOS 是 SiC Double-implanted MOS(双离子注入 MOS)的缩写，与 Si DMOS(Si double-diffused MOS，双扩散 MOS)的含义略有不同。图 2.32 为 SiC DMOS 的结构示意图。由于杂质在 SiC 中的扩散系数很小，对 SiC 进行扩散掺杂很不现实，因而图中 p 阱区和 n^+ 区只能用双离子注入而非双扩散来实现。

图 2.33 为 SiC UMOS 的结构示意图及其 PN 结区与槽底 MOS 电容区在器件处于阻断状态时的电场分布情况。由图 2.33 可见，在器件的阻断状态，SiC UMOS 凹槽槽底氧化层中的电场强度大约是其 PN 结峰值电场强度的 2.5 倍，而凹槽弯角处因为二维效应更是电场集中之地，其电场强度会更高。由于 SiC 材料的临界击穿电场强度较高，

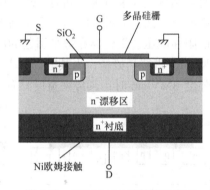

图 2.32　SiC DMOS 的结构示意图

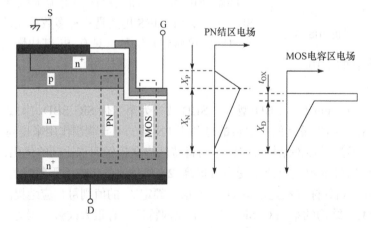

图 2.33　SiC UMOS 的结构示意图及其 PN 结区与槽底 MOS 电容区的电场分布

SiC UMOS 凹槽氧化层中的电场很容易在承受反向电压的 PN 结雪崩击穿之前就超过了氧化层所能承受的强度，因而这种器件很容易发生因为栅氧化层被击穿而引起的破坏性失效。同时，由于 SiC 禁带较宽，为了利用表面能带弯曲产生反型沟道而需要对 SiC 功率 MOS 施加的栅电压自然会比相应的 Si 功率 MOS 所需要的高，这就更增加了 SiC UMOS 栅氧化层的电场负担。因此栅氧化层的击穿成为 SiC 功率 MOS 采用 UMOS 结构的主要限制。

　　由于 UMOS 是现代功率 MOS 的主要结构形式，因而氧化层击穿问题成为 SiC 功率 MOS 开发中的主要关注点之一。图 2.34 是普渡大学宽禁带半导体器件研究室针对这个问题提出的一种改进型 SiC UMOS 的结构示意图及其 PN 结区与槽底 MOS 电容区在器件处于阻断状态时的电场分布情况。他们把这种结构称为 IOP-UMOS。这里，IOP 是 Integral Oxide Protection(综合氧化保护)的缩写。这种结构的创新之处在于：①在栅极凹槽的底和侧壁处生长了薄薄一层弱 n 型 SiC 把栅氧化层隔开；②在凹槽下面的 n⁻漂移区增加了一层 p 型 SiC；③在 p 阱与 n⁻漂移区之间增加了一层重掺杂的 n 型 SiC。经过这样的结构改造之后，当器件处于反偏状态时，凹槽下面新增 PN 结的空间电荷区可对栅氧化层起屏蔽电场的作用，通过将 MOS 电容区的最高电场转移到 PN 结上而使氧化层电场为零，如图 2.34 中电场分布曲线所示，从而有效地消除了栅氧化层被电场击穿的可能性。同时，凹槽侧壁上的 n⁻薄层又使器件变成了一种 ACCUFET。这里，ACCU 取自 accumulation，其意为累积，即 ACCUFET 是一种靠多数载流子的累积层形成导电沟道的场效应器件。这种器件削弱了 SiC-SiO₂ 界面态对沟道电子的散射作用，从而提高了电子迁移率，降低了器件的通态比电阻。另外，在器件的导通状态，新增的 p 阱底下漂移区表面的 n⁺外延层可促使沟道电流进入漂移区后立即扩展，器件的通态比电阻也因此而进一步降低。

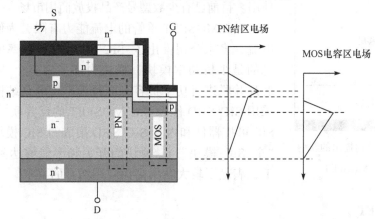

图 2.34　SiC IOP-UMOS 的结构示意图及其 PN 结区与槽底 MOS 电容区的电场分布

　　目前，Cree 公司主要采用如图 2.35 所示的水平沟道结构的 SiC MOSFET，而 Rohm 公司则侧重于垂直沟道结构 SiC MOSFET 的研制。2015 年 Rohm 公司推出如图 2.36 所示的新一代双沟槽结构 SiC MOSFET，该结构在很大程度上缓和了栅极沟槽底部电场集中的缺陷，确保了器件长期工作的可靠性，导通电阻和结电容都明显减小，可显著降低器件功率损耗。

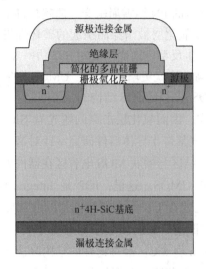
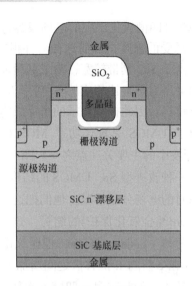

图 2.35　Cree 公司的水平沟道结构 SiC MOSFET　　　图 2.36　Rohm 公司的双沟槽结构 SiC MOSFET

为解决沟槽结构的电场应力集中在栅极氧化层转角位置的问题，Infineon 公司通过加厚 p 型层的厚度，让 p 型层包裹转角位置来解决这个问题，如图 2.37 所示。这种新型沟槽结构 SiC MOSFET 可以同时在导通和截止时限制栅极氧化层电场强度，栅极电压为 15V 时沟道即可完全导通，栅极阈值电压约为 4V，从而可与现有高速 Si IGBT 常用的+15/−5V 驱动电压相兼容，便于用户使用。目前已有少数型号产品投放商用市场。

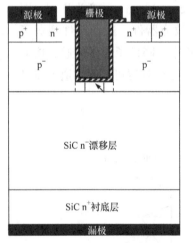

图 2.37　Infineon 公司提出的新型沟槽结构 SiC MOSFET

SiC MOSFET 单管的电流能力有限，为便于处理更大电流，多家公司推出了 SiC MOSFET 功率模块。比较常见的是半桥功率模块，模块内部采用多个 SiC MOSFET 芯片并联进行功率扩容，配置为半桥电路结构。有些公司采用 SiC SBD 作为 SiC MOSFET 的反并联二极管(这种由 SiC 可控器件和内置 SiC SBD 集成的 SiC 模块，通常称为"全 SiC 模块")，模块的开关频率能够达到 100kHz 以上，满足了较大功率高频应用场合的要求。

2.2.3　SiC JFET

由于 SiC 功率 MOSFET 的特性受到高密度 SiC-SiO$_2$ 界面态的严重影响，而 JFET 因为不需要制作栅氧化层而避开了一些与栅氧化物有关的问题，如沟道电子迁移率问题、氧化层的击穿和稳定性问题等，因而 JFET 这种器件结构形式很快就受到了 SiC 功率器件开发者的重视。虽然 JFET 在 Si 基功率器件中远不如功率 MOSFET 的应用面广，但 SiC JFET 却以其优良的特性和结构与制造工艺的相对简化而在 SiC 功率 MOSFET 之前进入试验性应用阶段，并继 SiC SBD 之后成为第二种商业化的 SiC 基电力电子器件。

水平沟道结构 SiC JFET 的截面图如图 2.38(a)所示。若将其作为一种常通型(normally-on)器件设计，其源-漏之间导电沟道的厚度要远大于零栅压下 PN 结空间电荷区的宽度。这样，栅压为零时，源-漏之间处于导通状态，只有足够高的负栅压才能够通过空间电荷区的扩展将导电沟道夹断而将其关断。若将该器件设计为常断型(normally-off)，则导电沟道要足够薄，以致零栅压下 PN 结自建电动势在沟道中产生的空间电荷区即足以将其夹断，需要用足够高的正栅压使空间电荷区收缩，腾出一定的空间作为导电沟道，才能使器件进入导通状态。但是，不管是常通还是常断，平面 JFET 的沟道电阻都比较大，不适合在电力电子技术中使用。作为电力电子器件使用的 JFET 一般为垂直导电型，如图 2.38(b)所示。

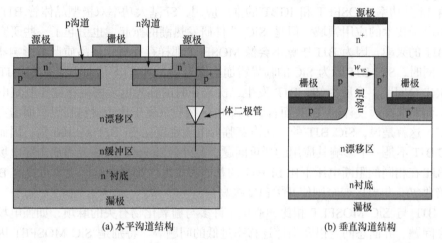

(a) 水平沟道结构　　　　　　　　(b) 垂直沟道结构

图 2.38　SiC JFET 的截面图

垂直沟道结构的 SiC JFET 可以通过控制栅极阈值电压的高低分别制成常通型和常断型器件。常通型 SiC JFET 在没有驱动信号时沟道即处于导通状态，容易造成桥臂的直通危险，不便于其在常用电压源型电力电子变换器中使用。为此研究人员通过级联设置使常通型 SiC JFET 实现常断型工作，来保证电路安全。如前所述，级联方式可分为经典级联结构 SiC JFET 和直接驱动级联结构 SiC JFET。

目前，商业化的 SiC JFET 分立器件产品有 1200V、1700V 两种额定电压规格，最大额定电流为 65A。为了适应 3.3～6.5kV 中压电机驱动场合的需求，器件生产商开发出 6.5kV 垂直结构的增强型 SiC JFET(图 2.39)和 6kV 超级联结构 SiC JFET(图 2.40)。如图 2.39 所示，6.5kV 增强型 SiC JFET 与 6.5kV SiC JBS 二极管封装在一起，可作为双向开关使用。如图 2.40 所示，1个低压 Si MOSFET 与 5 个 1.2kV 耗尽型 SiC JFET 级联，每两个 SiC JFET 之间反并一个雪崩二极管，将 SiC JFET 的电压钳位在 1.2kV 以内。继续增加 SiC JFET 串联数目，这种超级联结构可达到更高的额定电压。

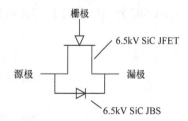

图 2.39　6.5kV 垂直结构增强型
SiC JFET 的等效电路

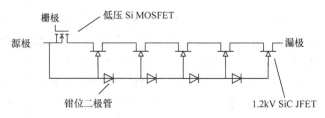

图 2.40　6kV 超级联结构 SiC JFET

2.2.4　SiC BJT

随着 Si 基功率 MOSFET 和 IGBT 的推广应用，Si 基大功率双极型晶体管(BJT)已逐渐淡出电力电子技术的应用领域。但是 SiC 器件研发热潮的掀起，也引起了一些研究者对开发 SiC BJT 的兴趣，因为 BJT 毕竟不会像 MOSFET 那样存在氧化层品质严重影响器件特性的问题。同时，SiC BJT 因为 SiC 的临界雪崩击穿电场是 Si 的 8 倍而不会有 Si BJT 那样严峻的二次击穿问题。众所周知，BJT 发生二次击穿时的临界电流密度正比于其集电区的掺杂浓度，而对非穿通设计的 BJT 而言，其集电区杂质浓度正比于材料临界雪崩击穿电场强度的平方。这就是说，SiC BJT 的二次击穿临界电流密度比 Si BJT 高 100 倍，因而二次击穿对 SiC BJT 不是一个影响其应用的严重问题。此外，SiC 材料的临界雪崩击穿电场高，也使 SiC BJT 在相同的阻断电压下比 Si BJT 的基区和集电区都窄。基区变窄可提高 BJT 的电流放大倍数(β)，集电区变窄则使开关速度提高。

SiC BJT 与 SiC MOSFET 相比，避免了许多与栅氧化物有关的麻烦，如强电场下氧化物的击穿问题、界面态问题以及沟道迁移率过低的问题等。特别是 SiC MOSFET 因为栅氧化物的热稳定性不够高而难以在 250℃ 以上的高温下工作，而 SiC BJT 的工作温度不会受氧化物热稳定性的限制，自然会比 SiC MOSFET 高得多。此外，SiC BJT 的制造要比 SiC MOSFET 容易得多，因而制造成本要相对低一些。从工作性能上看，SiC BJT 因为具有电导调制效应和不需要借助反型层形成导电沟道而比 SiC MOSFET 的导通电阻低。SiC BJT 唯一不如 SiC MOSFET 的地方，在于它是一种电流控制型的开关器件，其稳态导通状态需要较大的基极电流来维持。这样，SiC BJT 的驱动电路就要比 SiC MOSFET 的驱动电路复杂得多，驱动电路上的功耗也相当高。同时，由于基极电流要流过压降高达 3V 左右的发射结，器件上相应的功耗也相当高。图 2.41 为 SiC BJT 元胞的典型结构图。目前，GeneSiC 公司已推出了 1700V/100A 的 SiC BJT 商用产品。

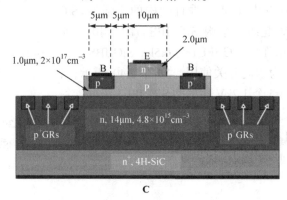

图 2.41　SiC BJT 元胞的典型结构图

2.3　GaN 器件的结构与原理

2.3.1　不同结构 GaN 器件

根据器件结构的不同，目前国际上 GaN 基电力电子器件的研发工作主要沿着两大技术路线，一是在 GaN 自支撑衬底上制作垂直导通型器件，二是在 Si 衬底上制作平面导通型器件。图 2.42 和图 2.43 分别为 GaN 基垂直和平面导通型器件的结构示意图。

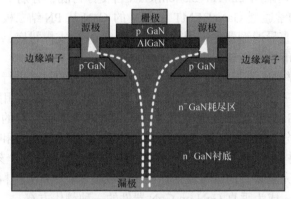

图 2.42　GaN 基垂直导通型器件

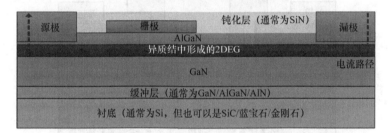

图 2.43　GaN 基平面导通型器件

对于 GaN 基电力电子器件，最理想的是在 GaN 自支撑衬底上同质外延 GaN 有源层，进而进行器件的制备。基于 GaN 自支撑衬底制备的 GaN 基垂直导通型器件，相对平面导通型器件而言，有以下优势。

(1) 更易于获得高击穿电压。垂直型器件由于漏极制作在栅极和源极的背面，在漏极加高电压时，电场会比较均匀地沿着垂直方向分布，而不存在平面型器件的栅极边缘尖峰电场现象，因此垂直型器件比平面型器件更利于获得高的击穿电压。

(2) 可以减缓表面缺陷态引起的电流崩塌效应。垂直型器件的高电场区域在材料内部，远离表面，从而可以弱化表面态的影响而减缓电流崩塌效应。

(3) 更利于提高晶圆利用率和功率密度。垂直型器件本身不存在尖峰电场而不需要使用场板结构，也无须通过增加栅漏间距实现高击穿电压。因此，从这个角度看，垂直型器件比平面型器件的工艺更简单，也更容易提高晶圆利用率以及功率密度。

尽管垂直导通型 GaN 器件的优势十分明显，但是与平面型器件相比发展相对缓慢，相关研究近十年才刚刚起步，而且在产业化进程上也面临着一些亟待解决的技术难点，主要包括如何实现导电大尺寸自支撑 GaN 衬底低成本化以及自支撑 GaN 衬底上同质外延厚膜 GaN 层的背景掺杂问题。此外，p 型掺杂沟道电流限制层的制备也是一直存在的技术难点。高性能 p 型掺杂有利于提高器件栅极控制能力和耐压性能，但对于 GaN 半导体而言，提高 p 型受主杂质的电离效率是科学界亟待解决的一个难点。

有关 GaN 基垂直导通结构器件的研究，尤以日本丰田公司和美国 Avogy 公司为代表，还有加州大学圣塔芭芭拉分校(UCSB)和日本 Rohm 等著名公司与研究机构。其中，日本丰田公司于 2013 年在 GaN 自支撑衬底上研制了耐压达 1.6kV 的垂直导通结构的常断型 GaN 器件。美国 Avogy 公司采用 2in(1in=2.54cm)GaN 自支撑衬底，分别于 2014 年和 2015 年制备了耐压达 1.5 kV 的常通型 GaN HEMT 和 4kV 的 GaN 基 PN 结二极管。与平面导通结构器件相比，GaN 基垂直导通型器件采用价格昂贵的 GaN 自支撑衬底，所以未来将主要定位于高耐压器件的高端市场，与 SiC 器件展开竞争。

由于 GaN 自支撑衬底昂贵的成本，能否采用其他材料的衬底进行替换是垂直导通结构的 GaN 器件研究的一项重要内容。美国麻省理工学院开发了一种使用异质外延 GaN-on-Si 结构的垂直导通型 GaN 器件，剑桥电子公司将麻省理工学院开发的 GaN 器件技术商业化，推出了额定电压分别为 200V 和 600V，导通电阻分别为 550mΩ 和 290mΩ 的 GaN FET 样品。该公司样品结构如图 2.44 所示，将漏极触点金属化放置在完全刻蚀穿过 Si 衬底和缓冲层的凹槽中以实现完全垂直的电流流通路径。该项技术将 GaN 材料的性能优势和 Si 晶圆低成本优势相结合，成为垂直 GaN-on-GaN 器件的一种替代方案。

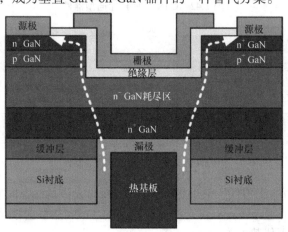

图 2.44　GaN-on-Si 结构的 GaN FET 样品垂直导通型器件

由于 GaN 同质外延的成本居高不下，因此在 GaN 基电力电子器件的商业化进程中，选择合适的衬底材料以发展基于异质外延的平面型器件是目前的主流解决方案。由图 2.43 所示的平面型器件结构图可知，该结构最重要的特征在于 AlGaN/GaN 异质结。由于 AlGaN 和 GaN 的禁带宽度不同，这两种材料构成的接触面即形成异质结，同时由于晶体极性的影响，在异质结接触面上形成了一层具有高迁移率的 2DEG，可以在异质结面上高速移动，从而形成导电沟道。通过控制异质结 2DEG 的浓度，可以控制器件的导通和关断。

关于衬底材料的选择，主要分为三类：Si、SiC 和蓝宝石。目前蓝宝石衬底是 GaN 异质外延生长中应用最广泛的衬底材料，并且已经在光电器件产业方面有了成熟的应用。但在功率器件领域，蓝宝石衬底却存在非常明显的缺点。一方面，蓝宝石的热导率非常低，制备的功率器件散热能力不强，使得 GaN 材料本身的优势很难得到充分发挥，因而限制了蓝宝石衬底在功率器件产业应用的前景；另一方面，蓝宝石衬底中的氧元素在 GaN 中形成重掺杂 n 型背景载流子，这严重限制了高耐压 GaN 外延材料制备。此外，SiC 衬底与 GaN 材料晶格失配小，且具有高的热导率，使其非常适合制作高温高功率工作下的电子器件。但是 SiC 材料本身很难制备，且价格非常昂贵，这限制了 SiC 衬底在商业化 GaN 基电力电子器件领域的推广。Si 衬底与 GaN 材料的晶格失配和热失配都非常大，但是相比蓝宝石材料，Si 材料热导率高、晶元尺寸大、成本低、制作工艺成熟并且能和现有 CMOS 工艺兼容，这些优点使得 Si 衬底成为实现商用 GaN 基电力电子器件产业化的最佳衬底。Si 衬底上 GaN 基平面导通型器件是目前的主流技术，在几十到几百伏的中低压应用领域已得到一定程度的应用。

由于 AlGaN/GaN 异质结具有很强的极化效应，普通异质结接触面存在很高浓度的 2DEG，因此 GaN 基平面导通型器件本质上来说是常通型器件，目前主要通过栅槽刻蚀 (recessed gate)、p 型盖帽层(p cap layer)、能带工程(energy band engineering)和氟离子注入 (fluorine ion implantation)等技术对栅极进行处理，将栅极下的 2DEG 耗尽，使导电沟道夹断，实现常断功能。目前商用市场上的增强型 GaN 器件大部分采用了平面型结构，如 GaN Systems 公司以及 EPC 公司的 GaN 器件产品等。

2.3.2　GaN 基二极管

目前，GaN 基功率二极管主要有两种类型：GaN SBD 和 GaN PN 二极管。GaN SBD 主要有三种结构：水平结构、垂直结构和台面结构，如图 2.45 所示。水平结构利用 AlGaN/GaN 异质结结构，在不掺杂的情况下就可以产生电流，但水平导电结构增加了器件的面积以及成本，并且器件的正向电流密度普遍偏小。垂直结构是一般电力电子器件主要采用的结构，可以产生较大的电流，有很多研究机构利用从厚的外延片上剥离下来厚的 GaN 独立薄片制作垂直导电结构的肖特基二极管，但是这样的外延片缺陷密度高，制造出来的器件虽然电流较大，但反向漏电也非常严重，导致击穿电压与 GaN 材料应达到的水平

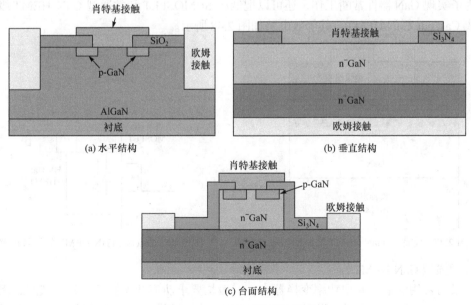

(a) 水平结构　　　(b) 垂直结构

(c) 台面结构

图 2.45　GaN SBD 结构示意图

相距甚远。因此，对于垂直结构 GaN SBD 的研究主要还是停留在仿真以及改善材料特性阶段。台面结构，也称为准垂直结构，一般是在蓝宝石或者 SiC 衬底上外延生长不同掺杂的 GaN 层，低掺杂的 n⁻层可以提高器件的击穿电压，而高掺杂的 n⁺层是为了形成良好的欧姆接触，这种结构结合了水平结构和垂直结构的优点，同时也存在水平结构和垂直结构的缺点，它最大的优势在于可以与传统的工艺兼容，并且可以将尺寸做得比较大。

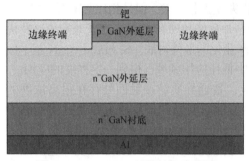

图 2.46　GaN PN 二极管结构示意图

图 2.46 是 GaN PN 二极管结构示意图，其衬底为 2in 厚的 n⁺掺杂 GaN 体，同质外延层通过金属有机化学气相沉积(MOCVD)的方法制造。根据击穿电压的不同，n 型缓冲层的掺杂浓度范围是$(1\sim 3)\times 10^{16}cm^{-3}$，厚度为 5～20μm。到目前为止，耐压为 3700V 的 GaN PN 二极管已经在 GaN 体晶片上制作完成，这种器件具有很高的电流密度、较好的承受雪崩击穿能量的能力和非常小的漏电流等特点。

2.3.3　GaN HEMT

目前，GaN HEMT 器件主要有以下几种类型：常通型 GaN HEMT、Cascode GaN HEMT、增强型 GaN HEMT 和 GaN GIT。

1) 常通型 GaN HEMT

由于材料极化特性，常规 GaN HEMT 在栅极不施加电压时，其沟道中就会存在高浓度的 2DEG，使得器件处于常通状态，其截面图如图 2.47 所示。为了实现关断功能，必须给栅极施加负电压。

2) Cascode GaN HEMT

为了实现 GaN 器件常断工作，还可以把低压 Si MOSFET 和常通型 GaN HEMT 级联起来构成 Cascode GaN HEMT，其等效电路如图 2.48 所示。

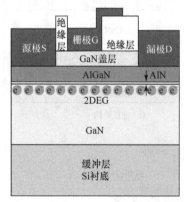

图 2.47　常通型 GaN HEMT 的截面图

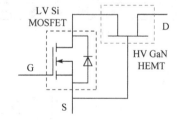

图 2.48　Cascode GaN HEMT 的等效电路

3) 增强型 GaN HEMT

在最为常用的电压源型功率变换器中，一般均要求功率开关器件为常断状态，因此现在大量研究工作致力于实现增强型 GaN HEMT 器件。目前商用的增强型 GaN HEMT 器件主要分为低压(30~300V)和高压(650V)两种类型。

低压增强型 GaN HEMT 的代表性生产企业是 EPC 公司, 图 2.49 给出了 EPC 公司生产的低压增强型 GaN HEMT 器件结构示意图。它在硅基上生长氮化镓, 大大节约了成本。利用 AlN 隔离层解决了硅衬底与氮化镓的晶格失配问题。在氮化镓上生长一层 AlGaN 材料, 靠近 AlGaN 的界面自发形成了非常密集的二维电子气, 大大提高了氮化镓的电子迁移率。为了获得增强型器件, EPC 公司在栅极下加入了 p 型 GaN 基盖帽层(p-doped GaN cap), 使栅极下方变为耗尽区, 这样当栅源极电压为零时, 栅极接触面没有二维电子气, 导电沟道不存在, 此时 GaN 晶体管处于关断状态; 施加正栅源极电压至一定值时, 二维电子气建立, 导电沟道产生, 此时处于导通状态。

值得说明的是, EPC 公司现有的低压增强型 GaN HEMT 均采用触点阵列封装, 图 2.50 给出了 EPC 公司低压增强型 GaN HEMT 封装示意图。从图 2.50 中可见, 源极 S、漏极 D 交错分布, 占据极小的布局空间, 这种封装形式大大降低了引线寄生电感, 利于 GaN HEMT 的高频工作, 从而达到大幅度减小变换器中电抗元件体积、提高系统功率密度的目的。

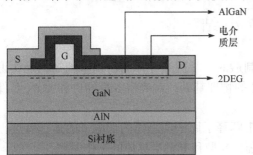

图 2.49　低压增强型 GaN HEMT 器件结构示意图

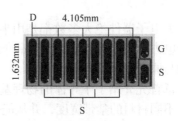

图 2.50　低压增强型 GaN HEMT 的封装示意图

高压增强型 GaN HEMT 的代表性生产企业为 GaN Systems 公司, 图 2.51 给出了 GaN Systems 公司生产的高压增强型 GaN 晶体管结构图。与 EPC 公司器件相似的是, GaN Systems 公司推出的高压增强型 GaN HEMT 同样采用了 Si 衬底生长 GaN, 并通过 AlGaN/GaN 异质结形成高电子迁移率的二维电子气构成导电沟道。GaN Systems 公司的高压增强型 GaN HEMT 通过在栅极下方加入绝缘层, 形成绝缘栅结构, 从而实现增强型器件的功能。

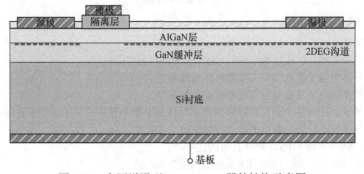

图 2.51　高压增强型 GaN HEMT 器件结构示意图

4) GaN GIT

为解决传统 GaN GIT 器件的电流崩塌问题, 如图 2.52 所示, 研究人员在传统结构基础上，通过在器件栅极和漏极同时增加 p 型 AlGaN 基盖帽层的方法，研制出新型结构的 GaN GIT 器件，有效地释放了关断状态下 GaN GIT 漏极的电子，消除了 GaN GIT 的电流崩塌问题。由于 GaN GIT 在栅极下方注入了 p 型掺杂层，在器件开通时栅极会表现出类似二极管的特性，为使其正常导通，需给栅极持续提供电流。

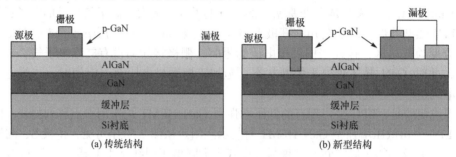

图 2.52　GaN GIT 的截面图

2.4　本 章 小 结

电力电子器件绝大多数都是用半导体材料制造的，掌握半导体的物理基础知识是认识宽禁带电力电子器件的基础。本章介绍了半导体的物理基础，对典型 SiC 器件和 GaN 器件的结构与原理进行了分析。

本章首先介绍了半导体的物理基础，用能带解释了原子和晶体内部电子的运行特点，阐述了不同材料的禁带宽度，并从能带角度讨论了 N 型和 P 型半导体的工作原理。

本章接着阐述了各种 SiC 器件和 GaN 器件的结构与原理，SiC 器件包括二极管、MOSFET、JFET 和 BJT；GaN 器件包括二极管、常通型 GaN HEMT、Cascode GaN HEMT、增强型 GaN HEMT 及 GaN GIT。

值得说明的是，本章所论述的宽禁带电力电子器件结构与原理均基于现有商用宽禁带电力电子器件总结而成，随着器件结构和制造工艺的发展，一些新兴结构的宽禁带电力电子器件将会不断出现。

思考题和习题

2-1　半导体与导体、绝缘体有何区别？

2-2　什么是能带？

2-3　什么是禁带宽度？试比较 Si、SiC、GaN 三种材料的禁带宽度。

2-4　本征半导体中电子浓度与空穴浓度有什么关系？

2-5　杂质半导体中电子浓度与空穴浓度有什么关系？

2-6　什么是多子？什么是少子？试解释 N 型半导体与 P 型半导体的多子、少子有何区别。

2-7　影响半导体导电行为的载流子运动有哪些运动方式？

2-8　说明 SiC SBD 采用 MPS 结构所具有的优势。

2-9　列举说明目前商用 SiC MOSFET 采用的沟道结构形式。

2-10　比较说明经典 Cascode SiC JFET 与直接驱动 SiC JFET 工作原理的差异。

2-11　相比于平面结构，垂直结构 GaN 器件有何优点？

2-12　列举说明使常通型 GaN 器件实现常断功能的工艺方法。

2-13　说明 GaN GIT 器件与低压增强型 GaN HEMT 在结构和原理上的差异，并比较两者栅极电流差异。

第3章 宽禁带电力电子器件的特性与参数

宽禁带材料与 Si 材料特性的差异，造成宽禁带器件与 Si 器件在器件特性上有较多差异，本章主要针对 SiC 器件(包括 SiC SBD、SiC MOSFET、SiC JFET 和 SiC BJT)和 GaN 器件(包括 GaN 基二极管、常通型 GaN HEMT、Cascode GaN HEMT、增强型 GaN HEMT 和 GaN GIT)，阐述其基本特性与参数。

考虑到读者已掌握 Si 器件的一般知识，为避免内容烦冗，在阐述宽禁带器件的特性与参数时，一些与 Si 器件相同的特性与参数的定义将不再赘述，主要采用与相应 Si 器件对比的方式，突出宽禁带器件与 Si 器件的不同，从而揭示出宽禁带器件的基本特性与参数。

3.1 双稳态与双瞬态的基本工作状态

一般称电力电子器件为双稳态器件，工作状态主要为通态和阻态，即"开关"特性。但在实际应用中的电力电子器件却表现出更多方面的特性：除了通态和阻态，还有开通、关断、触发、恢复、热和机械等特性。其中，通态与阻态为双稳态，开通与关断为双瞬态，恢复特性可以看成瞬态特性的一部分，其他为关系特性。因此，仅仅了解器件的"开关"特性是不够的，要充分发挥器件的应用特性，就必须了解器件的其他特性，尤其是器件的双瞬态特性。

3.1.1 特性与参数关系

在使用电力电子器件的过程中，第一步就是选取适当的器件。选器件的关键是选参数，器件的特性一般是用器件的相关参数来表征的。下面以二极管和场效应晶体管为例来说明器件特性与参数之间的关系。

1. 二极管特性与参数

Si 基二极管可分为 PN 结二极管和肖特基二极管两大类。PN 结二极管可看成一个典型的单 PN 结电力电子器件。实际应用中主要关注其开关暂态特性和通态特性。

Si 基 PN 结二极管在电压型变换器换流中的关断特性如图 3.1 所示。在 PN 结正向导通时，发生换流过程。由于 PN 结正向导通时体内存在大量的过剩载流子，即大量过剩的电子和空穴。因此，在该 PN 结二极管达到"阻态"前，所存储的电荷必须全部扫出或复合。在未恢复到反偏高阻断状态之前，该二极管相当于短路状态，在反偏电场作用下，正向电流逐步减小到零，二极管电压开始反向，电流开始减小，空间电荷区电场加宽，最终达到反偏时高阻断状态。

由该关断特性可以看到，如下几个参数是该特性的关键参数。

反向重复峰值电压 U_{RR}：PN 结二极管所能承受的最大的反偏置电压。

反向恢复时间 t_{RR}：反向电流从零上升到峰值 I_{RR}，再从峰值 I_{RR} 降到零所需的时间，该时间一般作为器件开关速度的度量。

反向恢复电荷 Q_{RR}：在 t_{RR} 期间耗尽存储的总电荷(可由图 3.1 阴影部分计算出来)。该指标反映了反向恢复损耗的大小。

当 PN 结二极管从反偏转向正向导通时，其 PN 结的通态压降并不立即达到其静态伏安特性所对应的稳态压降值，而需经过一段正向恢复时期 t_{FR}。PN 结二极管的正向恢复特性存在阻性机制和感性机制。图 3.2 给出了 PN 结二极管正向导通时的电压动态波形。由此可见：在开通初期，二极管会出现较高的瞬态压降 U_{FR}，经过一定时间后才能处于稳定状态。

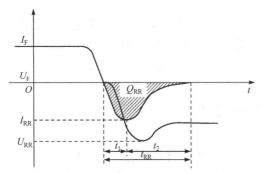

图 3.1　Si 基 PN 结二极管在电压型变换器换流中的关断特性

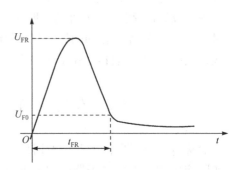

图 3.2　PN 结二极管的开通特性

由 PN 结二极管的开通特性可见，下面几个参数是描述该特性的关键参数。

正向恢复时间 t_{FR}：二极管从电流为零至电流稳定值所需要的时间。

正向恢复电压峰值 U_{FR}：在导通过程中，正向电压所能达到的最大值。

正向电流上升率 di/dt：在导通过程中，正向电流的上升速率。

表 3.1 给出了一个实际 Si 基 PN 结二极管的主要参数值，可以看到：这些参数都有一定的物理意义，与器件的物理特性一一对应关系，且具体值的定义都是在一定标准条件下得出来的。

表 3.1　Si 基 PN 结二极管(5SDF 03D4502)的主要参数值

参数名称	符号	标称值	标准条件
断态可重复峰值电压	U_{RRM}	4500V	50Hz 半正弦波，t_P=10ms
断态漏电流峰值	I_{RRM}	≤ 20mA	U_R=4500V，T_j=115℃
最大通态平均电流	I_{FAVM}	275A	50Hz 半正弦波 I_F=630A，T_j=115℃
正向通态压降	U_F	≤ 3.9V	
正向恢复电压峰值	U_{FR}	≤ 370V	di/dt=1000A/μs T_j=115℃
通态电流最大下降率	di/dt_{cri}	≤ 300A / μs	
反向恢复电流峰值	I_{RR}	≤ 350A	U_{DC}=2800V T_j=115℃
反向恢复电荷	Q_{RR}	≤ 930μC	

肖特基二极管和 PN 结二极管具有类似的伏安关系，但肖特基二极管与 PN 结二极管的导电行为有一些明显的不同。

首先，就载流子的运动形式而言，PN 结正向导通时，由 P 区注入 N 区的空穴或由 N 区注入 P 区的电子，都是少子(所以也称为少子注入)，它们先形成一定的积累，然后靠扩散运动形成电流，少子的积累使开关速度受到极大的限制；而肖特基二极管的电流主要是由半导体中的多子形成，是多子器件，不存在少子的积累，开关速度不受积累的影响。因此，肖特基二极管比 PN 结二极管具有更好的高频特性。

其次，对于相同的势垒高度，肖特基二极管的饱和电流要比 PN 结二极管的饱和电流大得多。换言之，对于同样大小的电流，肖特基二极管将有较低的正向导通电压，但是在肖特基二极管中不存在少子的积累，没有因此而产生的电导调制效应，所以正向通态特性不像 PN 结二极管那样硬。

SiC 二极管中目前最为常见的是 SiC SBD，其反向恢复特性极为优越。表 3.2 给出了一个典型 SiC SBD(C4D10120A)的主要参数值。

表 3.2　SiC SBD(C4D10120A)的主要参数值

参数名称	符号	标称值	标准条件
断态可重复峰值电压	U_{RRM}	1200V	$T_C=25℃$
断态漏电流峰值	I_R	250μA	$U_R=1200V$，$T_j=25℃$
		350μA	$U_R=1200V$，$T_j=175℃$
正向可重复浪涌电流峰值	I_{FRM}	47A	$T_C=25℃$，$t_P=10ms$ 半正弦波
		31.5A	$T_C=110℃$，$t_P=10ms$ 半正弦波
正向不可重复浪涌电流峰值	I_{FSM}	71A	$T_C=25℃$，$t_P=10ms$ 半正弦波
		59.5A	$T_C=110℃$，$t_P=10ms$ 半正弦波
正向不可重复电流峰值	$I_{F,MAX}$	750A	$T_C=25℃$，$t_P=10μs$ 脉冲
		620A	$T_C=110℃$，$t_P=10μs$ 脉冲
最大通态连续电流	I_F	33A	$T_C=25℃$
		16A	$T_C=135℃$
		10A	$T_C=156℃$
正向通态压降	U_F	1.8V	$I_F=10A$，$T_j=25℃$
		3V	$I_F=10A$，$T_j=175℃$
反向浪涌电压峰值	U_{RSM}	1300V	
通态电流最大下降率	di/dt_{cri}	200V/ns	$U_R=0\sim960V$
总电容电荷	Q_C	52nC	$U_R=800V$，$I_F=10A$ $di/dt=200A/μs$，$T_j=25℃$

2. 功率 MOSFET 特性与参数

与双极型器件不同，功率 MOSFET 是一种单极型器件，其内部的载流子或是自由电子或是空穴，两者只能其一，电流主要由漂移构成。功率 MOSFET 可以工作在三种状态，当功率 MOSFET 充分导通时，进入电阻区(线性区)，就像一个电阻；当栅极电压大于阈值电压但功率 MOSFET 未充分导通时，进入可变电阻区(有源区)，电阻随 U_{GS} 变化；当栅极电压低于阈值电压时，功率 MOSFET 处于截止状态。它的伏安特性如图 3.3 所示。在电力电子技术应用中，功率 MOSFET 一般只作为开关使用，工作于截止区和线性区。为保证器件导通后进入线性区，栅极驱动电路要能提供足够大的功率。显然，U_{GS} 越大，可变电阻区部分 U_{DS} 就越大。由于功率 MOSFET 从结构和参数上保证了寄生晶体管不起作用，因此在工作中很难发生二次击穿现象，它的安全工作区宽。

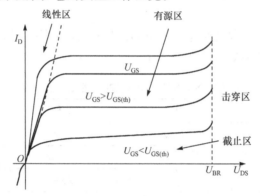

图 3.3　功率 MOSFET 的伏安特性

功率 MOSFET 的主要参数如下。

(1) 开启电压 $U_{GS(th)}$：又称阈值电压，它是指功率 MOSFET 扩散沟道区反型使沟道导通所必需的栅源电压。随着栅极电压的增加，导电沟道逐渐"增强"，即其电阻逐渐减小，电流逐渐增大。开启电压 $U_{GS(th)}$ 随结温变化而变化，并具有负的温度系数。

(2) 漏极电流 I_D：当栅极施加适当极性和大小的电压时，沟道连接了源极和漏极的轻掺杂区，并且产生了漏极电流，当漏极电压较小时，漏极电流与漏源极电压呈线性关系：

$$I_D \approx \frac{Z}{L} \mu C_0 \left(U_{GS} - U_{GS(th)} \right) U_{DS} \tag{3.1}$$

式中，μ 为载流子迁移速率；C_0 为单位面积的栅极氧化电容；Z 为沟道宽度；L 为沟道长度。

随着漏极电压的增加，漏极电流出现饱和，与 U_{GS} 的平方呈一定关系：

$$I_D \approx \frac{Z}{L} \mu C_0 \left(U_{GS} - U_{GS(th)} \right)^2 \tag{3.2}$$

(3) 跨导 g_s：功率 MOSFET 的跨导或增益定义为漏极电流对栅源电压的变化率，即

$$g_s = \frac{\Delta I_D}{\Delta U_{GS}} = 2 \frac{Z}{L} \mu C_0 \left(U_{GS} - U_{GS(th)} \right) \tag{3.3}$$

上式表明，漏极电流和跨导是密切相关的，跨导是栅源电压的线性函数。

(4) 通态电阻 $R_{DS(on)}$：是指在确定的栅源电压 U_{GS} 下，功率 MOSFET 处于恒流区时的直

流电阻，它与输出特性密切相关，是影响输出功率的重要参数。$R_{DS(on)}$的大小与栅源电压有很大的关系，如图 3.4 所示。显然，随着 U_{GS} 的增加，$R_{DS(on)}$ 减小，但 U_{GS} 也不能太高，受栅极极限电压限制。

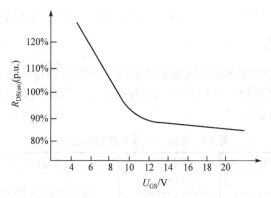

图 3.4　栅源电压与通态电阻的关系

3.1.2　双稳态与双瞬态

通常，电力电子器件主要作为"理想开关"，其工作方式主要表现为双稳态，即通态与阻态。但在实际应用中，由于器件内部的工作机理，从通态到阻态或者从阻态再到通态并不是瞬间完成的，存在中间的过渡过程，这两个过程称为双瞬态，即开通与关断。

造成电力电子器件短时间内导通状态有如此大的变化的主要原因是器件内部载流子浓度分布的变化。从单 PN 结或者多 PN 结的状态可以了解双稳态的物理本质。

1. 导通稳态(通态)

当对器件两端施加足够的正向电压和在驱动端施加足够的驱动电压(电流)时，不管是单 PN 结器件还是多 PN 结器件，对于正偏置的 PN 结，由于正向电压形成的外电场削弱了 PN 结内部空间电荷区形成的内电场，打破了多子扩散和少子漂移的平衡，形成正向电流。随着外加电压的增加，正向电流按指数规律增长。对于多 PN 结器件(如 PNP 结构)，当正向偏置 PN 结流过正向大电流时，注入基区(通常是 N 型材料)的空穴浓度大大超过原始 N 型基片的多子浓度，为了维持半导体电中性的条件，多子浓度也要相应地大幅度增加，即在注入大电流条件下原始 N 型基片的电阻率大大下降，也就是说电导率大大增加，原来反偏置的 PN 结的空间电荷区被大大削弱，这时整个器件处于一种"低阻态"状况。只要保持外加正电压和驱动正电压(电流)足够大，就能维持这种"导通稳态"。

2. 阻断稳态(阻态)

当对单 PN 结器件施加反向偏置时，由于反偏电压形成的外电场加强了内部电场，从而强烈地阻止 PN 结多子扩散，但该电场使漂移加强，这种漂移形成漏电流，由于少子浓度很低，该漂移电流就很小，此时呈现"高阻态"状况。

对于多 PN 结器件(如 PNP 结构)，去掉驱动电压(电流)时，处于反偏置的 PN 结又恢复了原来较大的空间电荷区，从而阻止了来自正向偏置 PN 结的多子扩散，形成了"高阻态"状况。

从上面的分析中可以看到：

1) 电力电子器件的"导通稳态"与"阻断稳态"是由器件内部的 PN 结状态决定的。

2)"导通稳态"与"阻断稳态"中反映出来的电阻差异并不是导体电阻的意义,而是反映器件内部载流子分布的情况。

"双瞬态"与"双稳态"切换中的过渡过程,亦是由器件内部的 PN 结状态所决定的。

3.1.3 额定值与特征值

电力电子器件的特性极限由它的参数所描述,能够使器件长期稳定工作运行的最大允许的参数值即器件的额定值。不同种类的器件所定义的额定值是不同的。表 3.3 所示为电力电子器件额定电流的定义。

表 3.3　电力电子器件额定电流的定义

序号	器件种类	基本工况	额定电流的定义	相对关系
1	硅整流管	不可控整流	正弦半波电流在全波内的平均值	I
	硅晶闸管	可控整流		
2	双向晶体管	全波调压	最大可关断峰值电流	$2.22I$
3	Si 基 GTO	逆变斩波	最大可关断峰值电流	$3.14I$
	Si 基 IGCT	逆变斩波		
4	Si 基 GTR	开关工况	持续通过的直流电流值	$(2\sim3)I$
	Si 基 MOSFET			
	Si 基 IGBT			
	Si 基 IEGT			
5	SiC 基 MOSFET	开关工况	持续通过的直流电流值	$(2\sim3)I$
	SiC 基 BJT			
	SiC 基 JFET			
6	GaN 基 HEMT	开关工况	持续通过的直流电流值	$(2\sim3)I$

特别值得注意的是:电力电子器件是对温度极其灵敏的热敏器件。其所有给定的参数都以规定结温(或相应其他点温度)来确定。工作结温偏离额定结温,所有参数值均发生变化。如电力电子器件额定电流的大小可以由两种基本的体系来加以确定。

1. 环境额定

即对器件运行的环境条件加以限定:在规定冷却条件下(散热器尺寸、冷却介质的流速与进口温度等)允许持续流过的电流值。散热器大小与器件额定电流之间存在"对应"关系。采用环境额定的器件一般需经过全动态测试。

2. 管壳额定

即规定参考点温度条件下(加外壳温度)允许持续流过的电流值。

当使用管壳额定条件下的额定电流值时,用户必须自行设计冷却装置,使实际运行时管壳温度不超过其规定的数值。若系统运行时实际管壳温度超过其规定的数值,那么器件此时允许流过的电流必须按给定的"降额曲线"重新确定。采用管壳额定器件,必须自行设计或选择合理的冷却条件和确定其实际工作电流值。采用管壳额定的器件,一般采用半动态或直流工况测试。

特征值即表征器件工作时特性的值，如 du/dt 耐量、开通时间、关断时间、通态电压(电阻)、漏电流、结电容等。

由器件的额定值与特征值所限定的器件稳态工作区域称为器件安全工作区(safe operation area，SOA)。一般地，根据器件的外部条件不同，SOA 主要可分为正偏安全工作区(forward bias safe operation area，FBSOA)、反偏安全工作区(reverse bias safe operation area，RBSOA)和短路安全工作区(short circuit safe operation area，SCSOA)等。对于双极型晶体管，它的正偏安全工作区由最大通态电流、最大阻态电压、耗散功率 P_{CM} 和二次击穿临界功率四条线围成，如图 3.5 所示。FBSOA 还与温度、集电极脉冲电流持续时间有关。由图 3.6 可知：脉冲持续时间越长，FBSOA 区域就越小。当工作温度升高时，FBSOA 区域会变小。

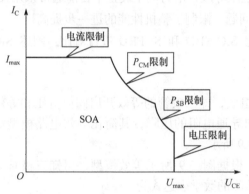

图 3.5　双极型晶体管 FBSOA

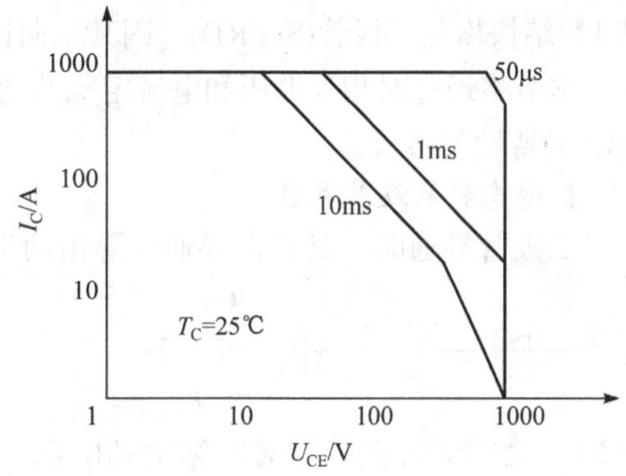

图 3.6　考虑 BJT 结温和脉冲时间的 FBSOA

对于功率 MOSFET，它不存在二次击穿限制，因此其正偏安全工作区由最大通态电流、最大阻态电压和耗散功率 P_{CM} 三条线直接围成，安全工作区比双极型晶体管大，如图 3.7 所示。与双极型晶体管类似，其 FBSOA 也与温度、漏极脉冲电流持续时间有关。由图 3.8 可知：脉冲持续时间越长，FBSOA 区域就越小。当工作温度升高时，FBSOA 区域也会变小。

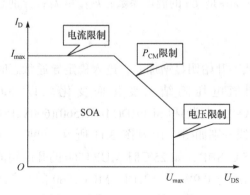

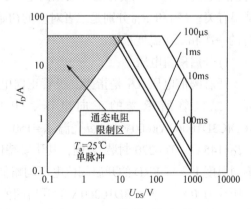

图 3.7　功率 MOSFET 的 FBSOA

图 3.8　考虑 MOSFET 结温和脉冲时间的 FBSOA

3.2   SiC 器件的特性与参数

本节主要针对 SiC SBD、SiC MOSFET、SiC JFET 和 SiC BJT 等典型 SiC 器件，阐述其基本特性与参数。

3.2.1   SiC 肖特基二极管的特性与参数

基于 Si 半导体材料制作的肖特基二极管(Si SBD)虽然具有很多优势，但其反向阻断电压通常在 200V 以下，限制了在高压场合的应用。而基于 SiC 半导体材料制作的肖特基二极管(SiC SBD)能够显著提高反向阻断电压，理论上预计可超过 10kV，目前商用 SiC SBD 的阻断电压水平也已经达到 1700V。在这一阻断电压等级，电力电子装置中目前通常采用 Si 基 PN 结快恢复二极管(Si FRD)，因其反向恢复问题，限制了整机性能的进一步提高。

本节将通过对相近电压和电流定额的商业化 SiC SBD 和 Si FRD 进行对比，阐述 SiC SBD 的特性与参数。

1. 通态特性及其参数

二极管导通时，其正向导通压降由两部分组成，即二极管的等效开启阈值电压和等效正向导通电阻的压降，其简化等效电路模型如图 3.9 所示。

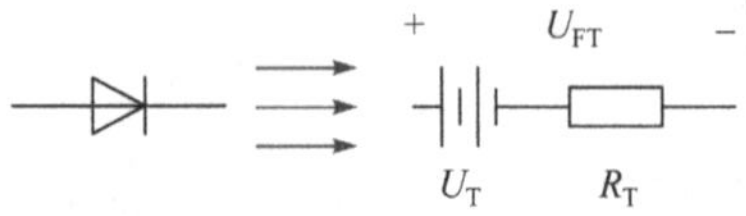

图 3.9   二极管正向导通压降简化等效电路模型

根据图 3.9 所示等效模型，可知二极管导通压降的数学表达式为

$$U_{FT} = U_T + I_F R_T \tag{3.4}$$

$$U_T = U_{T0} + k_{UT} T_j \tag{3.5}$$

$$R_T = R_{T0} + k_{RT1} T_j + k_{RT2} T_j^2 \tag{3.6}$$

式中，U_{FT} 为二极管的正向导通压降；U_T 为二极管的等效开启阈值电压；I_F 为流过二极管的正向电流；R_T 为二极管的等效正向电阻；T_j 为器件的结温。其中，U_T 和 R_T 都与器件的结温有关；U_{T0} 和 R_{T0} 分别是二者对应的初始值；k_{UT} 是 U_T 的温度系数；k_{RT1} 和 k_{RT2} 分别是 R_T 的一次和二次温度系数。

1) 开启阈值电压

开启阈值电压 U_T 是指当二极管正向电流从零开始明显增加时，进入稳定导通状态时刻，二极管所承受的正向电压，开启阈值电压随结温变化而变化。以 SiC SBD(C3D10060A)(600V/10A@壳温 T_C=150℃，TO-220 封装)和 Si FRD(MUR1560)(600V/15A @T_C=145℃，TO-220 封装)为例，其伏安特性曲线分别如图 3.10 和图 3.11 所示。可见，在不同温度下，Si FRD 的开启阈值电压均略低于 SiC SBD，如 25℃时 MUR1560 的开启阈值电压约为 0.8V，而 C3D10060A 的开启阈值电压约为 0.9V；175℃时，MUR1560 的开启阈值电压约为 0.6V，而 C3D10060A 的开启阈值电压约为 0.75V。MUR1560 和 C3D10060A 的

开启阈值电压 U_T 的温度系数 k_{UT} 均小于零，具有负温度系数，即随着结温的增大开启阈值电压逐渐减小。

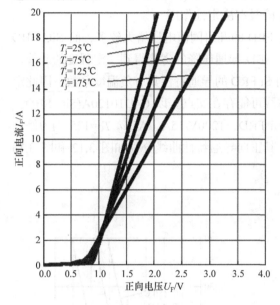

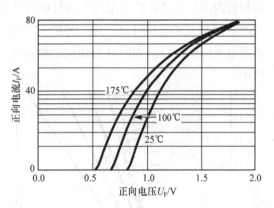

图 3.10　SiC SBD(C3D10060A)的正向导通特性曲线　　图 3.11　Si FRD(MUR1560)的正向导通特性曲线

2) 等效正向导通电阻

等效正向导通电阻是指功率二极管正向导通后，二极管内部的等效直流电阻，如图 3.9 中 R_T 所示，在电流流过时两端产生压降。由图 3.10 可见，在某一温度下 SiC SBD 的正向电压达到开启阈值电压后，等效导通电阻(曲线的斜率)基本保持恒定，即随着正向导通电流的增加导通压降线性增大。正向导通电阻具有正温度系数，随着温度的增加，等效导通电阻逐渐增大(曲线斜率减小)。以 MUR1560 为例，Si FRD 的典型导通特性曲线如图 3.11 所示，温度上升时，曲线的斜率下降，但斜率的变化较小，即等效正向导通电阻随温度变化较小。

3) 正向压降

正向压降 U_{FT} 是指二极管在指定温度下，流过某一指定的稳态正向电流时对应的正向压降。从图 3.9 可以看出 U_{FT} 由开启阈值电压 U_T 和等效导通电阻 R_T 两端压降共同组成。Si SBD 的正向压降与反向漏电流这两个重要的参数很难兼顾，要么正向压降小，反向漏电流大；要么反向漏电流小，正向压降大。受此限制，Si SBD 的电压等级通常在 200V 以内，而 SiC SBD 可以同时兼顾器件的正向压降与反向漏电流。

对于相同的势垒高度，肖特基二极管的饱和电流要比 PN 结二极管的电流大得多，即流过相同大小的电流时，肖特基二极管的正向导通压降更低。但是由于不存在电导调制效应导致的少子积累，其正向导通特性相对 PN 结二极管较软(伏安特性斜率较小)。

如图 3.10 所示，在电流小于 2A 时，SiC SBD 的正向压降具有较小的负温度系数，这是由于温度升高时，SiC SBD 的开启阈值电压随之降低(负温度系数)，而正向电流较小，等效导通电阻两端的压降相对开启阈值电压所占比例较小。在电流大于 2A 时，SiC SBD 的正向压降表现出显著的正温度系数。而 Si FRD 的正向压降在整个电流范围内均表现为负温度系数，如图 3.11 所示，开启阈值电压对正向压降具有决定性作用。

器件电压定额提高时，由于结构特点，Si FRD 的开启阈值电压增大较多，而 SiC SBD 的开启阈值电压变化较小，这一特性使得 SiC SBD 导通压降的劣势得到一定程度的改善。由于 SiC SBD 的导通特性具有正温度系数，而 Si FRD 的导通特性具有负温度系数，因此定额相近的两种器件在特定温度下的导通特性曲线可能存在交点。以 C4D10120A(SiC SBD，1200V/14A，DC@T_C=135℃)和 DSEP12-12A(Si FRD，1200V/15A，AC@T_C=125℃)为例，考虑电流降额可以认为两者为相同定额器件，其正向导通特性曲线分别如图 3.12 和图 3.13 所示。

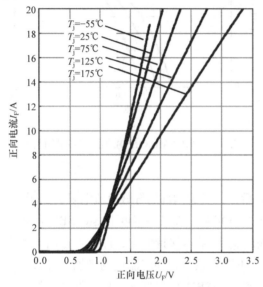

图 3.12　C4D10120A 的正向导通特性曲线　　　　图 3.13　DSEP12-12A 的正向导通特性曲线

可以看出，25℃时 SiC SBD 的开启电压(0.9V)低于 Si FRD(1.2V)；电流为 10A 时 SiC SBD 的正向压降为 1.5V，而 Si FRD 的正向压降为 2.5V；150℃时两种二极管的开启阈值电压近似相等，均为 0.6V 左右，但电流为 10A 时 SiC SBD 的正向压降为 1.9V，而 Si FRD 的正向压降为 1.6V。高于一定电流值时，SiC SBD 的正向压降随温度的升高而增大，而 Si FRD 的正向压降随温度升高而下降。在二极管应用于电路进行选型设计时需要根据工作环境条件考虑这一差别。

SiC SBD 在其额定电流范围内，正向压降总体表现出正温度系数(除小电流时表现为较小的负温度系数)，易于并联扩容。而 Si FRD 由于正向压降呈负温度系数不宜并联使用。

4) 器件额定值定义

SiC SBD 与 Si FRD 的额定电流定义并不相同。例如，MUR1560 的额定电流为 15A@T_C=145℃，而 C3D10060A 的额定电流为 10A@T_C=150℃，两种二极管定义额定电流的壳温

T_C 并不相同，图 3.14 为 MUR1560 的电流降额曲线，可以看出在 T_C=150℃时，其直流电流定额下降为 13A 左右，方波电流定额下降为 10A 左右，因而可以认为与 C3D10060A 电流定额相近。而标称额定电流为 10A 的 Si FRD(如 MUR1060，600V/10A@T_C=25℃)在 T_C=150℃时考虑电流降额，其数据手册中给出的曲线表明器件已经完全丧失电流承载能力。因此，在上述比较中 Si FRD 均选择了额定电流为 15A 的器件。

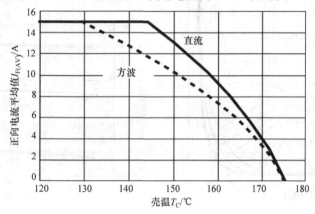

图 3.14　MUR1560 的电流降额曲线

2. 阻态特性及其参数

二极管的 PN 结有一定的反向耐压能力，但当施加的反向电压过大时，反向电流将会急剧增大，破坏 PN 结反向截止的工作状态，造成二极管反向击穿。所以通常采用反向阻断电压和漏电流这两个参数来表征二极管阻断特性。

1) 反向阻断电压

二极管的反向阻断电压主要由 PN 结的反向空间电荷区的耐压决定，该耐压受温度的影响，这主要体现在不同温度下二极管承受相同的反向电压时流过的漏电流不同。

Si SBD 由于不存在电导调制效应而具有相对较软的正向特性，同时其阻断特性也较软，带来的显著问题是反向漏电流偏大，阻断电压较低，通常应用在 200V 以下的场合。但 SiC 半导体材料的临界雪崩击穿电场强度较高，能够显著减小漏电流，容易实现反向击穿电压超过 1kV 的肖特基二极管。目前以 Cree、Rohm、Infineon 等公司为代表的 SiC 功率器件生产商已相继推出了 600V、1200V、1700V 的 SiC SBD 商业化产品。而应用在这一电压等级的 Si 基功率二极管通常是 Si 基快恢复二极管或超快恢复的 Si 基 PN 结二极管。

2) 漏电流

图 3.15 为 SiC SBD(C3D10060A)的阻断特性曲线，图中 SiC 肖特基二极管的阻断特性相对较硬，在反向电压 600V 以下漏电流较小。图 3.16 为 Si FRD(MUR1560)的阻断特性曲线，可以看出，SiC SBD 和 Si FRD 的阻断特性均表现出明显的正温度系数。

表 3.4 列出典型 Si FRD(MUR1560)与 SiC SBD(C3D10060A)的反向阻断电压、漏电流与温度的关系。相同温度下，随着二极管反向阻断电压的增大，二极管的漏电流增大；阻断电压相同时，随温度的升高漏电流增大。与 Si FRD 相比，在低结温下 SiC SBD 的漏电流水

平与之相当或略高，但高温下 SiC SBD 的漏电流比 Si FRD 低得多，也即 SiC SBD 的阻断特性具有更优的热稳定性，更加适应高温工作环境。

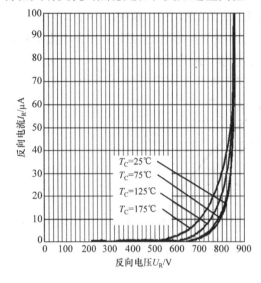

图 3.15　SiC SBD(C3D10060A)的阻断特性曲线

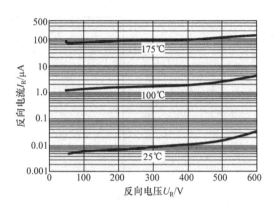

图 3.16　Si FRD(MUR1560)的阻断特性曲线

表 3.4　典型 Si FRD(MUR1560)与 SiC SBD(C3D10060A)的反向阻断电压、漏电流与温度关系

结温/℃	漏电流/μA			
	Si FRD(MUR1560)		SiC SBD(C3D10060A)	
	U_R=500V	U_R=600V	U_R=600V	U_R=700V
25	0.018	0.038	0.3	1.7
75	—	—	0.3	1.9
100	2.9	4.8	—	—
125	—	—	0.37	4.7
175	110	170	3	10

3. 开通过程及其参数

Si 基 PN 结功率二极管从关断状态到正向导通状态的过渡过程中，其正向电压会随着电流的上升出现一个过冲，然后逐渐趋于稳定，如图 3.17 所示。电压过冲的形成主要与两个因素有关：电导调制效应和内部寄生电感效应。SiC SBD 由于不存在电导调制效应，因此只受寄生电感的影响，通过工艺改进能够基本实现 SiC SBD 的零正向恢复电压。

4. 关断过程及其参数

Si 基 PN 结功率二极管从导通状态到阻断状态的过渡过程中，二极管并不能立即关断，而是须经过一段短暂的时间才能重新获得反向阻断能力，进入截止状态，这个过程即反向恢复过程，如图 3.18 所示。Si 基 PN 结功率二极管在关断前有较大的反向电流出现，并伴有明显的反向电压过冲，这是电导调制效应作用的缘故。SiC SBD 的关断过程及特性与其有所不同，具体如下分析。

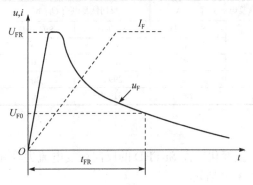

图 3.17　功率二极管导通时的电压过冲

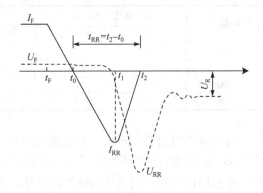

图 3.18　功率二极管关断过程的电流(实线)和电压(虚线)波形

1) 反向恢复过程对比

SiC SBD 是单极型器件，主要为多子导电，没有过剩载流子复合的过程，即没有电导调制效应。SiC SBD 理论上没有反向恢复过程，实际器件由于不可避免地存在寄生电容，也会产生一定的反向电流尖峰。而 Si FRD 是双极型器件，存在电导调制效应，反向恢复时间较长，同时由于反向恢复时的电流变化率 $\mathrm{d}i/\mathrm{d}t$ 较大，在线路中的杂散电感上产生很大的电压尖峰。图 3.19 为相同功率等级(600V/10A)的 Si FRD 与 SiC SBD 的反向恢复特性曲线对比，可以明显看出 SiC SBD 的反向电流尖峰较小、反向恢复时间较短，由此导致的反向恢复损耗也比 Si FRD 小得多，几乎可以忽略。

2) 反向恢复过程与温度的关系

除反向恢复时间很短以外，SiC SBD 的反向恢复特性几乎不随温度变化，而 Si FRD 的反向恢复电流尖峰和反向恢复时间均随温度的增加而恶化，如图 3.19 所示。表 3.5 列出了不同温度下的二极管反向恢复时间与电流尖峰的数值对比。

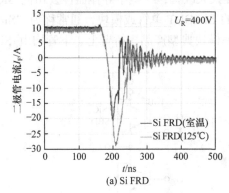

(a) Si FRD

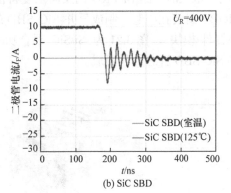

(b) SiC SBD

图3.19

图 3.19　相同功率等级的 Si FRD 与 SiC SBD 的反向恢复特性与温度的关系

表 3.5   二极管反向恢复时间与电流尖峰的数值对比

结温/℃	反向恢复时间 t_{RR}/ns		反向恢复电流尖峰 I_{RR}/A		反向恢复电荷 Q_{RR}/nC	
	Si FRD	SiC SBD	Si FRD	SiC SBD	Si FRD	SiC SBD
25	48	25	4.4	1.6	105.6	20
50	65	25	5.2	1.6	169	20
100	88	25	6.8	1.6	299.2	20
150	113	25	9.2	1.6	519.8	20

3) 反向恢复过程与正向导通电流的关系

SiC SBD 的反向恢复特性也几乎不随正向电流变化，而 Si FRD 的反向恢复电流尖峰和反向恢复时间均随正向电流的增加而恶化，如图 3.20 所示。

图3.20

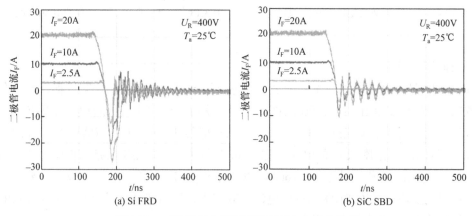

图 3.20   二极管反向恢复特性与正向电流的关系

由于 SiC SBD 优越的反向恢复特性，将 SiC SBD 应用到 PFC、逆变器等开关电路中，可以在不改变电路拓扑和工作方式的情况下，有效解决 Si FRD 反向恢复电流给电路带来的许多问题，大大改善电路性能。

由于 SiC SBD 比 Si FRD 的反向恢复特性大大改善，一些半导体器件公司把 SiC SBD 与 Si IGBT 封装在一起，制成反并 SiC SBD 的 Si IGBT 单管或模块，通常称为 "Si/SiC 混合功率器件/模块"。图 3.21 为 Si/SiC 混合功率模块典型产品，桥臂上、下管均由 Si IGBT 管芯和 SiC SBD 管芯并联而成。

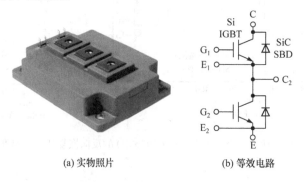

(a) 实物照片   (b) 等效电路

图 3.21   1700V/400A 二合一 Si/SiC 混合模块

3.2.2　SiC MOSFET 的特性与参数

Si MOSFET 在低压电力电子装置中得到了广泛的应用，而 SiC 比 Si 具有更优的材料特性，这使得 SiC MOSFET 比 Si MOSFET 具有更高的耐压、更低的通态压降、更快的开关速度和更低的开关损耗，以及能够承受更高的工作温度。

如图 3.22 所示，在 600V 以下，虽然可以制作 SiC MOSFET，但因其与 Si 基超结 MOSFET(CoolMOS)相比，优势并不明显，因此在这个电压等级以下，半导体器件生产商目前并未制造商用 SiC MOSFET 器件。在 600V 以上，目前主要采用 Si CoolMOS 和 Si 基绝缘栅双极型晶体管(Si IGBT)。在电压等级为 600～900V 的中小功率场合，目前通常采用 Si CoolMOS。与 Si CoolMOS 相比，SiC MOSFET 的优势在于芯片面积小(可以实现小型封装)、体二极管的反向恢复损耗小。在更高电压等级的中大功率场合，目前通常采用 Si IGBT。IGBT 通过电导调制效应，向漂移层内注入作为少数载流子的空穴，其导通电阻比 MOSFET 要小，但同时由于少数载流子的集聚，在关断时会产生拖尾电流，造成较大的开关损耗。

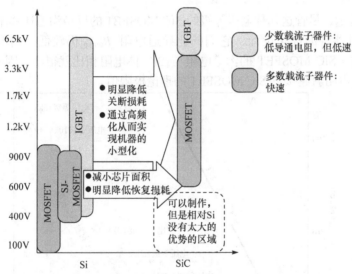

图 3.22　不同电压等级下 Si 与 SiC 器件的适用范围

SiC 器件漂移层的阻抗比 Si 器件小，不需要进行电导调制就能够实现高耐压和低阻抗。而且理论上 MOSFET 不产生拖尾电流，所以用 SiC MOSFET 替代 Si IGBT 时，能够明显降低开关损耗，减小散热器体积重量。另外 SiC MOSFET 能够在 Si IGBT 不能工作的高频下工作，从而进一步降低电抗元件的体积重量，有利于整机实现更高的功率密度。

目前对 SiC MOSFET 的研究已覆盖 650V～15kV 电压等级，可提供 SiC MOSFET 商用器件的公司主要有 Cree、Rohm、Microsemi、ST、Infineon 等。图 3.23 为 650V～15kV SiC MOSFET 截面示意图，图中对导通电阻的组成进行了标示。SiC MOSFET 的导通电阻 $R_{DS(on)}$ 主要包括沟道电阻 R_{CH}、JFET 电阻 R_J、漂移层电阻 R_{drift} 和衬底电阻 R_{sub}，源极和漏极背面区域的接触电阻 R_C 较小，予以忽略。在 650～1700V 电压等级，由于目前沟道迁移率 μ_{eff} 较低，沟道电阻 R_{CH} 占主导地位，需要较高的驱动电压才能使其完全导通。随着电压等级的升高，SiC 体电阻占主导地位，因而对驱动电压要求不高。

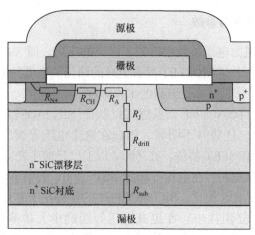

图 3.23　650V～15kV SiC MOSFET 截面示意图

目前，已有电压定额为 650V、900V、1000V、1200V、1700V 的 SiC MOSFET 商业化产品上市。

如图 3.24 所示，尽管这几种电压等级的 SiC MOSFET 的反型沟道迁移率比 Si MOSFET 低得多，但通过器件的优化设计，它们的比导通电阻 $R_{on(sp)}$ 仍较低。当电压等级上升到 3300V 或更高时，SiC MOSFET 的沟道电阻与 SiC 体电阻相比就很小，因此，击穿电压等级越高，比导通电阻就越接近 SiC MOSFET 的理论极限值。

图3.24

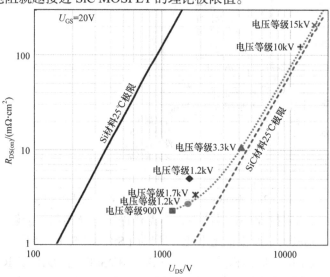

图 3.24　不同电压等级的 SiC MOSFET 的比导通电阻示意图

在多种电压等级的 SiC MOSFET 中，1200V 电压等级的 SiC MOSFET 产品相对成熟，本节以这一等级的 SiC MOSFET(Cree 公司 C2M0160120D)为例，对其特性及参数进行阐述。

1. 通态特性及其参数

1) SiC MOSFET 输出特性

SiC MOSFET、Si CoolMOS 和 Si IGBT 的典型输出特性曲线如图 3.25 所示，图(a)为 Cree 公司的 SiC MOSFET C2M0160120D(1200V/19A@T_C=25℃)，图(b)为 Infineon 公司的 Si CoolMOS IPW90R120C3(900V/15A@T_C=25℃)，图 (c) 为 Infineon 公司的 Si IGBT

IRG4PH30KDPbF(1200V /20A@T_C=25℃)。Si CoolMOS 在栅极电压较低时表现出明显的线性区和恒流区，而 SiC MOSFET 的输出特性曲线不存在明显的线性区和恒流区。Si CoolMOS

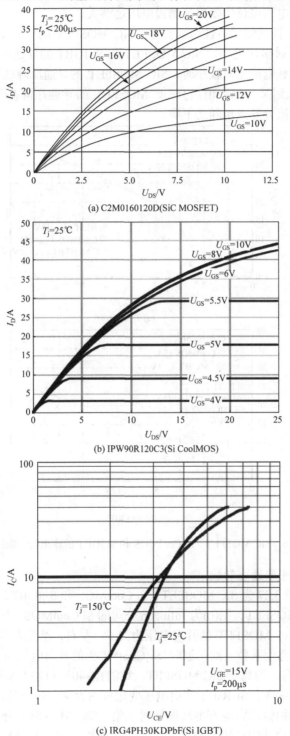

(a) C2M0160120D(SiC MOSFET)

(b) IPW90R120C3(Si CoolMOS)

(c) IRG4PH30KDPbF(Si IGBT)

图 3.25　SiC MOSFET、Si CoolMOS 和 Si IGBT 的典型输出特性曲线

中的特性曲线在栅极电压达到 10V 左右时几乎保持不变，而 SiC MOSFET 由于跨导值较小且具有短沟道效应，其特性曲线在栅极电压达到 18V 时仍会有明显的变化，为保证器件能够充分导通，在驱动电路设计中要保证栅极电压足够大。

图 3.26 为三种器件的输出特性曲线对比。SiC MOSFET 的导通压降比 Si CoolMOS 的导通压降低，因此导通损耗更小。SiC MOSFET 和 Si IGBT 的导通压降大小关系与负载电流的大小有关。在负载电流相对较小时，SiC MOSFET 的导通压降低于 Si IGBT 的导通压降；当负载电流增大到某一临界值后，SiC MOSFET 的导通压降高于 Si IGBT 的导通压降。结温升高时，电流分界点也随之下降。

图3.26

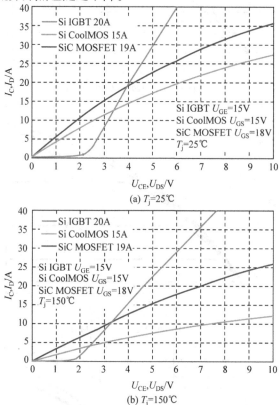

图 3.26　SiC MOSFET、Si CoolMOS 和 Si IGBT 的输出特性曲线对比

2) SiC MOSFET 主要通态参数

(1) 开启电压。图 3.27 为 SiC MOSFET、Si CoolMOS 和 Si IGBT 的转移特性曲线，图(a) 为 Cree 公司的 SiC MOSFET，图(b)为 Infineon 公司的 Si CoolMOS，图(c)为 Infineon 公司的 Si IGBT。常温时，SiC MOSFET 的开启电压为 2.6V 左右，结温升高时，开启电压略有下降，表现为较小的负温度系数。而常温时 Si CoolMOS 的开启电压为 3.5V 左右，Si IGBT 的开启电压为 5V 左右，均高于 SiC MOSFET，结温在-40～+125℃变化时，Si CoolMOS 开启电压变化范围为 3～4V，Si IGBT 开启电压变化范围为 4～5V。这说明 SiC MOSFET 的栅极更容易受到电压振铃的影响而出现误导通现象。SiC MOSFET 栅极开启电压低这一特点要求在驱动电路的设计中特别考虑增加防止误导通措施以提高栅极的安全裕量，保证可靠工作。

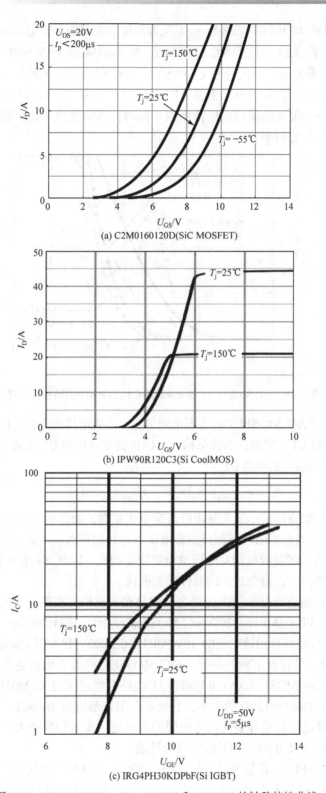

(a) C2M0160120D(SiC MOSFET)

(b) IPW90R120C3(Si CoolMOS)

(c) IRG4PH30KDPbF(Si IGBT)

图 3.27 SiC MOSFET、Si CoolMOS 和 Si IGBT 的转移特性曲线

(2) 跨导。功率 MOSFET 的跨导 g_s 定义为漏极电流对栅源极电压的变化率，是栅源极电压的线性函数。图 3.28 对比了 SiC MOSFET、Si CoolMOS 和 Si IGBT 的转移特性，可以看到 Si IGBT 的跨导最高，其次是 Si CoolMOS，SiC MOSFET 的跨导最低。低跨导意味着处理相同的电流时需要更高的栅极驱动电压。SiC MOSFET 较小的跨导使得线性区到恒流区的过渡出现在一个很宽的漏极电流范围内；同时，短沟道效应使得输出阻抗减小，增加了恒流区漏极电流 I_D 的斜率。

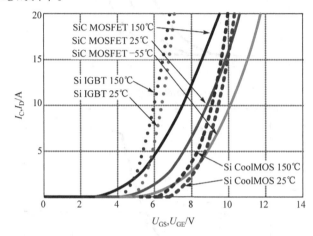

图 3.28　SiC MOSFET、Si CoolMOS 和 Si IGBT 的转移特性对比

(3) 通态电阻。功率 MOSFET 的通态电阻 $R_{DS(on)}$ 是决定其稳态特性的重要参数。对于高压 Si 基功率 MOSFET，根据其器件结构，可以将功率 MOSFET 的通态电阻 $R_{DS(on)}$ 表示成漏源极击穿电压 $U_{(BR)DSS}$ 的函数：

$$R_{DS(on)} = 8.3 \times 10^{-7} \cdot U_{(BR)DSS}^a / A_{chip} \tag{3.7}$$

式中，A_{chip} 为芯片面积(mm²)；a 为漏源极击穿电压系数，通常取为 2～3。由式(3.7)可知 Si 基功率 MOSFET 的通态电阻由漏源极击穿电压和芯片面积共同决定，当芯片面积不变时，MOSFET 的通态电阻随漏源极击穿电压呈指数规律增长，因此 Si 基功率 MOSFET 通常应用于 1kV 电压等级内，以避免过大的器件通态损耗。

SiC MOSFET 通态特性的突出优势之一就是在实现较高阻断电压的同时仍具有较低的通态电阻 $R_{DS(on)}$。以 C2M0160120D(SiC MOSFET)为例，其器件手册中给出的通态电阻典型值为 160mΩ，与之具有相近定额的 IPW90R120C3(900V/15A Si CoolMOS)，其通态电阻典型值为 280mΩ，尽管有定额的差异，SiC MOSFET 的通态电阻也仍具有明显的优势。SPW20N60S5(Si CoolMOS，600V/20A@T_C=25℃)的电流定额与 C2M0160120D 相近，漏源极击穿电压仅有 C2M0160120D 的一半，其通态电阻典型值为 160mΩ，与 SiC MOSFET 相同，而漏源极击穿电压的差异会使通态电阻的差异进一步呈指数增大。SiC MOSFET 的这一优势使得制造高压大功率的 MOSFET 成为可能。

对于功率 MOSFET，栅极驱动电压越高，通态电阻越低。但从图 3.25(b)可以看出，Si CoolMOS 在栅极驱动电压达到 10V 以上时通态电阻的变化已经很小，因此在实际应用中，考虑栅极极限电压的限制，通常栅极驱动电压设置在 12～15V；而图 3.25(a)中 SiC

MOSFET 的栅极电压即使达到 16V，继续增大栅极驱动电压仍能显著减小通态电阻值，因而在不超过栅极极限电压的情况下，应尽可能设置更高的驱动电压以获得更低的通态电阻值，充分发挥 SiC MOSFET 的优势。

图 3.29 为 SiC MOSFET 的通态电阻与温度的关系曲线，通态电阻表现出正温度系数，有助于实现并联器件自动均流，因而易于并联应用。同时，由于 SiC 半导体材料的热稳定性，当温度从 25℃增加到 125℃时，SiC MOSFET 的导通电阻增加了 64%，而对于相近电压和电流等级的 Si CoolMOS，其导通电阻增大近 120%，高温下的通态损耗大大增加，系统的效率明显降低。不仅如此，SiC MOSFET 通态电阻的低正温度系数特性还对变换器系统的热设计过程有着显著的影响，比 Si CoolMOS 尺寸更小的 SiC MOSFET 可以工作在更高的环境温度下，降低了器件对散热的要求。

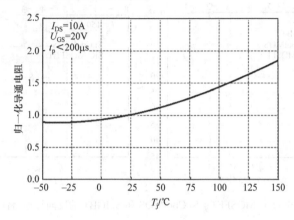

图 3.29　SiC MOSFET 的通态电阻与温度关系曲线

3) SiC MOSFET 反向导通特性

与 Si CoolMOS 相似，SiC MOSFET 也存在寄生体二极管。由于 SiC 的带隙是 Si 的 3 倍，因此 SiC MOSFET 的寄生体二极管开启电压高，为 3V 左右，正向压降也较高。SiC MOSFET 的寄生体二极管虽然是 PN 二极管，但是少数载流子寿命较短，所以基本上没有出现少数载流子的积聚效果，与 Si IGBT 反并的 Si FRD 二极管相比，其反向恢复损耗可以减少到 Si FRD 的几分之一到几十分之一。表 3.6 为 SiC MOSFET、Si CoolMOS 的体二极管和 Si IGBT 反并的 Si FRD 二极管的特性对比。常温下，SiC MOSFET 体二极管的正向导通压降为 3.3V，比 Si CoolMOS 的体二极管的正向导通压降高 2 倍以上，其体二极管反向恢复特性参数均远小于 Si CoolMOS 的体二极管，反向恢复电流尖峰小，但相对于 SiC 肖特基二极管，其反向恢复特性仍有些差异。

表 3.6　SiC MOSFET、Si CoolMOS 的体二极管和 Si IGBT 反并 Si FRD 二极管特性对比(@25℃)

器件型号	U_F/V	t_{RR}/ns	Q_{RR}/nC	I_{RR}/A
C2M0160120D (SiC MOSFET)	3.3	23	105	9
IPW90R120C3 (Si CoolMOS)	0.85	510	11000	41
IRG4PH30KDPbF*(Si IGBT)	3.4	50	130	4.4

*Si IGBT 的反并二极管 FRD 的特性。

Si IGBT 自身沟道并无反向导通电流能力，其反向导通特性即反并联 Si FRD 导通特性。Si CoolMOS 和 SiC MOSFET 的沟道存在反向导通电流能力，因此对于这两种器件，其反向导通特性并不等同于体二极管导通特性，根据栅极驱动电压的不同，其反向导通特性也存在区别。

图 3.30 为不同器件的反向导通特性对比，其中 SiC MOSFET、Si CoolMOS 取 U_{GS}=0V 的曲线进行了对比。在导通相同的反向电流时，Si CoolMOS 的反向导通压降最小。Si IGBT 和 SiC MOSFET 的反向压降大小关系与反向电流大小有关，当反向电流较小时，SiC MOSFET 的反向压降比 Si IGBT 大；当反向电流超过某一临界值后，Si IGBT 的反向压降比 SiC MOSFET 大。

图3.30

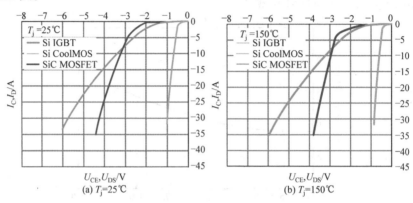

图 3.30   SiC MOSFET、Si CoolMOS 和 Si IGBT 的反向导通特性对比

图 3.31 为 SiC MOSFET 在不同驱动负压($U_{GS} \leqslant 0V$)下的反向导通特性曲线，此时对应 SiC MOSFET 体二极管反向导通。当栅极驱动电压 U_{GS} 分别为–5V、–2V、0V 时，SiC MOSFET 的反向导通特性略有不同，栅极驱动负压绝对值越大，导通相同的反向电流时，反向压降越大，意味着损耗更大。随着温度的升高，相同的栅极驱动电压下，导通相同的电流，反向压降有所下降，且不同栅极负压下反向导通压降的差别变小。

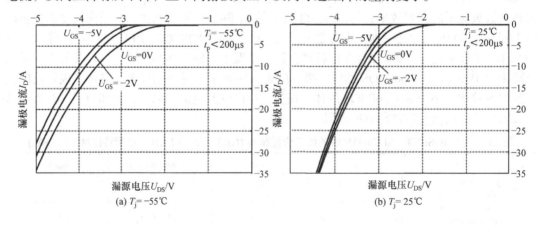

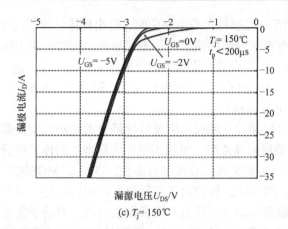

图 3.31 SiC MOSFET 在不同驱动负压($U_{GS} \leqslant 0V$)下的反向导通特性曲线

图 3.32 为 SiC MOSFET 在不同驱动正压($U_{GS} \geqslant 0V$)下的反向导通特性曲线，此时为 SiC MOSFET 的沟道和体二极管同时导通。当栅极驱动电压 U_{GS} 分别为 0V、5V、10V、15V、20V 时，SiC MOSFET 的反向导通特性有着明显的不同，栅极驱动电压越大，导通相同的反向电流时，反向压降越小，导通损耗更小。在相同的栅极驱动电压下，随着温度的升高，导通相同的电流，反向压降逐渐升高。

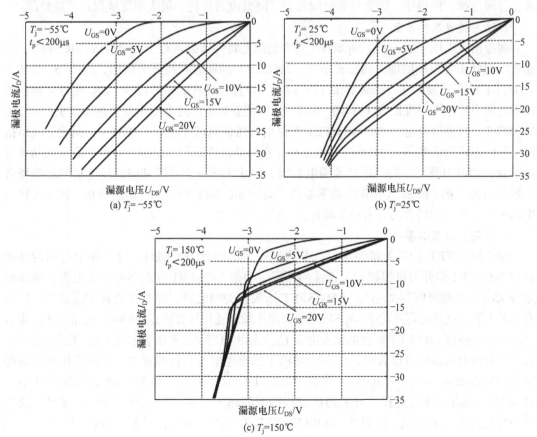

图 3.32 SiC MOSFET 在不同驱动正压($U_{GS} \geqslant 0V$)下的反向导通特性曲线

当 MOSFET 应用于一些感性负载电路中时，会出现体二极管续流导通的现象，体二极管过高的导通压降会带来额外的续流损耗；不仅如此，桥臂电路中体二极管电流换流到互补导通 MOSFET 中时，体二极管产生较大的反向恢复电流尖峰，这一电流尖峰与负载电流叠加共同组成互补导通 MOSFET 的开通电流尖峰，降低了 MOSFET 工作的可靠性，同时大幅增加了 MOSFET 的开通损耗。

较高的正向导通电压和较差的反向恢复特性都会大幅降低变换器的效率与可靠性，因此，SiC MOSFET 需要反向续流时，可以不使用内部寄生的体二极管，而在器件外部反并联 SiC 肖特基二极管以实现更高的效率和可靠性。在 SiC MOSFET 漏源极间直接反并联 SiC 肖特基二极管后，因为体二极管的正向导通电压相对较高，通常情况下体二极管就不会导通。然而外并二极管会增加元件数和变换器复杂性，对功率密度和可靠性不利。特别是对于三相电机驱动器常用的三相逆变桥，要额外增加六只功率二极管。此时考虑利用 SiC MOSFET 的沟道可以双向流通电流的特点，只在很短的桥臂上下管死区时间内，让体二极管导通续流，而在剩余时间内采用类似同步整流的控制方式，栅极施加正压使得沟道导通续流，因沟道压降远小于体二极管压降，大部分电流从沟道流过，从而减小续流导通损耗，有利于提高系统效率。

在使用 SiC MOSFET 时，对于体二极管导通问题的处理，要根据不同应用场合的要求，合理选择，使得体二极管导通时间最短，降低电路功耗，最大限度地保证系统性能。

2. 阻态特性及其参数

漏源击穿电压 $U_{(BR)DSS}$ 是 MOSFET 重要的阻态特性参数。对于 Si 基功率 MOSFET，其通态电阻随击穿电压的增大而迅速增大，MOSFET 的通态损耗显著增加，因而 Si 基功率 MOSFET 的漏源极击穿电压通常在 1kV 以下，以保持良好的器件特性。SiC 半导体材料的临界雪崩击穿电场强度比 Si 材料高 10 倍，因而能够制造出通态电阻低但耐压值更高的 SiC MOSFET。目前商业化的 SiC MOSFET 产品的耐压值就已经达到了 1700V，而相关文献报道 10kV 电压等级的 SiC MOSFET 也正在工程样品试验阶段。目前，一些中高压大功率应用场合，如电力系统中的高压直流输电系统、静止无功补偿系统和中高压电机驱动等场合一般采用 Si IGBT 和 Si SCR 作为功率器件。高压 SiC MOSFET 一旦研制成功，将成为这些中高压大功率应用场合的有力竞争器件。

3. 开关特性及其参数

SiC MOSFET 的开关特性主要与非线性寄生电容有关，同时，栅极驱动电路的性能也对 MOSFET 的开关过程起着关键性的作用。功率 MOSFET 存在多种寄生电容：栅源极电容 C_{GS} 和栅漏极电容 C_{GD} 是与 MOSFET 结构有关的电容，漏源极电容 C_{DS} 是与 PN 结有关的电容。这些电容对功率 MOSFET 开关动作瞬态过程具有明显的影响。通常将上述电容换算成更能体现 MOSFET 特性的输入电容 C_{iss}、输出电容 C_{oss} 和密勒电容 C_{rss}，见表 3.7。从表 3.7 中列出的数据可以看出，SiC MOSFET 的寄生电容容值都远小于相近电压和电流等级的 Si CoolMOS 与 Si IGBT。根据 MOSFET 的开关过程可知，寄生电容值越小，MOSFET 的开关速度越快，开关转换过程的时间越短，从而缩减开关过程中漏极电流与漏源极电压的交叠区域，即减小 MOSFET 的开关损耗。表 3.8 列出了 SiC MOSFET、Si CoolMOS 和 Si IGBT 典型开关时间比较，其中 C2M0160120D 的测试条件为

U_{DD}=800V，I_D=10A，U_{GS}= −5/20V，$R_{G(ext)}$=2.5Ω，R_L=80Ω；IPW90R120C3 的测试条件为 U_{DD}=400V，I_D=9.2A，U_{GS}=10V，R_G=23.1Ω；IRG4PH30KDPbF 的测试条件为 U_{DD}=800V，I_C=10A，U_{GE}=15V，R_G=23Ω。可见 SiC MOSFET 具有更短的开关时间和更快的开关速度。

表 3.7　SiC MOSFET、Si CoolMOS 和 Si IGBT 寄生电容比较

器件类型	器件型号	C_{iss}/pF	C_{oss}/pF	C_{rss}/pF
SiC MOSFET	C2M0160120D	525	47	4
Si CoolMOS	IPW90R120C3	2400	120	71
Si IGBT	IRG4PH30KDPbF	800	60	14

表 3.8　SiC MOSFET、Si CoolMOS 和 Si IGBT 典型开关时间比较

器件类型	器件型号	$t_{d(on)}$/ns	t_r/ns	$t_{d(off)}$/ns	t_f/ns
SiC MOSFET	C2M0160120D	9	11	16	10
Si CoolMOS	IPW90R120C3	70	20	400	25
Si IGBT	IRG4PH30KDPbF	39	84	220	90

SiC MOSFET 的快速开关特性也带来一些实际设计中需要考虑的问题。Si IGBT 由于存在拖尾电流，提供了一定程度的关断缓冲，减轻了电压过冲和振荡。作为单极型器件，SiC MOSFET 没有拖尾电流，所以不可避免地会产生一定的漏源电压过冲和寄生振荡。不仅如此，SiC MOSFET 的低跨导和低开启电压使得栅极对噪声电压的抗扰能力降低。SiC MOSFET 的高速开关动作使得漏极电压变化率 du/dt 很大，而较大的漏极电压变化会通过电路中栅漏极寄生电容耦合至栅极，并通过栅极电阻和寄生电感连接至源极形成回路。这一过程将在栅极产生电压尖峰，干扰正常的栅极驱动电压。由于 SiC MOSFET 的开启电压更低，因此更容易被误触发导通。若为了抑制栅极电压变化率，人为降低 SiC MOSFET 的开关速度，则不利于 SiC MOSFET 发挥其高开关速度、高频工作的优势。在实际电路中必须要妥善解决这一问题，保证电路可靠工作。

4. 栅极驱动特性及其参数

图 3.33 为 SiC MOSFET 的典型栅极充电特性曲线(25℃)，可以看出 SiC MOSFET 因密勒电容 C_{rss} 较小，并不像 Si CoolMOS 那样存在明显的密勒平台。由于 SiC MOSFET 的通态电阻和驱动电压的关系与 Si CoolMOS 有较大不同，因此 SiC MOSFET 需要设置较高的驱动正压以获得较低的通态电阻。同时，由于栅极开启电压较低，需要增加防止误触发导通的措施来增加栅极的安全裕量，通常采用负压关断的方法，但对于桥臂电路，由于上、下管在开关动作期间存在较强耦合关系会产生串扰问题，因此在选择驱动方案时，需注意抑制寄生参数引起的桥臂串扰问题。

在给 SiC MOSFET 的栅极长时间施加直流负偏压时，SiC MOSFET 会发生开启电压阈值降低的情况。为避免开启电压阈值出现明显降低，目前商业化 SiC MOSFET 的栅极

极限电压普遍限制在–10～+25V。折中考虑 SiC MOSFET 的导通电阻和栅极可靠性，数据手册中推荐的驱动电压电平为–2～+20V，而 Si CoolMOS 的常用驱动电压电平为 0V/+15V，Si IGBT 的常用驱动电压电平为 0～+15V。栅极电压摆幅 U_{gpp} 的平方与栅极输入电容 C_{iss} 的乘积能够反映栅极驱动损耗的大小，其计算结果如表 3.9 所示。虽然 SiC MOSFET 的栅极电压摆幅更大，但由于其输入电容要小得多，因此栅极驱动损耗并未增大。

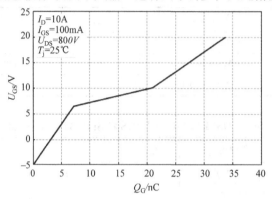

图 3.33   SiC MOSFET 的典型栅极充电特性曲线(25°C)

表 3.9   栅极充电能量对比

参数	C2M0160120D (SiC MOSFET)	IPW90R120C3 (Si CoolMOS)	RG4PH30KDPbF (Si IGBT)
C_{iss}/pF	525	2400	800
U_{gpp}/V	22	15	15
$U_{gpp}^2 \times C_{iss}$/uJ	0.254	0.54	0.18

除了 Cree 公司，Rohm 公司也是商用 SiC MOSFET 器件的主要生产商之一。与 Cree 公司所采用的平面结构 SiC MOSFET 不同，Rohm 公司推出了双沟槽结构的 SiC MOSFET。该新型双沟槽结构 SiC MOSFET 可以在很大程度上缓和栅极沟槽底部电场集中的缺陷，确保器件长期工作的可靠性，且其导通电阻和结电容都明显减小，降低了器件功率损耗。

此外，Infineon 公司也推出采用沟槽结构的 CoolSiC MOSFET，具有栅氧层稳定性强、跨导高、栅极门槛电压高(典型值为 4V)、短路承受能力强等特点，其在 15V 驱动电压下即可使得沟道完全导通，从而可与现有高速 Si IGBT 常用的+15V/–5V 驱动电压相兼容，便于用户使用。目前已有少数型号产品投放商用市场。

3.2.3   SiC JFET 的特性与参数

根据栅压为零时的沟道状态，SiC JFET 分为耗尽型(常通型)和增强型(常断型)两大类。耗尽型 SiC JFET 在栅极不加驱动电压时，沟道就处于导通状态，在栅极加一定负压才能使其阻断；增强型 SiC JFET 在栅极不加驱动电压时，沟道处于截止状态，需加一定的正向电压才能使其沟道导通。

Semisouth 公司基于其垂直沟道结构的专利技术最先研制了耗尽型和增强型 SiC JFET，其截面图如图 3.34 所示。导通时形成垂直沟道，具有很高的电流密度。这种独特的设计加上器件栅极阈值电压变化的精确控制可决定 SiC JFET 是常通型还是常断型。SiC JFET 器件结合了 MOSFET 和 BJT 的特点，其等效电路模型如图 3.35 所示，与 BJT 器件相似之处在于栅源极和栅漏极之间均有等效二极管；与 MOSFET 器件相似之处在于栅源极、栅漏极和漏源极间分别有非线性寄生电容，图 3.34 所示结构的 SiC JFET 漏源极之间没有 PN 结(有些 SiC 器件公司生产的 SiC JFET 产品在漏源极间有 PN 结)，故其没有体二极管。除了 Semisouth 公司，SiCED、USCi、Infineon 等公司也提供商用 SiC JFET 器件。

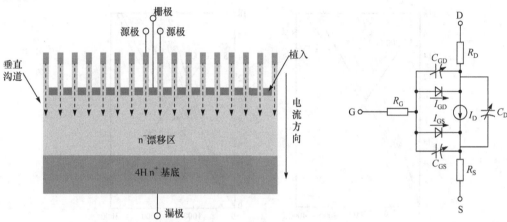

图 3.34　Semisouth 公司垂直沟道 SiC JFET 的截面图　　　图 3.35　SiC JFET 的等效电路模型

1. 耗尽型 SiC JFET 的特性与参数

本节以 SiCED 公司 1200V/20A 耗尽型 SiC JFET 为例，对其特性和参数进行阐述。

图 3.36 为 SiCED 公司耗尽型 SiC JFET 的截面图，不加驱动电压时，SiC JFET 即可双向导通。如果加上一定的负压，沟道就会截止。耗尽型 SiC JFET 在 p^+ 和 n 区之间的 PN 结可看作体二极管。

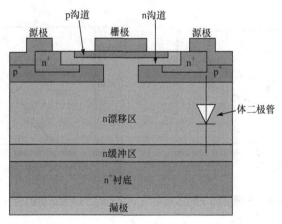

图 3.36　SiCED 公司耗尽型 SiC JFET 的截面图

1) 通态特性及其参数

由图 3.36 可见，正向电流(由漏极流向源极，D-S)和反向电流(由源极流向漏极，S-D)的通路并不一样。当电流由源极流向漏极时，电流不仅通过导电沟道，还同时流过体内的 PN 结二极管，从而降低了导通电阻。图 3.37 为耗尽型 SiC JFET 的输出特性曲线，这些曲线都是在 $U_{GS}=0$ 的条件下测得的，从 25℃到 200℃每隔 25℃测量一次。输出特性曲线在两个导通方向上基本都是线性的，这说明 SiC JFET 在两个方向导通时可以等效为电阻。通过计算可得到等效电阻的大小如图 3.38 所示。需要注意的是，正向导通时对应的等效电阻 R_{DS} 和反向导通时对应的等效电阻 R_{SD} 是不同的，但 R_{DS} 和 R_{SD} 均随温度的升高而增大，呈正温度系数。

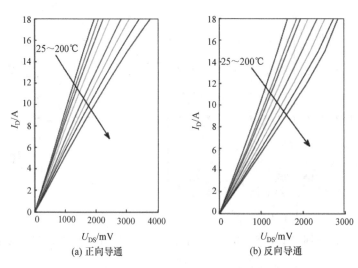

(a) 正向导通   (b) 反向导通

图 3.37　耗尽型 SiC JFET 的输出特性曲线

SiC SBD 在不同温度下的导通特性如图 3.39 所示。如前所述，二极管导通时，可以等效成一个随温度变化的电压源 U_T 和一个电阻 R_T 的串联。当温度升高时，电阻 R_T 增大，而 U_T 会减小。当导通电流超过某一值(图 3.39 中约为 2A)时，通态压降呈正温度系数。

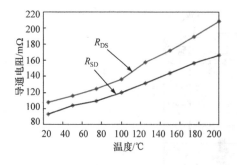

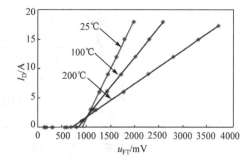

图 3.38　SiC JFET 在不同电流导通方向上的等效导　　图 3.39　SiC SBD 在不同温度下的导通特性
　　　　　通电阻与温度关系

根据以上导通特性分析，SiC JFET 导通时的损耗可以用 R_{DS} 或 R_{SD} 上的损耗表示。当电流方向为漏极到源极时，可直接用 R_{DS} 表示。当电流方向为源极到漏极时，根据是否外并 SiC SBD 分为两种情况：如果开关管没有反并 SiC SBD，它就可以等效成 R_{SD}；如果反并了 SiC SBD，由源极到漏极的电流通路就可等效成 R_{SD} 和一个 SiC SBD 并联，如图 3.40 所示。

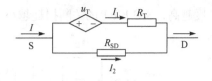

图 3.40　带反并 SiC SBD 的 SiC JFET 在源极向漏极导通电流时的等效电路

在 SiC JFET 反并 SiC SBD 时，当电流小于反并二极管的门槛值(U_T/R_{SD})时，反并二极管处于截止状态，电流只流过 R_{SD}；当电流大于反并二极管的门槛值(U_T/R_{SD})时，电流将同时流过 R_{SD} 和反并二极管。此时的电流关系为

$$\begin{cases} I_1 R_T + U_T = I_2 R_{SD} \\ I_1 + I_2 = I \end{cases} \tag{3.8}$$

由式(3.8)可以进一步计算出电流从源极流向漏极时 SiC JFET 上的电压降和功率损耗：

$$\begin{cases} U = \dfrac{U_T R_{SD} + I R_T R_{SD}}{R_T + R_{SD}} \\ P = \dfrac{U_T R_{SD} I + I^2 R_T R_{SD}}{R_T + R_{SD}} \end{cases} \tag{3.9}$$

不同电流导通方向下 SiC JFET 的导通损耗计算方法列于表 3.10。

表 3.10　不同电流导通方向下 SiC JFET 的导通损耗计算方法

电流方向	无反并二极管	有反并二极管
从漏极流向源极	$I^2 R_{DS}$	$I^2 R_{DS}$
从源极流向漏极	$I^2 R_{SD}$	$\begin{cases} P = I^2 R_{SD}, & I \leqslant \dfrac{U_T}{R_{SD}} \\ P = \dfrac{U_T R_{SD} + I^2 R_T R_{SD}}{R_T + R_{SD}}, & I \leqslant \dfrac{U_T}{R_{SD}} \end{cases}$

2) 开关特性及其参数

SiC JFET 的开关特性可由图 3.41 所示的 SiC JFET 桥式双脉冲测试电路测得。该电路将两个 SiC JFET 功率管接在同一桥臂上，可以实现开关之间的转换。

直流母线输入电压 U_{in} 设定为 600V，栅极驱动电阻设定为 20Ω，电感电流分别为 5A、7A、11A、13A、15A，温度设为 25℃、100℃、200℃时，对不加反并 SiC SBD 和反并 SiC SBD 的 SiC JFET 开关特性进行了全面测试，测试结果如图 3.42 所示。

图 3.42(a)是在没有反并 SiC SBD，电感电流为 15A，温度分别设为 25℃、100℃、200℃时测得的 SiC JFET 开通波形。温度为 200℃时电流的过冲要比 25℃时高很多。相应的，温度为 200℃时的开通损耗要比 25℃时大得多。图 3.42(b)是在没有反并 SiC SBD，电感电流为 15A，温度分别设为 25℃、100℃、200℃时测得的 SiC JFET 关断波形。温度越

高，SiC JFET关断时间越短。200℃时SiC JFET的关断时间要比25℃时少50ns，因此，温度越高，SiC JFET的关断损耗越小。

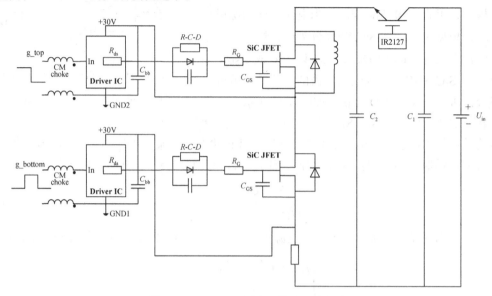

图3.41　SiC JFET桥式双脉冲测试电路

图3.42

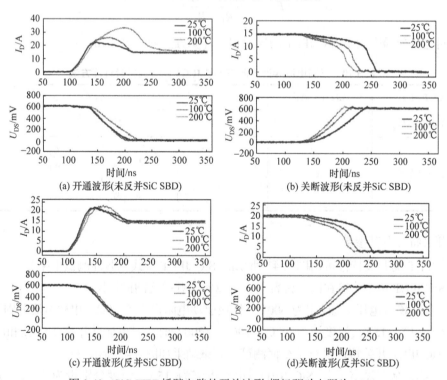

(a) 开通波形(未反并SiC SBD)　　　　(b) 关断波形(未反并SiC SBD)

(c) 开通波形(反并SiC SBD)　　　　(d)关断波形(反并SiC SBD)

图3.42　SiC JFET桥臂电路的开关波形(栅极驱动电阻为20Ω)

图3.42(c)是在反并SiC SBD，电感电流为15A，温度分别设为25℃、100℃、200℃测得的SiC JFET开通波形。因有SiC SBD与SiC JFET反并联，在死区时间内，大部分电流

流过反并的 SiC SBD，这部分电流没有反向恢复。只有少部分通过体二极管的电流会有反向恢复。SiC JFET 开通时电流的过冲明显减小，温度越高时，开通电流过冲降低得越明显。以 200℃为例，在不加反并 SiC SBD 的情况下，电流过冲约为 16A；而在反并 SiC SBD 的情况下，电流过冲仅为 8A，后者仅有前者的一半。因此，在反并 SiC SBD 时，SiC JFET 开通损耗将大大减小。图 3.42(d)是在反并 SiC SBD 时的 SiC JFET 关断波形，与图 3.42(b)的关断波形类似，温度越高，SiC JFET 关断时间越短。

对于同一桥臂上的两个 SiC JFET 而言，其中某一 SiC JFET 的开通特性和与它互补开关的二极管有关。这里的二极管可能是互补的 SiC JFET 的体二极管(未反并 SiC SBD)，也可能是体二极管与 SiC SBD 相并联。SiC JFET 的体二极管反向恢复特性差，尤其在高温条件下，严重的反向恢复电流会使 SiC JFET 开通时出现较大的电流过冲。而外部反并 SiC SBD 时，这种情况会得到改善，但是 SiC JFET 的体二极管仍会有少部分的反向恢复电流，使开通的 SiC JFET 出现电流过冲。

两种不同情况下 SiC JFET 的关断波形相似，温度升高时，关断时间均会缩短。这对于高温应用中降低关断损耗是有利的。图 3.42 中的所有波形都是在负载电流为 15A 的条件下测得的，当负载电流减小时，关断特性曲线形状变化不大，电流过冲的大小主要与结电容中储存的能量有关，与电流定额基本无关，但转换时间会随负载电流的减小而减小。

3) 栅极驱动对开关特性的影响

SiC JFET 的开关速度会随着栅极驱动电阻的减小而明显加快，但这会带来开通电流过冲大大增加的问题。

图 3.43 是在无反并 SiC SBD，栅极驱动电阻 R_G 为 10Ω，温度分别设为 25℃、100℃、200℃时测得的 SiC JFET 桥臂电路的开关波形。温度为 200℃时，SiC JFET 开通电流过冲达到了 45A(而负载电流仅为 15A)，这会造成很大的开通损耗，同时会造成严重的电磁干扰。由图 3.43(a)与图 3.42(a)相比可知，栅极驱动电阻由 20Ω 减小为 10Ω 时，电流过冲增加了一倍。由图 3.43(b)和图 3.42(b)相比可知，栅极驱动电阻减小时，SiC JFET 关断时间会相应缩短。但是考虑到开通时电流的过冲，在无反并 SiC SBD 的情况下，用减小栅极驱动电阻加快 SiC JFET 关断速度的方法并不可取。

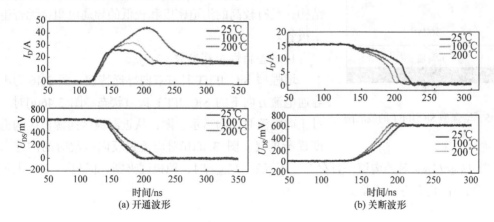

图3.43

(a) 开通波形　　　　(b) 关断波形

图 3.43　无反并 SiC SBD 时 SiC JFET 桥臂电路的开关波形

图 3.44 是在 SiC JFET 两端反并 SiC SBD，栅极驱动电阻 R_G 为 10Ω，温度分别设为 25℃、100℃、200℃时测得的 SiC JFET 桥臂电路的开关波形。和图 3.43 进行对比可知，温度为 200℃时，SiC JFET 开通电流过冲明显减小。与无反并 SiC SBD 的情况相比，反并 SiC SBD 时，减小栅极驱动电阻可以有效地加快开关速度，且不会使开通电流过冲过大。

图3.44

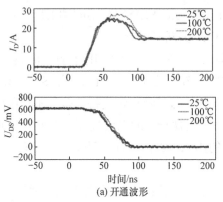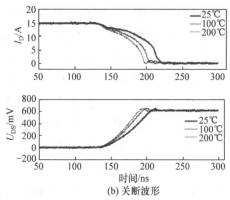

(a) 开通波形   (b) 关断波形

图 3.44 反并 SiC SBD 时 SiC JFET 桥臂电路的开关波形

SiC JFET 的栅极驱动电阻为 10Ω 与栅极电阻为 20Ω 的关断特性曲线相似，关断时间都随温度升高而减少。

需要特别说明的是，SiCED 公司与其他 SiC JFET 器件公司(Infineon、USCi、Semisouth 公司)所生产的耗尽型 SiC JFET 在沟道结构和特性上并不完全相同。有些 SiC 器件公司所生产的耗尽型 SiC JFET 器件并没有图 3.36 所示的体二极管，因此具体使用时要根据不同公司器件结构与特性的具体特点区别对待，以免以偏概全。

2. 增强型 SiC JFET 的特性与参数

本节以 Semisouth 公司的增强型 SiC JFET SJEP120R125(1200V/125 mΩ)为例，对其特性和参数进行阐述。

图 3.45 为增强型 SiC JFET 的截面图，采用垂直沟道结构，具有较高的沟道密度和较低的导通电阻，无寄生体二极管。

1) 通态特性及其参数

增强型 SiC JFET 具有双向导通特性，图 3.46 为不同导通电流方向下的 SiC JFET 沟道状态。图 3.46(a)对应流过正向电流时的沟道示意图，从近漏极区向源极区沟道宽度逐渐扩展。图 3.46(b)对应流过反向电流时的沟道示意图，当 $U_{GS}>U_{GS(th)}$ 时，沟道一直存在。当 $U_{GS}<U_{GS(th)}$ 时，源极区夹断，但只要 U_{SD} 大于一定值，漏极区仍有电流通路。

图 3.45 增强型 SiC JFET 的截面图

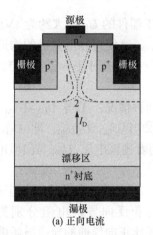
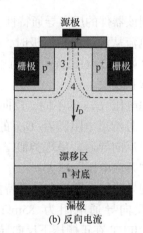

(a) 正向电流　　　　　　　　　　(b) 反向电流

图 3.46　不同导通电流方向下的 SiC JFET 沟道状态

　　(1) SiC JFET 的正向导通特性。图 3.47 为 SiC JFET 的正向导通特性，栅极门槛电压较低，典型值仅为 1V 左右。栅极驱动电压越高，沟道电阻越小，通流能力越强。沟道电阻 $R_{DS(on)}$ 呈正温度系数。正向导通电流随着漏源极电压的增大而趋于饱和。

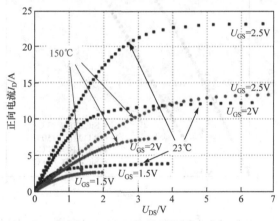

图 3.47　SiC JFET 的正向导通特性

　　(2) SiC JFET 的反向导通特性。图 3.48 为常温和高温下 SiC JFET 的反向导通特性。在 SiC JFET 器件的栅极和源极之间施加稳定的偏置电压 U_{GS}，并在漏极和源极之间加反向电

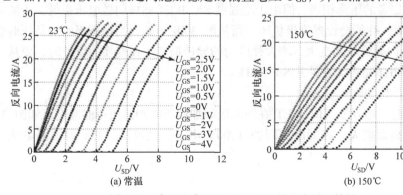

(a) 常温　　　　　　　　　　(b) 150℃

图 3.48　常温和高温下 SiC JFET 的反向导通特性

压，可以得到该器件的反向导通特性。该增强型 JFET 器件的 $U_{GS(th)}$ 大约为 1V。

当沟道电流从源极流向漏极时，U_{GD} 要高于 U_{GS}，这使得靠近漏极的沟道打开程度始终比源极宽，如图 3.46(b) 所示。因此，SiC JFET 在反向导通时并不会出现类似正向导通时的沟道电流饱和现象。

按照栅源电压 U_{GS} 的不同，反向导通特性分为两种情况：①当 $U_{GS}>U_{GS(th)}$ 时，沟道呈现电阻特性，且沟道电阻随着 U_{GS} 的减小而增大。②当 $U_{GD}>U_{GS(th)}$，即 $U_{SD}>U_{GS(th)}-U_{GS}$ 时，沟道仍可反向导通，呈现类似二极管的特性。随着栅极电压 U_{GS} 与门槛电压的差距增大，沟道的"开启电压"越大。

对比正向导通特性和反向导通特性可见，当 $U_{GS}=2.5V$ 时，常温下，沟道正向导通电阻为 95mΩ，反向导通电阻为 85mΩ；150℃时正向和反向导通电阻分别为 250mΩ 和 190mΩ。SiC JFET 在正栅压下反向导通时的导通损耗比正向导通的导通损耗更低。图 3.49 为加正栅压时 SiC JFET 的反向导通特性与 SiC SBD 导通特性对比。由图 3.49 可见，在桥臂电路中使用时，与反并二极管续流方案相比，利用 SiC JFET 加正栅压负向导通时的低导通电阻特性，按照同步整流方式工作必然可以减小续流阶段的导通损耗。

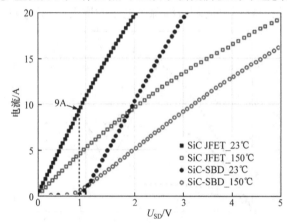

图 3.49　加正栅压时 SiC JFET 的反向导通特性与 SiC SBD 导通特性对比

在实际桥臂电路中，为防止桥臂直通，上下管之间会留有一定死区。在死区时间内，续流管不加正栅压。栅压为零时 SiC JFET 的反向导通特性与 SiC SBD 导通特性对比如图 3.50 所示，二者的压降相当。但由于增强型 SiC JFET 栅极门槛电压很低，为防止桥臂串扰引起的误导通，往往会设置栅极负压。而从图 3.48 可知，当栅源极间加负压时会使得 SiC JFET 沟道反向导通压降变大，增大死区内的导通损耗。在变换器设计时，要从整体指标出发考虑 SiC JFET 是否需要外并 SiC SBD。

2) 阻态特性及其参数

当 $U_{GS}=0V$ 时，增强型 SiC JFET 在漏源极间加偏压时测试所得的漏电流如图 3.51 所示，其随温度升高而增大。在漏源极间加 1200V 电压，结温为 175℃时，漏电流也仅有 100μA。

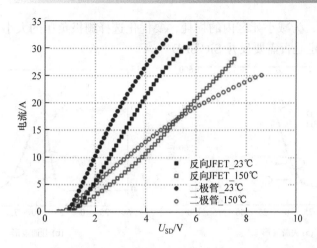

图 3.50　栅压为零时 SiC JFET 的反向导通特性与 SiC SBD 导通特性对比

3) 开关特性及其参数

与 SiC MOSFET 和常通型 SiC JFET 相似，增强型 SiC JFET 的结电容也较小，因此具有快速开关能力。这里着重阐述 SiC JFET 的"反向恢复特性"。

与外部反并 SiC SBD 类似，SiC JFET 反向导通结束后，其结电容也存在充电过程，会产生类似二极管的"反向恢复过程"。采用图 3.52 所示的双脉冲桥臂测试电路，以 Q_2 作为续流管，考察其"反向恢复"对 Q_1 开关过程的影响，同时对比反并 SiC SBD 时的开关波形。

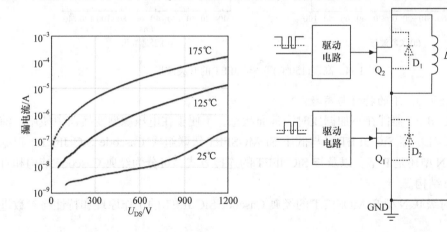

图 3.51　增强型 SiC JFET 的漏电流测试曲线　　　　图 3.52　双脉冲桥臂测试电路

图 3.53 和图 3.54 分别为常温和高温下不加/加反并 SiC SBD 时，Q_1 的关断、开通波形。在外并和不外并 SiC SBD 时，SiC JFET 开关特性并无明显变化，因此从"反向恢复特性"看，可以不用反并 SiC SBD。

4) 栅极驱动特性及其参数

增强型 SiC JFET 在较小的栅极正压下沟道即可完全导通，其正驱动电压典型值仅需 2.5～3V，并给栅极提供一定的维持电流。为了加快开关过程，需在开关瞬间给栅极提供较大的脉冲电流。同时由于栅极门槛电压较低(典型值为 1V 左右)，需要采用防止误导通的措施。在桥臂电路中，为减小死区内的损耗，要优化选择栅极负压的大小，并结合考虑电路复杂程度和成本确定是否需要反并 SiC SBD。

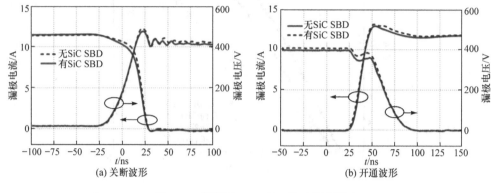

图 3.53　常温下 SiC JFET 的开关波形

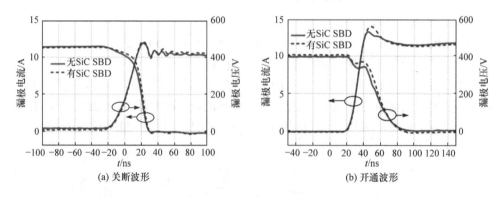

图 3.54　高温(150℃)下 SiC JFET 的开关波形

3. Cascode SiC JFET 的特性与参数

耗尽型 SiC JFET 器件在不加栅压时为常通状态，不便于在电压源型变换器中使用。前面章节已述及，耗尽型 SiC JFET 可与低压 Si MOSFET 级联组成 Cascode SiC JFET。根据 Si MOSFET 是 N 型还是 P 型，以及与 SiC JFET 的连接方式，可分为经典 Cascode 结构和直接驱动 Cascode 结构。

本节主要对级联 N 型 Si MOSFET 的经典 Cascode SiC JFET 的工作原理和特性与参数进行阐述。

1) Cascode SiC JFET 的工作原理

耗尽型 SiC JFET 与低压 N 型 Si MOSFET 级联后构成经典 Cascode SiC JFET，即成为常断型器件。通过控制 Si MOSFET 的开关状态即可控制整个器件的通/断。根据栅源驱动电压 U_{GS} 和漏源电压 U_{DS} 的不同，Cascode SiC JFET 的稳态工作状态可分为以下四种情况。① 正向导通模态：$U_{GS} > U_{GS(th)\_Si}$，$U_{DS} > 0$。② 反向导通模态：$U_{DS} < 0$。③ 反向恢复模态：$U_{GS} = 0$，$U_{DS} \geqslant 0$，$I_{DS} < 0$。④ 正向阻断模态：$U_{GS} = 0$，$U_{DS} > 0$。

(1) 正向导通模态。当 Cascode SiC JFET 的栅源电压大于 Si MOSFET 的栅极阈值电压时，Si MOSFET 处于导通状态，器件的工作状况如图 3.55 所示。由于 $U_{SD\_Si} = U_{GS\_SiC} > U_{GS(th)\_SiC}$，耗尽型 SiC JFET 也处于导通状态。此时，Cascode SiC JFET 漏源

间的压降为 $U_{DS}=I_D(R_{DS(on)\_Si}+R_{DS(on)\_SiC})$。

(2) 反向导通模态。

① 低压 Si MOSFET 体二极管导通($U_{GS}=0$，$U_{DS}<0$)。当 Cascode SiC JFET 的栅源电压 U_{GS} 为零时，低压 Si MOSFET 的沟道处于关断状态。当器件漏源两端的电压为负时，Si MOSFET 的体二极管就会导通。此时耗尽型 SiC JFET 栅源两端的电压等于 Si

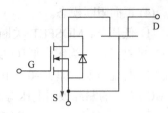

图 3.55　Cascode SiC JFET 正向导通模态

MOSFET 体二极管的导通压降 U_F，即 $U_{GS\_SiC}=U_F>U_{GS(th)\_SiC}$。因此，耗尽型 SiC JFET 处于导通状态，如图 3.56(a)所示，电流 I_F 流过 Si MOSFET 的体二极管和 SiC JFET 的沟道，器件两端的压降为 $U_{SD}=U_F+I_F\times R_{SD(on)\_SiC}$。

② 低压 Si MOSFET 沟道导通($U_{GS}>U_{GS(th)\_Si}$，$U_{DS}<0$)。由于低压 Si MOSFET 体二极管需要承受一定偏压才能导通，负载较轻时就会有较大压降，导致 Cascode SiC JFET 的反向导通压降较大。为此，可通过在 Cascode SiC JFET 栅源间施加正向驱动电压，使低压 Si MOSFET 的沟道反向导通，如图 3.56(b)所示。Si MOSFET 沟道导通电阻很小，沟道压降 $U_{SD\_Si}<U_F$，电流 I_D 全部流过 Si MOSFET 的沟道。此时，Cascode SiC JFET 漏源间的电压为 $U_{SD}=I_{SD}\times(R_{SD(on)\_SiC}+R_{SD(on)\_Si})$。

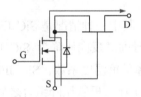
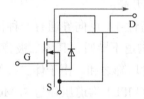

(a) 低压 Si MOSFET 体二极管导通　　　　(b) 低压 Si MOSFET 沟道导通

图 3.56　Cascode SiC JFET 反向导通模态

(3) 反向恢复模态。由于 Cascode SiC JFET 内部包含了低压 Si MOSFET，因此当低压 Si MOSFET 的体二极管与 SiC JFET 沟道导通(反向导通)时，Cascode SiC JFET 漏源极间加上正压后，就会使低压 Si MOSFET 体二极管反向恢复，整体对外表现为 Cascode SiC JFET 的"体二极管"反向恢复。

一般而言，高压 Si MOSFET 的体二极管在导通时会储存大量的少数载流子，因此，在加正压使其关断时，会产生很大的反向恢复电流。而在 Cascode SiC JFET 中，由于 Si MOSFET 一般都是低压器件(30V 左右)，其体二极管导通时储存的少数载流子很少，因此，整个 Cascode SiC JFET 器件的"体二极管"所表现出来的反向恢复电流很小。

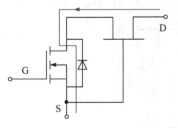

图 3.57　Cascode SiC JFET 反向恢复模态

Si MOSFET 的体二极管反向恢复时，由于 Si MOSFET 两端的电压较小，SiC JFET 沟道处于导通状态，电流流过 SiC JFET 沟道和 Si MOSFET 体二极管。Si MOSFET 的体二极管反向恢复结束后，电流通过 SiC JFET 沟道给电容 C_{DS_Si} 充电，如图 3.57 所示，当 $U_{DS\_Si}>-U_{GS(th)\_SiC}$ 时，SiC JFET 完全关断。

(4) 正向阻断模态。

① 低压 Si MOSFET 关断，SiC JFET 导通($U_{GS}=0$，$0<U_{DS}<-U_{GS(th)\_SiC}$)。Cascode SiC JFET 的栅源电压为零，低压 Si MOSFET 处于关断状态。此时，流过 Si MOSFET 和 SiC JFET 的电流为零，即 $I_D=0$。由于 $U_{DS\_Si}<-U_{GS(th)\_SiC}$，耗尽型 SiC JFET 处于导通状态。低压 Si MOSFET 的漏源极间电压等于整个器件漏源间的电压，即 $U_{DS\_Si}=U_{DS}$。

② 低压 Si MOSFET 关断，SiC JFET 关断($U_{GS}=0$，$0<-U_{GS(th)\_SiC}<U_{DS}$)。由于 Cascode SiC JFET 的栅源电压为零，低压 Si MOSFET 保持关断状态。随着器件漏源间的电压 U_{DS} 增大，当 $U_{DS}>-U_{GS(th)\_SiC}$ 时，常通型 SiC JFET 驱动电压 U_{GS_SiC} 低于其阈值电压 $U_{GS(th)\_SiC}$，此时，耗尽型 SiC JFET 处于关断状态。Cascode SiC JFET 中低压 Si MOSFET 和耗尽型 SiC JFET 共同承受漏源电压 U_{DS}，即 $U_{DS}=U_{DS\_Si}+U_{DS\_SiC}$。

2) Cascode SiC JFET 器件特性与参数

本节以 USCi 公司的 UJC1206K 为例，对 Cascode SiC JFET 的特性与参数进行阐述。

(1) 通态特性及其参数。1200V/60mΩ Cascode SiC JFET 的输出特性如图 3.58 所示，与 Si MOSFET 相似，在稳态导通时可以分为三个工作状态。

① 正向导通特性。正向导通时，SiC JFET 和 Si MOSFET 的沟道流过正向电流。正向压降随温度升高而升高。

② 反向导通特性-1。反向导通有两种情况。其中一种情况是 SiC JFET 沟道流过反向电流，Si MOSFET 沟道不导通，其体二极管反向导通。反向压降为 SiC JFET 沟道压降与 Si MOSFET 体二极管压降之和。由于体二极管压降呈负温度系数，SiC JFET 沟道压降呈正温度系数，因此，SiC JFET 沟道压降与 Si MOSFET 体二极管压降组合之后的反向导通压降随温度变化规律与电流大小有关。在反向电流较小时，随温度升高，体二极管压降占主要地位，总的反向导通压降呈负温度系数；随着反向电流增大，当超过某一负载电流后，SiC JFET 沟道压降占主要地位，总的反向导通压降呈正温度系数。

③ 反向导通特性-2。反向导通的另一种情况是 SiC JFET 和 Si MOSFET 的沟道流过反向电流。反向压降随温度升高而升高。在桥臂电路中，需要 Cascode SiC JFET 续流导通时，若采用同步整流工作方式，即栅极加正压使其沟道反向导通，则可显著减小续流导通损耗。

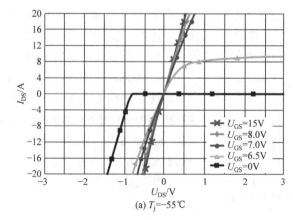

(a) $T_j=-55℃$

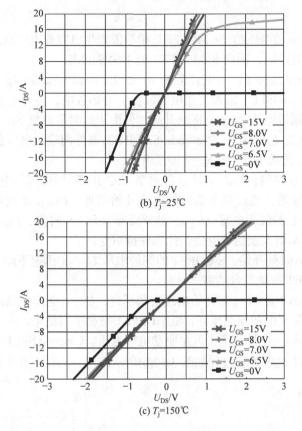

(b) T_j=25℃

(c) T_j=150℃

图 3.58 1200V/60mΩ Cascode SiC JFET 的输出特性

图3.58

栅源电压 U_{GS}=15V 时，Cascode SiC JFET 的导通电阻随温度变化的曲线如图 3.59 所示，其导通电阻呈正温度系数。

Cascode SiC JFET 的栅极阈值电压就是其内部 Si MOSFET 的阈值电压，当器件结温 T_j=-55℃时，$U_{GS(th)}$约为 5.8V；当 T_j=25℃时，$U_{GS(th)}$ 约为 5.2V；当 T_j= 150℃时，阈值电压 $U_{GS(th)}$ 约为 4.5V，由于栅极阈值电压大，因此关断后误导通的可能性小。

(2) 阻态特性及其参数。漏源击穿电压 $U_{(BR)DSS}$ 是功率开关管重要的阻态特性参数。1200V Cascode SiC JFET 在栅源极电压 U_{GS}=0V，U_{DS}=1200V 测试时，其常温下的漏电流仅有 95μA，150℃时升高为 240μA。

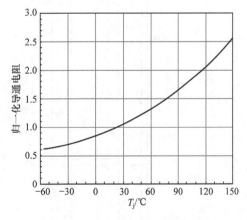

图 3.59 Cascode SiC JFET 的导通电阻随温度变化的曲线

(3) 开关特性及其参数。这里的开关过程分析以感性负载为例，分析 Cascode SiC JFET 的理想开关过程。Cascode SiC JFET 理想开通过程如图 3.60(a)所示，可分为以下几个阶段。

① t_0~t_1 阶段：驱动电压给 Si MOSFET 栅源极寄生电容充电，$U_{\mathrm{GS\_Si}}$ 逐渐上升，由于 $U_{\mathrm{GS\_Si}}$ 小于其栅源阈值电压，因此 Si MOSFET 处于关断状态。

② t_1~t_2 阶段：t_1 时刻，$U_{\mathrm{GS\_Si}}$ 上升至 Si MOSFET 的栅源阈值电压 $U_{\mathrm{TH\_Si}}$，Si MOSFET 的沟道逐渐打开，Si MOSFET 漏源寄生电容 $C_{\mathrm{DS\_Si}}$ 开始放电，漏源电压 $U_{\mathrm{DS\_Si}}$ 逐渐降低，常通型 SiC JFET 的栅源电压 $U_{\mathrm{GS\_SiC}}$ 逐渐升高，但由于此时常通型 SiC JFET 尚未导通，因此流过整个器件的电流 I_D 仍为零。Cascode SiC JFET 器件两端的电压仍为直流母线电压，因此常通型 SiC JFET 漏源电压 $U_{\mathrm{DS\_SiC}}$ 会缓慢增大。

③ t_2~t_3 阶段：t_2 时刻，$U_{\mathrm{GS\_SiC}}$ 达到常通型 SiC JFET 栅极阈值电压 $U_{\mathrm{TH\_SiC}}$，常通型 SiC JFET 沟道开始导通，流过整个器件的电流开始增加。$C_{\mathrm{DS\_Si}}$ 继续放电，$U_{\mathrm{DS\_Si}}$ 继续下降，常通型 SiC JFET 的漏源电压 $U_{\mathrm{DS\_SiC}}$ 继续缓慢上升。t_3 时刻，$U_{\mathrm{GS\_SiC}}$ 上升至密勒平台 $U_{\mathrm{miller\_SiC}}$，沟道电流 I_D 增大至负载电流，此后保持不变。

④ t_3~t_4 阶段：t_3 时刻开始，SiC JFET 的漏源电压 $U_{\mathrm{DS\_SiC}}$ 迅速下降，t_4 时刻，$U_{\mathrm{DS\_SiC}}$ 下降阶段结束，SiC JFET 密勒平台结束。

⑤ t_4~t_5 阶段：t_4 时刻，$U_{\mathrm{GS\_Si}}$ 开始出现密勒平台，$U_{\mathrm{DS\_Si}}$ 继续下降，$U_{\mathrm{GS\_SiC}}$ 继续上升，直至 t_5 时刻，$U_{\mathrm{DS\_Si}}$ 降至饱和导通压降，Si MOSFET 密勒平台结束。

⑥ t_5~t_6 阶段：$U_{\mathrm{GS\_Si}}$ 电压逐渐上升至驱动电源电压，Cascode SiC JFET 开通过程结束。

Cascode SiC JFET 理想关断过程如图 3.60(b) 所示，可分为以下几个阶段。

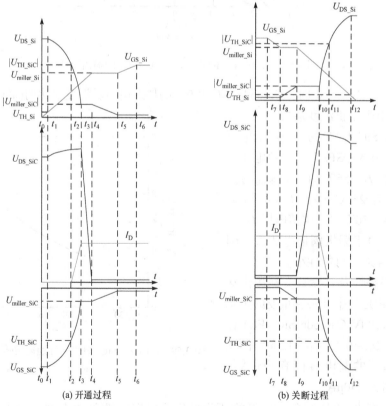

(a) 开通过程   (b) 关断过程

图 3.60　Cascode SiC JFET 理想开通、关断过程

① $t_7 \sim t_8$ 阶段：t_7 时刻，驱动电压变为低电平，Si MOSFET 的栅源极电压 U_{GS_si} 开始下降。

② $t_8 \sim t_9$ 阶段：t_8 时刻，U_{GS_si} 下降至密勒平台电压 U_{miller_si}，Si MOSFET 的漏源电压 U_{DS_si} 开始上升，常通型 SiC JFET 的栅源电压 U_{GS_sic} 逐渐降低。

③ $t_9 \sim t_{10}$ 阶段：t_9 时刻，Si MOSFET 密勒平台结束，U_{GS_si} 继续下降。常通型 SiC JFET 的栅源电压降至密勒平台电压 U_{miller_SiC}，其漏源电压 U_{DS_siC} 迅速上升，t_{10} 时刻，U_{DS_siC} 上升阶段结束，SiC JFET 密勒平台结束。

④ $t_{10} \sim t_{11}$ 阶段：t_{10} 时刻，U_{GS_si} 和 U_{GS_siC} 继续下降，沟道电流 I_D 迅速降低，常通型 SiC JFET 沟道逐渐关闭。

⑤ $t_{11} \sim t_{12}$ 阶段：t_{11} 时刻，U_{GS_siC} 降至常通型 SiC JFET 栅极阈值电压 U_{TH_siC}，常通型 SiC JFET 沟道完全关闭，电流 I_D 减小至零。$t_{10} \sim t_{12}$ 时间段内，U_{DS_si} 逐渐上升，由于 Cascode SiC JFET 整个器件两端电压被钳位为直流输入电压，因此在这个过程中 U_{DS_siC} 略有下降；t_{12} 时刻，U_{DS_si} 升至雪崩击穿电压，U_{DS_si} 和 U_{GS_siC} 基本保持不变，Cascode SiC JFET 关断过程结束。

(4) 反向恢复特性及其参数。采用图 3.61 所示的双脉冲电路对 Cascode SiC JFET 的反向恢复特性进行了测试。测试结果如图 3.62 所示，25℃时的反向恢复电荷值为 140.9nC，125℃时的反向恢复电荷值为 149nC。可见，温度增加 100℃时，Cascode SiC JFET 的反向恢复电荷增加量不超过 10%。125℃时由于反向恢复电荷引起的开关能量损耗为 70μJ，当开关频率为 100kHz 时对应的反向恢复损耗为 7W。

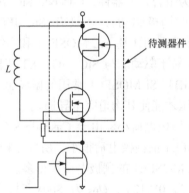

图 3.61　Cascode SiC JFET 的反向恢复特性测试电路图

为便于对比，保持测试条件不变，对额定参数为 1200V/80mΩ 的 SiC MOSFET 体二极管进行了反向恢复特性测试，结果如图 3.63 所示，25℃时 SiC MOSFET 体二极管的反向恢复电荷值为 130nC，125℃时的反向恢复电荷值为 381nC，几乎是 25℃时的 3 倍。125℃时由于反向恢复电荷引起的开关能量损耗为 144μJ，当开关频率为 100kHz 时对应的反向恢复损耗为 14.4W。

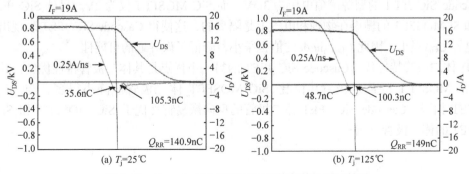

图 3.62　Cascode SiC JFET 的反向恢复特性测试结果

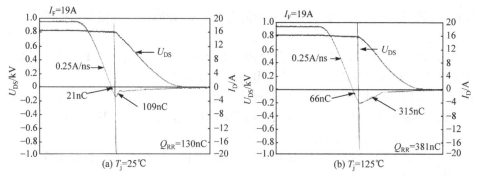

图 3.63　SiC MOSFET 体二极管的反向恢复特性测试结果

对比可见，Cascode SiC JFET 的反向恢复电荷是由其内部低压 Si MOSFET 体二极管产生的，其反向恢复电荷的温度系数和高温性能优于与 SiC JFET 相同耐压的 SiC MOSFET 体二极管。

3) 小结

作为组合开关器件，Cascode SiC JFET 不仅具有 Si MOSFET 的优点(可靠的 MOS 栅和易实现的栅极驱动)，还具有 SiC JFET 的优点(高压、高速、高温工作性能)，这使得 Cascode SiC JFET 比 SiC MOSFET 和超结 Si MOSFET 更有优势。具体表现在以下方面。

(1) 易于驱动。与 SiC MOSFET 相比，驱动 Cascode SiC JFET 只需要 12V 的驱动电源和 Si IGBT/ Si MOSFET 常用的栅极驱动电路即可，而 SiC MOSFET 通常需要 18~20V 的栅极电压才能使其沟道完全导通。

(2) 栅极电荷小。由于 Cascode SiC JFET 的栅极电压取决于低压 Si MOSFET，而低压 Si MOSFET 的栅极电荷很小，所以在相同额定电流下 Cascode SiC JFET 比 SiC MOSFET 和超结 Si MOSFET 的栅极电荷小得多。例如，1200V/45mΩ 的 Cascode SiC JFET(UJC1206K) 在 U_{GS} 为 0V/12V，U_{DS} 为 800V 时，总的栅极电荷量为 45nC；而 1200V/45mΩ 的 SiC MOSFET(C2M0040120D)在 U_{GS} 为 0V/20V，U_{DS} 为 800V 时，总的栅极电荷量为 105nC。650V/45mΩ 的 Cascode SiC JFET(UJC06506K)在 U_{GS} 为 0V/12V，U_{DS} 为 400V 时，总的栅极电荷量为 45nC；而 650V/45mΩ 的超结 Si MOSFET(IPB65R045C7)在 U_{GS} 为 0V/12V，U_{DS} 为 400V 时，总的栅极电荷量为 110nC。这充分说明 Cascode SiC JFET 中的栅极电荷较小，使得驱动损耗更小。

(3) 阈值电压高。Cascode SiC JFET 的栅极阈值电压取决于 Si MOSFET，结温为 150℃ 时 Cascode SiC JFET 的栅源阈值电压为 3.5V，而 SiC MOSFET 仅为 2V。另外 SiC JFET 的漏极和 Si MOSFET 的栅极在物理和电气上是隔离的，这使得 Cascode SiC JFET 表现出来的密勒电容 C_{GD} 很小，因此 $C_{GD} \cdot du/dt$ 的值也很小，降低了误导通的可能性。

(4) 体二极管特性优。Cascode SiC JFET 的另一个优点是其体二极管特性优良，其内部低压 Si MOSFET 的体二极管压降比 SiC MOSFET 体二极管压降小得多，与 Si 超结 MOSFET 相当。Cascode SiC JFET 体二极管的反向恢复特性优于 SiC MOSFET 和 Si 超结 MOSFET 的体二极管。

3.2.4　SiC BJT 的特性与参数

Si BJT 由于存在驱动复杂、二次击穿等问题，已逐渐淡出电力电子变换器应用场合。随着 SiC 器件研究热潮的掀起，SiC BJT 表现出优异的性能。SiC BJT 的电流增益高于 Si BJT，不存在传统 Si BJT 的二次击穿问题，其反向偏置安全工作区呈矩形，具有很低的导通压降，开关速度快，工作频率可达数十 MHz。

这里以 GeneSiC 公司的 1.2kV SiC BJT(定额为 1200V/7A)为例进行特性阐述。为便于说明其特点，选取了目前业界最好水平的三种相同电压等级的 Si IGBT(NPT1：1200V/14A@125℃硅非穿通型 IGBT。NPT2：1200V/10A@150℃硅非穿通型 IGBT。TFS：1200V/15A@175℃硅 TrenchStop IGBT。三种 IGBT 的封装内都集成了反并联的快恢复二极管)与之进行对比。

1. 通态特性及其参数

SiC BJT 的输出特性曲线如图 3.64 所示，SiC BJT 的集射偏置电压接近零，饱和区不明显，不同基极电流下的 I-U 曲线在饱和区并不重合。这两个特点表明 SiC BJT 在漂移区中缺乏电荷存储，这与传统的 Si BJT 有较大差异。SiC BJT 的这种固有特性使其在不同温度下都可以获得较快的开关速度，开关速度受温度影响较小。

在相同的温度下，SiC BJT 的通态压降比 Si IGBT 的低，在 25℃时其压降为 1.5V，在 125℃时为 2.5V(集电极电流为 7A)。与多数载流子器件的特性相似，SiC BJT 的导通压降呈正温度系数，这使其易于并联扩容。如图 3.65 所示，1200V/7A 定额的 SiC BJT 在 25℃工作温度下其导通电阻值为 235 mΩ(基极电流为 400mA)，温度在 250℃时导通电阻值为 660mΩ。当结温从 25℃增加到 250℃时，电流增益从 72 下降到 39，呈负温度系数。

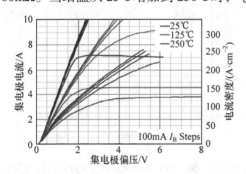

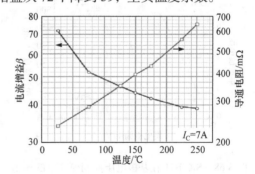

图3.64

图 3.64　SiC BJT 的输出特性曲线　　　图 3.65　SiC BJT 电流增益与导通电阻随温度变化的曲线

2. 阻态特性及其参数

SiC BJT 基极开路阻态特性曲线如图 3.66 所示。SiC BJT 额定阻断电压为 1200V，在 325℃高温时，漏电流仍较低，小于 100μA。图 3.67 给出 SiC BJT 与 Si IGBT 在不同温度情况下测得的漏电流。Si IGBT 在超过 175℃结温后漏电流太大，不能正常工作，而 SiC BJT 可达 325℃，受现有封装技术的限制，测试时未进一步增加工作温度。与 Si IGBT 对比，SiC BJT 的漏电流随温度增加的速率较低。

图3.66

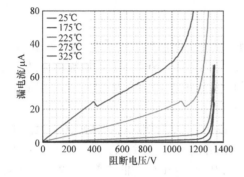

图 3.66　SiC BJT 基极开路阻态特性曲线

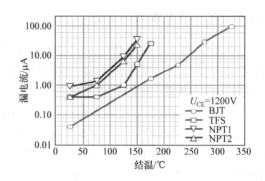

图 3.67　SiC BJT 与 Si IGBT 的漏电流与温度关系
曲线对比

3. 基极控制特性及其参数

SiC BJT 既可以工作于基极电流控制模式，也可以工作于基极电压控制模式。图 3.68 给出 SiC BJT 在基极电压控制模式下的输出特性曲线，在基极电压 U_{BE}=4V 时，SiC BJT 可以获得 7A 的额定电流。这一驱动电压值比驱动相同电压等级 SiC MOSFET 所需的典型电压值 20V 要小得多。图 3.69 给出 SiC BJT 在不同温度下的转移特性曲线。当温度为 25℃ 时，7A 电流处的小信号跨导为 7.4S；当温度为 125℃ 时，跨导降为 7.1S。25℃ 时，基极门槛电压为 2.8V；250℃ 时，门槛电压降为 2.4V。图 3.69 的转移特性在更高电流下出现饱和现象是用于测试的波形记录器的基极驱动电路功率限制所致。

图3.69

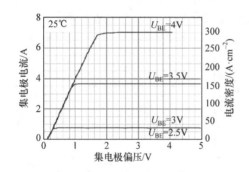

图 3.68　SiC BJT 在基极电压控制模式下的输出
特性曲线

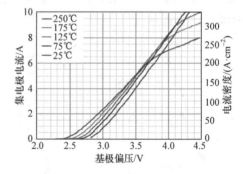

图 3.69　SiC BJT 在不同温度下的转移特性曲线

4. 开关特性及其参数

采用双脉冲电路对 SiC BJT 和 Si IGBT 的开关特性进行了对比测试。这里开关能量损耗是指 SiC BJT 开通或关断一次所对应的能量。图 3.70 和图 3.71 分别为开通过程和关断过程中不同器件组合下的开关能量损耗测试结果。SiC BJT 的开通时间和关断时间表现出良好的温度稳定性，在 25～250℃ 开通时间保持在 12ns 左右，关断时间保持在 14ns 左右，与其他器件组合相比，SiC BJT 的开关能量损耗低很多。

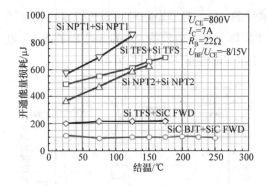
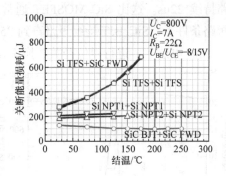

图 3.70　SiC BJT 和 SiC IGBT 的开通能量损耗对比　　图 3.71　SiC BJT 和 Si IGBT 的关断能量损耗对比

图 3.72 给出所有器件组合在 f_s=100kHz，占空比 D=0.7 时的损耗对比结果。SiC BJT 在 250℃时的基极驱动损耗、导通损耗和开关损耗分别为 5.25W、26.65W 和 20W。虽然 SiC BJT 的驱动损耗比 Si IGBT 的驱动损耗高得多，但其对总损耗的影响较小。采用全 SiC 器件组合(SiC BJT 与 SiC SBD)，比采用全 Si 器件组合(Si IGBT 与 Si FRD)的损耗至少降低了 50%。

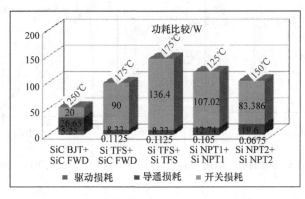

图 3.72　SiC BJT 和 Si IGBT 在各自最大工作温度下的器件损耗比较

5. 安全工作范围

1) 反向偏置安全工作区

传统的 Si BJT 因存在二次击穿问题，限制了高压工作时的最大电流。然而 SiC BJT 具有接近理想矩形的反向偏置安全工作区。图 3.73 和图 3.74 给出两种极端情况下关断安全工作区的测试结果。图 3.73 对应额定集射极偏置电压(800V)、3 倍额定集电极电流(22A)；图 3.74 对应额定电流 7A、更高的集射极偏置电压(1250V)。可见，SiC BJT 在超高的集电极电流和集射极偏置电压下仍能安全关断，这同时也可推断出 SiC BJT 具有理想的矩形反偏安全工作范围。

2) 短路安全工作区

SiC BJT 的短路能力测试和雪崩特性测试结果分别如图 3.75 和图 3.76 所示。SiC BJT 在集射极偏置电压为 800V，基极电流为 0.2A 时切换到短路状态，短路峰值电流达到 13A，短路持续 22μs。这比 SiC MOSFET 通常能够承受的 10μs 典型短路时间要长得多。在这样的短路条件下，SiC BJT 持续短路直到 25μs 时才损坏。额定电流为 7A 的 SiC BJT 在 7A 电流和 1mH 电感下，进行钳位开关转换工作，单脉冲雪崩能量 E_{AS} 达到 20.4mJ。

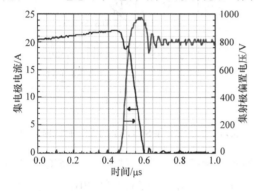

图 3.73　SiC BJT 在大电流(22A)下关断时的波形

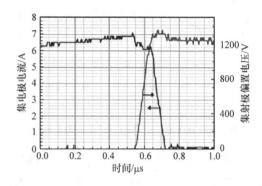

图 3.74　SiC BJT 在高电压(1250V)下关断时的波形

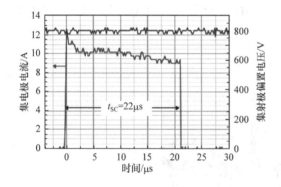

图 3.75　SiC BJT 承受短路时的电压电流波形

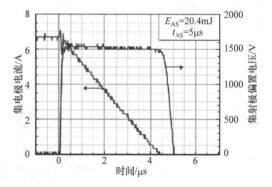

图 3.76　SiC BJT 的单脉冲雪崩能量

3.3　GaN 器件的特性与参数

本节主要针对 GaN 基二极管、Cascode GaN HEMT、eGaN HEMT 和 GaN GIT 等典型 GaN 器件，阐述其基本特性与参数。

3.3.1　GaN 基二极管的特性与参数

GaN 器件可采用水平导电结构或垂直导电结构。垂直结构是目前 GaN 基二极管研究的主要方向。以下以 NexGen 公司的垂直沟道型 GaN 基二极管为例，对其结构和特性参数进行介绍。

图 3.77 是垂直结构的 GaN 肖特基二极管(GaN SBD)和 GaN 基 PN 二极管结构示意图。这两种二极管的衬底为 2in 厚的 n^+ 掺杂 GaN 体，同质外延层通过金属有机化学气相沉积(MOCVD)的方法制造。根据击穿电压的不同，n 型缓冲层的掺杂浓度范围为 $(1\sim3)\times10^{16}\text{cm}^{-3}$，厚度范围为 $5\sim20\mu m$。

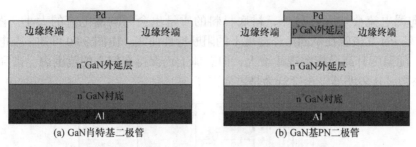

图 3.77 垂直结构的 GaN 肖特基二极管和 GaN 基 PN 二极管结构示意图

1. 通态特性及其参数

图 3.78 是额定电压为 600V 的 GaN SBD 和 1200V 的 GaN 基 PN 二极管的通态特性曲线。由图 3.78 可知，GaN SBD 的开启阈值电压为 0.9V，GaN 基 PN 二极管的开启阈值电压为 3.0V，与 GaN 材料的理论极限值接近。这两个器件的有效面积均小于 0.5mm^2，但均可承受幅值为 10A、持续时间为 300μs 的脉冲电流。

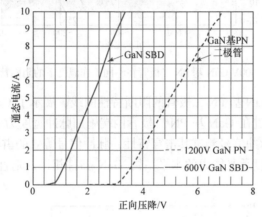

图 3.78 GaN SBD 和 GaN 基 PN 二极管的通态特性曲线

2. 阻断特性及其参数

图 3.79 是不同电压等级的 GaN 基 PN 二极管的阻断特性曲线。当器件耐压等级提高

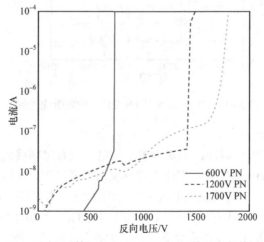

图 3.79 不同电压等级的 GaN 基 PN 二极管的阻断特性曲线

时，其反向漏电流会增大。另外，衬底材料的质量也会影响漏电流的大小。图 3.80 是 600V GaN 基 PN 二极管在不同工作温度下的阻断特性曲线。由图 3.80 可知，漏电流具有正温度系数，随温度升高呈指数规律增大，但总体上仍保持在较小的范围内。击穿电压也具有正温度系数，这表明器件击穿行为是雪崩击穿。

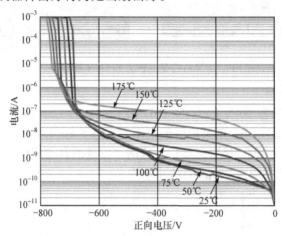

图 3.80　600V GaN 基 PN 二极管在不同工作温度下的阻断特性曲线

图 3.81 是 1700V GaN 基 PN 二极管的阻断特性曲线，展示了 GaN 基 PN 二极管承受雪崩击穿能量的能力。通过在 GaN 基 PN 二极管两端施加脉冲宽度为 30ms、电流为 15mA、反向电压为 2000V 的脉冲信号测试其击穿特性，脉冲信号等效的雪崩能量达到了 900mJ。与几乎没有雪崩击穿能量承受能力的水平结构 GaN 器件相比，垂直结构的 GaN 器件表现出极其优越的性能。

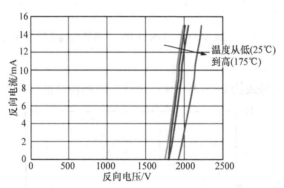

图 3.81　1700V GaN 基 PN 二极管的阻断特性曲线

3. 关断过程及其参数

GaN 基二极管是单极型器件，主要为多子导电，没有过剩载流子复合的过程，即没有电导调制效应，因此 GaN 基二极管理论上没有反向恢复过程。实际器件由于不可避免地存在寄生电容，也会产生一定的反向电流尖峰。图 3.82 给出了开关频率为 100kHz 的 Boost 变换器中整流二极管的工作状态，采用 Si FRD 和 NexGen 公司的 GaN 基 PN 二极管进行对比可见，GaN 基 PN 二极管无反向恢复问题，大大改善了电路性能。

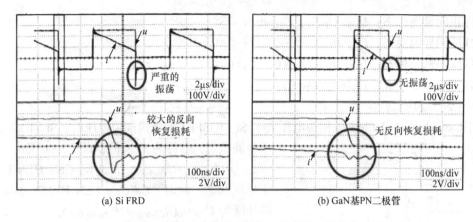

(a) Si FRD　　　　　　　　(b) GaN基PN二极管

图 3.82　Boost 变换器中整流二极管的工作状态

由于 GaN 基二极管优越的反向恢复特性，将 GaN 基二极管应用到 PFC、逆变器等开关电路中，可以在不改变电路拓扑和工作方式的情况下，有效解决 Si FRD 反向恢复电流给电路带来的许多问题，大大改善电路性能。

3.3.2　Cascode GaN HEMT 的特性与参数

与增强型器件相比，常通型(耗尽型)器件通常具有更低的导通电阻、更小的结电容，因此，在高电压等级，应用常通型器件可获得更高的效率。但在常用的电压型功率变换器中，常通型器件不便于使用，从安全可靠工作角度考虑，一般要求功率开关器件为常断状态。

第一代 600V GaN HEMT 是常通型器件，为便于在电压源型变换器中使用，通常与低压 Si MOSFET 级联组成 Cascode GaN HEMT，其等效电路如图 3.83(a)所示。在由高压常通型 GaN HEMT 和低压 Si MOSFET 级联组成的 Cascode GaN HEMT 中，GaN HEMT 的栅极和源极分别与 Si MOSFET 的源极和漏极连接，从而既可以利用低压 Si MOSFET 的特性实现"常断型"工作特性，又能利用常通型器件低导通电阻、低寄生电容的优点。Cascode GaN HEMT 的内部结构示意图和外形封装分别如图 3.83(b)和(c)所示。

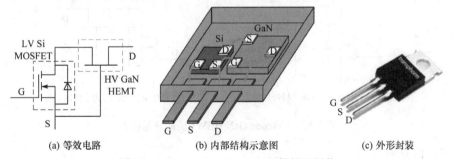

(a) 等效电路　　　　　(b) 内部结构示意图　　　　　(c) 外形封装

图 3.83　Cascode GaN HEMT 的结构及封装

1. Cascode GaN HEMT 的工作原理和模态

Cascode GaN HEMT 是常断型器件，通过控制 Si MOSFET 的开关状态即可控制整个器件的通/断。根据栅源驱动电压 U_{GS} 和漏源电压 U_{DS} 的不同，Cascode GaN HEMT 的稳态工作状态可分为以下四种情况。

(1) 正向导通模态：$U_{GS}>U_{TH\_Si}$，$U_{DS}>0$。

(2) 反向导通模态：$U_{DS}<0$。

(3) 反向恢复模态：$U_{GS}=0$，$U_{DS}\geqslant0$，$I_{DS}>0$。

(4) 正向阻断模态：$U_{GS}=0$，$U_{DS}>0$。

1) 正向导通模态

当 Cascode GaN HEMT 的栅源电压大于 Si MOSFET 的栅极阈值电压时，Si MOSFET 处

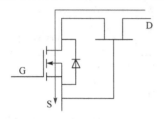

于导通状态，器件的工作状况如图 3.84 所示。由于 $-U_{DS\_Si}=U_{GS\_GaN}>U_{TH\_GaN}$，常通型 GaN HEMT 也处于导通状态。此时，Cascode GaN HEMT 漏源极间的压降为 $U_{DS}=I_D(R_{DS(on)\_Si}+R_{DS(on)\_GaN})$。

2) 反向导通模态

(1) 低压 Si MOSFET 体二极管导通($U_{GS}=0$，$U_{DS}<0$)。Cascode GaN HEMT 的栅源电压 U_{GS} 为零，因此低压 Si MOSFET 的沟道处于关断状态。

图 3.84 Cascode GaN HEMT 正向导通模态

当器件漏源两端的电压为负时，Si MOSFET 的体二极管就会导通。如图 3.85(a)所示，由于常通型 GaN HEMT 栅源两端的电压等于低压 Si MOSFET 体二极管的导通压降 U_F，即 $U_{GS\_GaN}=U_F>U_{TH\_GaN}$，因此，常通型 GaN HEMT 处于导通状态，电流 I_F 流过 Si MOSFET 的体二极管和 GaN HEMT 的沟道，Cascode GaN HEMT 器件源漏两端的压降为 $U_{SD}=U_{SD\_Si}+I_FR_{SD(on)\_GaN}$。

(2) 低压 Si MOSFET 沟道导通($U_{GS}>U_{TH\_Si}$，$U_{DS}<0$)。低压 Si MOSFET 体二极管导通时压降较大(典型值为 2V 左右)，导致 Cascode GaN HEMT 的反向导通压降也较大。为了解决这个问题，可以通过在 Cascode GaN HEMT 栅源极间施加正向驱动电压($U_{GS}>U_{TH\_Si}$)，使低压 Si MOSFET 的沟道完全导通，如图 3.85(b)所示。Si MOSFET 沟道导通时压降很小，沟道压降 $U_{SD\_Si}<U_F$，电流 I_D 全部流过 Si MOSFET 的沟道。此时，Cascode GaN HEMT 器件源漏两端的压降为 $U_{SD}=I_F(R_{SD(on)\_GaN}+R_{SD(on)\_Si})$。

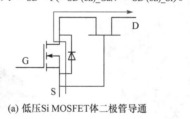 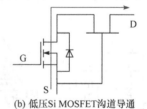

(a) 低压Si MOSFET体二极管导通   (b) 低压Si MOSFET沟道导通

图 3.85 Cascode GaN HEMT 反向导通模态

3) 反向恢复模态

由于 Cascode GaN HEMT 内部包含了低压 Si MOSFET，因此当低压 Si MOSFET 的体二极管与 GaN HEMT 沟道导通(反向导通)时，Cascode GaN HEMT 漏源极间加上正压后，就会出现低压 Si MOSFET 体二极管的反向恢复，整体对外表现为 Cascode GaN HEMT 的体二极管反向恢复。

一般而言，高压 Si MOSFET 的体二极管在导通时会储存大量的少数载流子，因此，在

加正压使其关断时，会产生很大的反向恢复电流。而在 Cascode GaN HEMT 中，由于用于级联的 Si MOSFET 一般都是低压器件(30V 左右)，其体二极管导通时储存的少数载流子很少，因此，整个 Cascode GaN HEMT 器件的体二极管表现出来的反向恢复电流很小。

Si MOSFET 的体二极管反向恢复时，Si MOSFET 两端的电压较小，GaN HEMT 沟道处于导通状态，电流流过 GaN HEMT 沟道和 Si MOSFET 体二极管，如图 3.86 所示。Si MOSFET 的体二极管反向恢复结束后，电流通过 GaN HEMT 沟道给电容 C_{DS_Si} 充电，当 $U_{DS\_Si} > -U_{TH\_GaN}$ 时，Cascode GaN HEMT 完全关断。

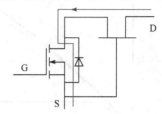

图 3.86　Cascode GaN HEMT 反向恢复模态

4) 正向阻断模态

(1) 低压 Si MOSFET 关断，高压 GaN HEMT 导通($U_{GS}=0$，$0<U_{DS}<-U_{TH\_GaN}$)。Cascode GaN HEMT 的栅源电压为零，因此低压 Si MOSFET 处于关断状态。此时，流过 Si MOSFET 和 GaN HEMT 的电流为 0，即 $I_D=0$。由于 $-U_{GS\_GaN}=U_{DS\_Si}<-U_{TH\_GaN}$，高压常通型 GaN HEMT 处于导通状态。低压 Si MOSFET 漏源极间的电压等于整个器件漏源极间的电压，即 $U_{DS\_Si}=U_{DS}$。

(2) 低压 Si MOSFET 关断，高压 GaN HEMT 关断($U_{GS}=0$，$0<-U_{TH\_GaN}<U_{DS}$)。由于 Cascode GaN HEMT 的栅源电压为零，低压 Si MOSFET 保持关断状态。随着器件漏源极间的电压 U_{DS} 增大，当 $U_{DS\_Si} >-U_{TH\_GaN}$ 时，常通型 GaN HEMT 的驱动电压 U_{GS_GaN} 小于其栅极阈值电压 U_{TH_GaN}，常通型 GaN HEMT 处于关断状态。此时，Cascode GaN HEMT 中低压 Si MOSFET 和常通型 GaN HEMT 共同承受漏源电压 U_{DS}，即 $U_{DS}=U_{DS\_Si}+U_{DS\_GaN}$。

2. 特性及其参数

以 ON Semiconductor 公司型号为 NTP8G202N(600V/9A)的 Cascode GaN HEMT 为例，并与 Infineon 公司型号为 IPP60R450E6(600V/9.2A)的 Si CoolMOS 进行对比，对 Cascode GaN HEMT 的特性与参数进行阐述。

1) 通态特性及其参数

(1) 输出特性。Cascode GaN HEMT 的输出特性如图 3.87 所示，可分为正向导通特性(第一象限)和反向导通特性(第三象限)。在第一象限内，当 U_{GS} 达到 6V 时，Si MOSFET 完全导通，Cascode GaN HEMT 也随之完全导通。在第三象限内，当不加驱动电压或驱动电压较小时，Si MOSFET 体二极管和 GaN HEMT 沟道导通，导通压降较大；当驱动电压逐步增加时，Si MOSFET 沟道打开且其导通压降逐渐降低，Cascode GaN HEMT 导通压降也逐渐降低，直至 Si MOSFET 沟道完全导通。

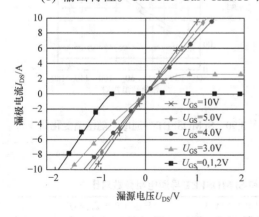

图 3.87　Cascode GaN HEMT 的输出特性

(2) 主要通态参数。图 3.88 为不同结温下 Cascode GaN HEMT 的正向输出特性，图(a)对应结温为 25℃，图(b)对应结温为 175℃。当器件的结温发生变化时，其输出特性也会相应发生变化。当器件结温升高时，相同负载电流下 Cascode GaN HEMT 的通态压降会增大。

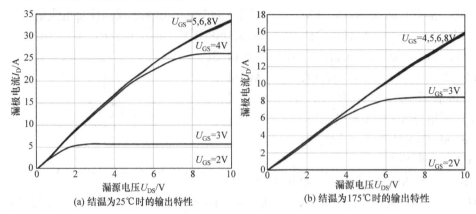

图 3.88　不同结温下 Cascode GaN HEMT 的正向输出特性

　　根据所测得的 Cascode GaN HEMT 输出特性，可得出其导通电阻随结温变化的关系曲线。图 3.89 为栅源电压 U_{GS}=8V 时，Cascode GaN HEMT 在不同结温下的导通电阻；图 3.90 为栅源电压 U_{GS}=10V 时，Si MOSFET 在不同结温下的导通电阻。由图 3.89 和图 3.90 可知，Cascode GaN HEMT 与 Si MOSFET 的导通电阻均呈正温度系数，即结温上升时，导通电阻也会随之增大。表 3.11 列出了相近定额的 Cascode GaN HEMT 和 Si MOSFET 导通电阻参数对比。

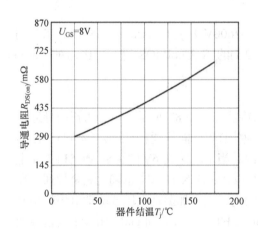

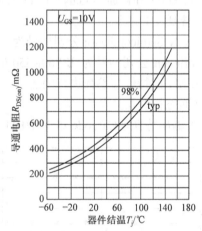

图 3.89　Cascode GaN HEMT 导通电阻随结温变化曲线　　　图 3.90　Si MOSFET 导通电阻随结温变化曲线

表 3.11　相近定额的 Cascode GaN HEMT 和 Si MOSFET 导通电阻参数对比

器件类型	型号	漏源电压 U_{DS}/V	漏极电流 I_D/A	导通电阻 $R_{DS(on)}$/mΩ	
Cascode GaN HEMT	NTP8G202N	600	9	290(T_j=25℃)	760((T_j=175℃)
Si MOSFET	IPP60R450E6	600	9.2	450(T_j=25℃)	1050(T_j=150℃)

图 3.91 为 Cascode GaN HEMT 转移特性，器件结温 T_j=25℃时，栅源阈值电压 $U_{GS(th)}$ 约为 2.5V，栅源电压 U_{GS} 达到 5V 时，漏极电流 I_{DS} 基本不再随栅源电压变化而变化，即导通电阻 $R_{DS(on)}$ 不随栅源电压 U_{GS} 变化而变化。图 3.92 为 Si MOSFET 转移特性，器件结温 T_j=25℃时，栅源阈值电压 $U_{GS(th)}$ 约为 4V，栅源电压 U_{GS} 达到 8V 时，漏极电流 I_{DS} 不再随栅源电压变化而变化。相同结温下，Cascode GaN HEMT 的栅源阈值电压比 Si MOSFET 低，且随着器件结温升高，Cascode GaN HEMT 和 Si MOSFET 的栅源阈值电压均会下降，呈负温度系数。

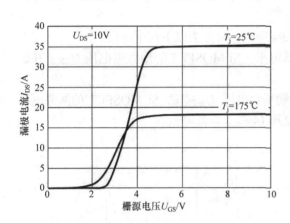

图 3.91　Cascode GaN HEMT 转移特性　　　　图 3.92　Si MOSFET 转移特性

2) 阻态特性及其参数

漏源击穿电压是功率开关管重要的阻态特性参数。对于 Si 基功率 MOSFET，其通态电阻随击穿电压的增大而迅速增大，导致通态损耗显著增加，因而 Si 基功率 MOSFET 的漏源击穿电压通常在 1kV 以下，以保持良好的器件特性。GaN 半导体材料的临界雪崩击穿电场强度比 Si 材料高 10 倍，因而能够制造出通态电阻低但耐压值更高的 GaN HEMT。尽管目前商业化的 Cascode GaN HEMT 产品的耐压值仅为 600V，但随着技术的不断进步，拥有更高耐压值的 GaN 器件会相继问世。

3) 开关特性及其参数

这里以感性负载工况为例，分析 Cascode GaN HEMT 的理想开关过程。Cascode GaN HEMT 理想开通过程如图 3.93 所示，可分为以下几个阶段。

(1) $t_0 \sim t_1$ 阶段：驱动电压给 Si MOSFET 栅源极寄生电容充电，U_{GS_Si} 逐渐上升，由于 U_{GS_Si} 小于其栅源阈值电压，因此 Si MOSFET 处于关断状态。

(2) $t_1 \sim t_2$ 阶段：t_1 时刻，U_{GS_Si} 上升至 Si MOSFET 的栅源阈值电压 U_{TH_Si}，Si MOSFET 的沟道逐渐打开，Si MOSFET 漏源寄生电容 C_{DS_Si} 开始放电，漏源电压 U_{DS_Si} 逐渐降低，常通型 GaN HEMT 的栅源电压 U_{GS_GaN} 逐渐升高，但由于此时常通型 GaN HEMT 尚未导通，因此流过整个器件的电流 I_D 仍为零。Cascode GaN HEMT 器件两端的电压仍为直流母线电压，因此常通型 GaN HEMT 漏源电压 U_{DS_GaN} 会缓慢增大。

(3) $t_2 \sim t_3$ 阶段：t_2 时刻，U_{GS_GaN} 达到常通型 GaN HEMT 栅极阈值电压 U_{TH_GaN}，常通型

GaN HEMT 沟道开始导通，流过整个器件的电流开始增加。C_{DS_Si} 继续放电，U_{DS_Si} 继续下降，常通型 GaN HEMT 的漏源电压 U_{DS_GaN} 继续缓慢上升。t_3 时刻，U_{GS_GaN} 上升至密勒平台 U_{miller_GaN}，沟道电流 I_D 增大至负载电流，此后保持不变。

(4) $t_3 \sim t_4$ 阶段：t_3 时刻开始，GaN HEMT 的漏源电压 U_{DS_GaN} 迅速下降，t_4 时刻，U_{DS_GaN} 下降阶段结束，GaN HEMT 密勒平台结束。

(5) $t_4 \sim t_5$ 阶段：t_4 时刻，U_{GS_Si} 开始出现密勒平台，U_{DS_Si} 继续下降，U_{GS_GaN} 继续上升，直至 t_5 时刻，U_{DS_Si} 降至饱和导通压降，Si MOSFET 密勒平台结束。

(6) $t_5 \sim t_6$ 阶段：U_{GS_Si} 电压逐渐上升至驱动电源电压，Cascode GaN HEMT 开通过程结束。

Cascode GaN HEMT 理想关断过程如图 3.94 所示，可分为以下几个阶段。

(1) $t_7 \sim t_8$ 阶段：t_7 时刻，驱动电压变为低电平，Si MOSFET 的栅源极电压 U_{GS_Si} 开始下降。

(2) $t_8 \sim t_9$ 阶段：t_8 时刻，U_{GS_Si} 下降至密勒平台电压 U_{miller_Si}，Si MOSFET 的漏源电压 U_{DS_Si} 开始上升，常通型 GaN HEMT 的栅源电压 U_{GS_GaN} 逐渐降低。

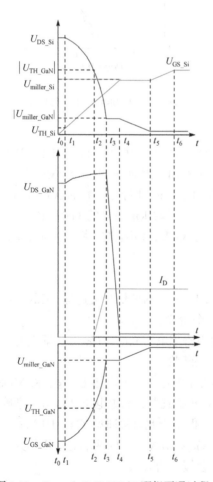

图 3.93   Cascode GaN HEMT 理想开通过程

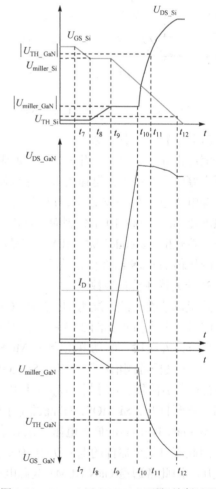

图 3.94   Cascode GaN HEMT 理想关断过程

(3) $t_9 \sim t_{10}$ 阶段：t_9 时刻，Si MOSFET 密勒平台结束，U_{GS_Si} 继续下降。常通型 GaN HEMT 的栅源电压降至密勒平台电压 U_{miller_GaN}，其漏源电压 U_{DS_GaN} 迅速上升，t_{10} 时刻，U_{DS_GaN} 上升阶段结束，GaN HEMT 密勒平台结束。

(4) $t_{10} \sim t_{11}$ 阶段：t_{10} 时刻，U_{GS_Si} 和 U_{GS_GaN} 继续下降，沟道电流 I_D 迅速降低，常通型 GaN HEMT 沟道逐渐关闭。

(5) $t_{11} \sim t_{12}$ 阶段：t_{11} 时刻，U_{GS_GaN} 降至常通型 GaN HEMT 栅极阈值电压 U_{TH_GaN}，常通型 GaN HEMT 沟道完全关闭，电流 I_D 减小至零。$t_{10} \sim t_{12}$ 时间段内，U_{DS_Si} 逐渐上升，由于 Cascode GaN HEMT 整个器件两端电压被钳位为直流输入电压，因此在这个过程中 U_{DS_GaN} 略有下降；t_{12} 时刻，U_{DS_Si} 升至雪崩击穿电压，U_{DS_Si} 和 U_{GS_GaN} 基本保持不变，Cascode GaN HEMT 关断过程结束。

图 3.95 为不同负载电流下 Cascode GaN HEMT 器件的开关能量损耗。随着负载电流的增大，开通能量损耗明显增加，关断能量损耗只是略有增加，且总体上比开通能量损耗小得多。因此，在开关频率较高的应用场合采用零电压开通技术可以大大降低 Cascode GaN HEMT 的开关损耗。

4) 反向恢复特性及其参数

如图 3.96 所示，上管不加驱动信号，栅极和源极短接，通过此电路测试 Cascode GaN HEMT 的反向恢复特性，并与 Si MOSFET 进行对比，以便阐述其特性。

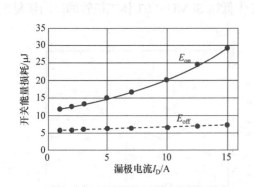
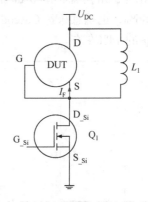

图 3.95　不同负载电流下的开关能量损耗　　　图 3.96　反向恢复特性测试电路

实验时，施加脉冲使 Q_1 导通，电流流经 L_1 与 Q_1，而反向电流 $I_F=0$。去掉脉冲关断 Q_1 时，流过电感 L_1 的电流不能立刻消失，经被测器件(device under test，DUT)续流。被测器件分别采用相近定额的 Si CoolMOS 和 Cascode GaN HEMT，图 3.97 为两种器件反向恢复特性测试曲线。

被测器件反向恢复特性测试条件为：$U_{DC}=400V$，$I_F=9A$。Cascode GaN HEMT 可以在电流变化率为 450A/μs 的情况下进行测试，且振荡很小。但 Si CoolMOS 不能承受如此高的电流变化率，因此 Si CoolMOS 仅在 100A/μs 的电流变化率下进行测试。di/dt 在 100~480A/μs 变化时，Cascode GaN HEMT 的反向恢复电荷 Q_{RR} 几乎不变。

实验测试表明，在所设置的测试条件下 Cascode GaN HEMT 的反向恢复电荷 Q_{RR} 仅为 40nC，而 Si CoolMOS 的 Q_{RR} 高达 1000nC，是 Cascode GaN HEMT 的 25 倍。

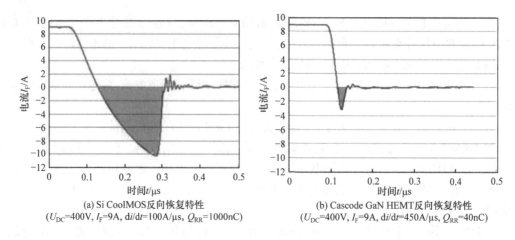

(a) Si CoolMOS反向恢复特性
(U_{DC}=400V, I_F=9A, di/dt=100A/μs, Q_{RR}=1000nC)

(b) Cascode GaN HEMT反向恢复特性
(U_{DC}=400V, I_F=9A, di/dt=450A/μs, Q_{RR}=40nC)

图 3.97 Si CoolMOS 和 Cascode GaN HEMT 的反向恢复特性测试曲线

Cascode GaN HEMT 器件的反向恢复电荷主要由两部分组成：常通型 GaN HEMT 的反向充电电荷和低压 Si MOSFET 体二极管的反向恢复电荷。图 3.98(a)和(b)分别为 I_F=0A 时不同 di/dt 下 DUT 的反向恢复测试波形，当 I_F=0A 时，Si MOSFET 不会出现反向恢复，这种情况下实验观察到的电流变化波形只是常通型 GaN HEMT 寄生电容电荷 Q_C 放电时的电流波形。由图 3.98 可知，I_F=0A 时的 Q_C 约为 35nC，占 Cascode GaN HEMT 总反向恢复电荷 Q_{RR} 的 86%，也就意味着 Cascode GaN HEMT 中低压 Si MOSFET 体二极管的反向恢复电荷仅占 Q_{RR} 的 14%左右。

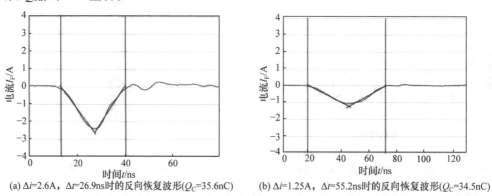

(a) Δi=2.6A，Δt=26.9ns时的反向恢复波形(Q_C=35.6nC)

(b) Δi=1.25A，Δt=55.2ns时的反向恢复波形(Q_C=34.5nC)

图 3.98 I_F=0A 时不同 di/dt 下 DUT 的反向恢复测试波形

值得注意的是，这里所述的 Cascode GaN HEMT 器件其实是驱动其内部级联的低压 N 型 Si MOSFET 实现通断工作的。为了能够直接驱动 GaN HEMT，可采用低压 P 型 Si MOSFET 与常通型 GaN HEMT 构成新型级联结构，读者可对这种级联方案进一步进行研究。

3.3.3 eGaN HEMT 的特性与参数

由前述章节可知，eGaN HEMT 中包含一个由宽带隙材料(AlGaN)和较窄带隙材料(GaN)构成的异质结。AlGaN/GaN 异质结具有很强的极化效应，从而在接触区形成 2DEG。在栅源极间或栅漏极间加正电压都可以改变 2DEG 的浓度，控制器件的开通和关断。eGaN HEMT 等效电路模型如图 3.99 所示。

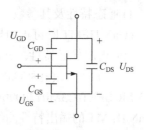

图 3.99　eGaN HEMT 等效电路模型

1. eGaN HEMT 的工作模态

eGaN HEMT 是常断型器件，通过改变栅源驱动电压 U_{GS} 可以控制器件的开通和关断。根据栅源驱动电压 U_{GS} 和漏源电压 U_{DS} 的不同，eGaN HEMT 的稳态工作状态可分为以下四种情况。

(1) 正向导通模态：$U_{GS}>U_{GS(th)}$，$U_{DS}>0$。

(2) 反向导通模态：$U_{GD}>U_{GS(th)}$，$U_{DS}<0$。

(3) 正向阻断模态：$U_{GS}<U_{GS(th)}$，$U_{DS}>0$。

(4) 反向关断模态：$U_{GD}<U_{GS(th)}$，$U_{DS}<0$。

1) 正向导通模态

当 eGaN HEMT 的栅源电压大于阈值电压 ($U_{GS}>U_{GS(th)}$)且漏源电压 U_{DS} 大于零时，器件导通，电流流过 eGaN HEMT 的沟道。此时 eGaN HEMT 处于正向导通状态，漏源极间压降为 $U_{DS}=I_D R_{DS(on)}$。

2) 反向导通模态

eGaN HEMT 具有对称的传导特性，在 eGaN HEMT 漏源电压 U_{DS} 小于零的情况下，满足以下关系式时，eGaN HEMT 即可处于反向导通状态。

$$U_{GS} - U_{DS} = U_{GD} > U_{GS(th)} \tag{3.10}$$

此时漏源极间压降为

$$U_{SD} = U_{GS(th)} - U_{GS} + |I_D| \cdot R_{SD(on)} \tag{3.11}$$

由上述分析可见，eGaN HEMT 虽然没有寄生体二极管，但是在 $U_{GS}<U_{GS(th)}$时的反向导通特性与寄生体二极管导通特性相似，因此在电路分析时，有时也会借鉴寄生体二极管的模型表示其反向导通能力，如图 3.100 所示。其反向导通特性也称为"类体二极管"特性。但需注意的是该体二极管并不真正存在，因此实际上并无二极管反向恢复问题。

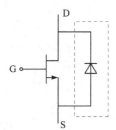

图 3.100　eGaN HEMT 反向导通时的"体二极管"等效模型

3) 正向阻断模态

当 eGaN HEMT 的栅源电压小于阈值电压($U_{GS}<U_{GS(th)}$)且漏源电压 U_{DS} 大于零时，器件处于正向阻断状态。

4) 反向关断模态

在 eGaN HEMT 的漏源电压 U_{DS} 小于零的情况下，若 $U_{GS}-U_{DS}=U_{GD}<U_{GS(th)}$，则 eGaN HEMT 处于反向关断状态。

2. 高压 eGaN HEMT 的特性及参数

这里以 GaN Systems 公司型号为 GS66504B(650V/15A)的 eGaN HEMT 为例，并将 eGaN HEMT 与 900V/23A SiC MOSFET(C3M0120090D)、650V/22A Si CoolMOS(IPW65R150CFD)进行对比，介绍高压 eGaN HEMT 的特性及参数。

1) 通态特性及其参数

eGaN HEMT 既可正向导通(第一象限)，也可反向导通(第三象限)。

(1) 正向导通特性。eGaN HEMT、SiC MOSFET 和 Si CoolMOS 的输出特性曲线如图 3.101 所示，图(a)为 GaN Systems 公司的 eGaN HEMT(GS66504B)，图(b)为 Cree 公司的 SiC MOSFET(C3M0120090D)，图(c)为 Infineon 公司的 Si CoolMOS(IPW65R150CFD)。eGaN HEMT 的输出特性曲线存在明显的线性区和饱和区，界限比较明显，当栅源电压达到 4V 左右时，在其额定电流范围内通态电阻几乎不再发生变化，但是线性区与饱和区的分界点仍然会随着栅源电压的增大而上升，因此为了保证器件能够充分导通，驱动电路设计时要保证栅源电压足够大。SiC MOSFET 的输出特性曲线不存在明显的线性区和饱和区，但是其导通电阻在栅源电压达到 15V 时仍会有明显的变化，因此设计驱动电路时也要保证栅源电压足够大。Si CoolMOS 的输出特性曲线在栅源电压比较小时存在比较明显的线性区和饱和区。随着栅源电压的增大，线性区和饱和区不再有明显分界，而且在栅源电压达到 10V 左右后导通电阻阻值几乎保持不变。

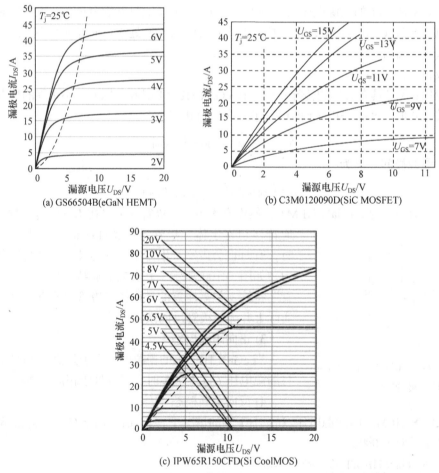

图 3.101　eGaN HEMT、SiC MOSFET 和 Si CoolMOS 的输出特性曲线

图 3.102 为三种器件单管参数对比。结温为 25℃时，eGaN HEMT 的导通电阻比 SiC MOSFET 和 Si CoolMOS 的低，因此导通损耗更小。SiC MOSFET 和 Si CoolMOS 的导通电

阻接近。三种器件的导通电阻都会随着结温升高而增大，其中 eGaN HEMT 的导通电阻受结温的影响最大，其次是 Si CoolMOS，SiC MOSFET 最小。

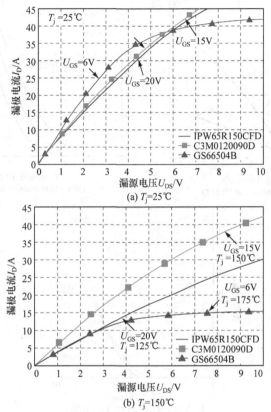

图 3.102　额定电流相近的 eGaN HEMT、SiC MOSFET 及 Si CoolMOS 单管参数对比

主要通态参数如下。

① 栅源阈值电压。栅源阈值电压是指 eGaN HEMT 沟道导通所必需的最小栅源电压。随着栅源电压的上升，沟道逐渐打开，沟道电阻逐渐减小，沟道电流逐渐增大。图 3.103 为额定电流相近的 eGaN HEMT、SiC MOSFET 和 Si CoolMOS 的转移特性曲线。eGaN HEMT 的栅源阈值电压约为 1.7V，几乎不受结温的影响。常温下 SiC MOSFET 的阈值电压约为 3V，其阈值电压呈负温度系数，但是温度系数比较小。常温下 Si CoolMOS 的阈值电压高于 4V，其阈值电压呈负温度系数，系数也比较小。对比三种器件可以看到 eGaN HEMT 更容易在发生栅源电压振荡时出现误导通现象，其次是 SiC MOSFET，Si CoolMOS 误导通可能性相对来说最小。

② 跨导。跨导 g_{fs} 为漏极电流对栅源电压的变化率，是栅源电压的线性函数，反映了栅源电压 U_{GS} 对漏极电流 I_D 的控制灵敏度。跨导越大，栅源电压对漏极电流的控制灵敏度越高。图 3.104 为额定电流相近的 eGaN HEMT、SiC MOSFET 及 Si CoolMOS 单管转移特性对比，可以看到结温为 25℃时，Si CoolMOS 的跨导最高，其次是 eGaN HEMT，SiC MOSFET 的跨导最低。三种器件的跨导都呈负温度系数，其中 eGaN HEMT 的跨导受温度影响最大，其次是 SiC MOSFET，Si CoolMOS 最小。

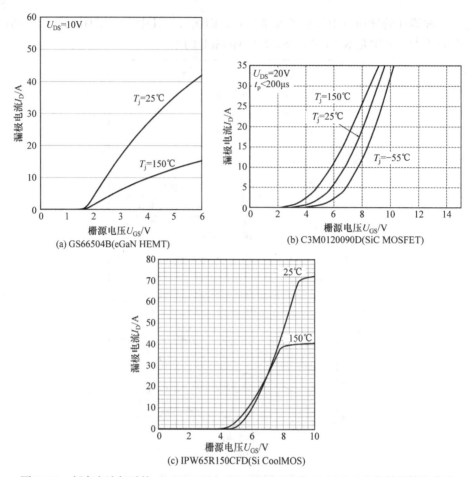

图 3.103　额定电流相近的 eGaN HEMT、SiC MOSFET 和 Si CoolMOS 的转移特性曲线

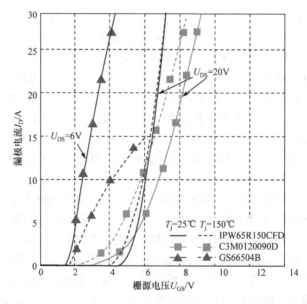

图 3.104　额定电流相近的 eGaN HEMT、SiC MOSFET 及 Si CoolMOS 单管转移特性对比

③ 通态电阻。如图 3.101 所示，对于三种器件来说，栅极驱动电压越高，导通电阻越低。如图 3.101(a)所示，在 eGaN HEMT 的额定电流范围内，栅源电压达到 4V 以上时导通电阻的变化已经很小，因此只考虑导通电阻时，驱动电压设置为 4V 即可，但实际应用中除了考虑导通电阻，还需要考虑开关速度，因此驱动电压应该在不超过最大栅源电压的条件下，尽可能高，考虑一定裕量，通常将其设置为 5～6V。图 3.101(b)中 SiC MOSFET 的栅源电压即使达到 16V，继续增大栅极驱动电压仍能显著减小导通电阻，因此在不超过栅源最大电压的情况下，应尽可能设置更高的驱动电压。图 3.101(c)中 Si CoolMOS 在栅源电压达到 10V 以后，导通电阻就几乎不再发生变化，因此相对而言其驱动电压的可选范围更大。

图 3.105 是额定电流相近的 eGaN HEMT、SiC MOSFET 及 Si CoolMOS 单管导通电阻与结温的关系曲线。三种器件的导通电阻均呈正温度系数，其中 Si CoolMOS 的导通电阻受结温变化的影响最大，eGaN HEMT 次之，SiC MOSFET 最小。

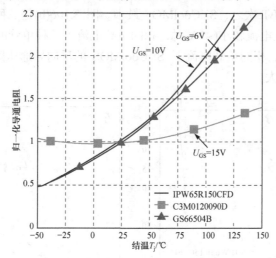

图 3.105　额定电流相近的 eGaN HEMT、SiC MOSFET 及 Si CoolMOS 单管导通电阻与结温的关系曲线

(2) 反向导通特性。MOSFET 的结构中存在 p-n 掺杂区域和漂移层，从而构成了其寄生体二极管，令其拥有了反向导通的能力。eGaN HEMT 的结构中并不存在这一结构，所以也就不存在体二极管，但是由于 eGaN HEMT 的结构具有对称性，因此其也具有双向导通的能力，这种特性称为"自整流反向导通特性"，也称为"类二极管特性"。eGaN HEMT 的反向导通能力与 MOSEFT 体二极管相比有所不同。

① 反向导通压降。当栅源电压 U_{GS} 超过其阈值电压 $U_{GS(th)}$ 时，eGaN HEMT 可以实现正向导通，而当其栅漏电压 U_{GD} 超过其阈值电压 $U_{GD(th)}$ 时，即可实现反向导通。

eGaN HEMT 反向导通时其源漏电压 U_{SD} 需要满足的条件为

$$U_{SD} > U_{GS(th)} - U_{GS} \tag{3.12}$$

eGaN HEMT 的反向导通压降为

$$U_{SD} = U_{GS(th)} - U_{GS} + I_D \cdot R_{SD(on)} \tag{3.13}$$

式中，$R_{SD(on)}$ 为 eGaN HEMT 的反向导通电阻。

通常情况下，在其他条件相同时，反向导通电阻要高于正向导通电阻，若 $U_{GS}<U_{GS(th)}$，那么器件工作在饱和区和线性放大区的交界处，若 U_{GS} 为负值，那么 GaN HEMT 的饱和程度会加深，导通电阻会变大，因此在利用其反向导通能力时，不宜采用负的栅源电压。

② 反向恢复特性。MOSFET 的体二极管是 PN 结形式的，因此其具有反向恢复特性，而且反向恢复特性比较差。虽然 eGaN HEMT 的反向导通表现出的特性与二极管相似，但其结构并不是二极管的典型结构，不具有反向恢复特性，因此在第三象限导通过程结束时不会产生反向恢复电流，在桥臂电路中也就不会增加即将开通的功率管的开通损耗。

③ 反向导通特性对比。图 3.106 为额定电流相近的 eGaN HEMT、SiC MOSFET 及 Si CoolMOS 单管反向导通特性对比。图 3.106(a)比较了三种单管的体二极管特性，其中虚线是采用了各自推荐关断负压时的体二极管导通特性曲线，实线是关断电压为零时体二极管的导通特性曲线，可以看到，栅源电压为零时，相同负载电流下 eGaN HEMT 的反向导通压降最大，SiC MOSFET 次之，Si CoolMOS 最小。图 3.106(b)是三种单管的第三象限特性对比，可以看到，漏极电流较小(<5A)时，相同负载电流下三种单管的反向导通压降相近。漏极电流较大(>5A)时，相同负载电流下 Si CoolMOS 的反向导通压降最小，SiC MOSFET 次之，eGaN HEMT 最大。

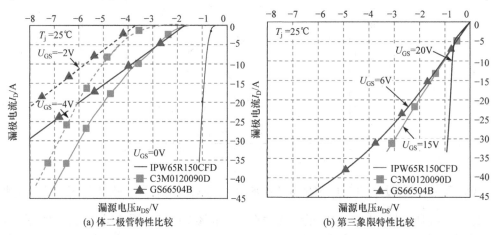

图 3.106　额定电流相近的 eGaN HEMT、SiC MOSFET 及 Si CoolMOS 单管反向导通特性对比

2) 开关特性及其参数

eGaN HEMT 的开关特性主要与非线性寄生电容有关，同时，栅极驱动电路的性能也对 eGaN HEMT 的开关过程起着关键性的作用。表 3.12 列出了 eGaN HEMT、SiC MOSFET 和 Si CoolMOS 的寄生电容与栅极电荷对比情况，可以看到 eGaN HEMT 的寄生电容最小，SiC MOSFET 次之，Si CoolMOS 最大。根据电压型器件的开关过程可知，寄生电容越小，开关速度越快，开关转换过程的时间越短，从而缩短开关过程中漏源电压与漏极电流的交叠区域，降低开关损耗。对比三种器件的参数可见，eGaN HEMT 的栅极电荷最小，其次是 SiC MOSFET，Si CoolMOS 的栅极电荷最大，因此 eGaN HEMT 的开关速度最快。

表 3.12　eGaN HEMT、SiC MOSFET 和 Si CoolMOS 的寄生电容与栅极电荷对比情况

型号	GS66504B	C3M0120090D	IPW65R150CFD
输入电容 C_{iss}/pF	130	350	2340
输出电容 C_{oss}/pF	33	40	110
转移电容 C_{rss}/pF	1	3	12
栅源寄生电容 C_{GS}/pF	129	347	2328
栅漏寄生电容 C_{GD}/pF	1	3	12
C_{GS}/C_{GD}	129	115.67	194
栅源电荷 Q_{GS}/nC	1.1	4.8	15
栅极总电荷 Q_G/nC	3	17.3	86

eGaN HEMT 的极间寄生电容是影响其开关特性的主要因素之一，随着极间电容的增大，eGaN HEMT 的开关过程会变长，开关损耗会增大。其中，C_{GD} 对开关过程中的 du_{DS}/dt 影响最大，C_{GS} 对开关过程中的 di_D/dt 影响最大，C_{DS} 在关断时的储能会在 eGaN HEMT 下次开通时释放，因此会在沟道中产生较大的开通脉冲电流。这些寄生电容还呈现非线性特性，随着 eGaN HEMT 漏源电压的不同，寄生电容值也会发生变化。如图 3.107 所示，为 GS66504B 器件极间电容与漏源电压的关系曲线。在漏源电压增大的初期，C_{rss}、C_{oss} 均随着漏源电压的增大而迅速减小，随着漏源电压的进一步增大，C_{oss} 的下降速度减缓，C_{rss} 出现增长趋势，而 C_{iss} 受漏源电压的影响不大。

3) 栅极驱动特性及其参数

图 3.108 是高压 eGaN HEMT 的典型栅极充电特性曲线。当漏源电压为 400V 时，高压 eGaN HEMT 栅极充电至+6V 仅需要 2.8nC 左右的栅极电荷，因此其栅极充电速度极快，另外随着漏源电压的增大，达到相同的栅源电压所需的栅极电荷也有所增加。由于高压 eGaN HEMT 的密勒电容 C_{rss} 较小，因此其密勒平台时间较短，仅占整个充电过程的很小一部分。

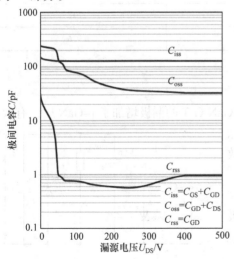

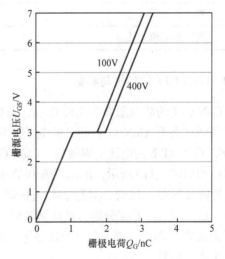

图 3.107　GS66504B 器件极间电容与漏源电压 的关系曲线

图 3.108　高压 eGaN HEMT 的典型栅极 充电特性曲线

图 3.109 为高压 eGaN HEMT 的漏极电流与导通电阻的关系曲线。可以看到，高压 eGaN HEMT 的导通电阻会随着栅极驱动电压的上升而减小。在额定漏极电流范围内，驱动电压为+5V 和+6V 时的导通电阻相差不大，因此通常情况下，高压 eGaN HEMT 的驱动正压为 5～6V。器件厂家给出的高压 eGaN HEMT 的栅极正压最大值为 7V，因此在实际电路设计中，需要降低栅极回路的寄生电感，以减小栅极回路中的振荡和过冲。桥臂电路应用中，由于上、下管在开关动作期间存在较强耦合关系会产生串扰问题，因此对于 Si CoolMOS 来说，通常推荐使用负压关断以抑制桥臂串扰，但是 eGaN HEMT 的反向导通压降与栅源电压有关，关断时栅源负压的绝对值越大，反向导通压降越大，采用负压关断容易在续流期间引入较大的导通损耗，因此高压 eGaN HEMT 的驱动电压设置也需要根据实际场合特点优化选择。

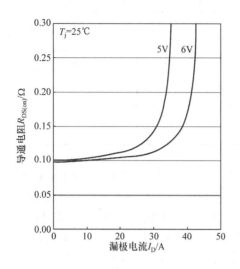

图 3.109   高压 eGaN HEMT 的漏极电流与导通电阻的关系曲线

栅极电压摆幅 U_{Gpp} 的平方与栅极输入电容 C_{iss} 的乘积能够反映栅极驱动损耗的大小，假设高压 eGaN HEMT 采用驱动电压电平为 0V/+6V，Si CoolMOS 采用驱动电压电平为-5V/+15V，将计算结果列于表 3.13。由表 3.13 可知，eGaN HEMT 的栅极驱动能量损耗远小于 Si CoolMOS。

表 3.13   栅极充电能量对比

型号	GS66504B	IPW65R150CFD
输入电容 C_{iss}/pF	130	2340
栅极电压摆幅 U_{Gpp}/V	6	20
栅极驱动能量损耗/μJ	0.00468	0.936

3.3.4 GaN GIT 的特性与参数

GaN GIT 的截面图如图 2.52 所示，新型结构 GaN GIT 的漏极增加了 p-GaN 层，有效释放了关断状态下 GaN GIT 漏极的电子，并且消除了传统 GaN GIT 的电流崩塌效应。GaN GIT 等效电路模型如图 3.110 所示，$R_{G(int)}$ 为栅极寄生电阻，D_{GS} 为栅极等效二极管，其稳态导通压降为 3.5V 左右，C_{GS}、C_{GD}、C_{DS} 分别为器件栅源极、栅漏极和漏源极寄生电容，$R_{DS(on)}$ 为等效导通电阻，D_{DS} 为寄生体二极管。

本节以 Panasonic 公司的 PGA26E19BA(600V/13A)为例，对 GaN GIT 器件的特性及参数进行阐述。

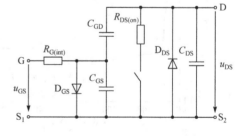

图 3.110   GaN GIT 等效电路模型

1. 通态特性及其参数

1) 正向输出特性和导通电阻

GaN GIT 在不同壳温下的输出特性如图 3.111 所示。图(a)、图(b)分别对应不同壳温下栅源电压由 1V 变化到 4V 时 GaN GIT 的输出特性。在同一漏源电压下，当器件壳温升高时，漏极电流会有所降低。图 3.112 为栅极电流 $I_{GS}=10\text{mA}$、漏极电流 $I_{DS}=5\text{A}$ 时，GaN GIT 的导通电阻随结温变化的关系曲线，导通电阻随温度变化呈正温度系数。

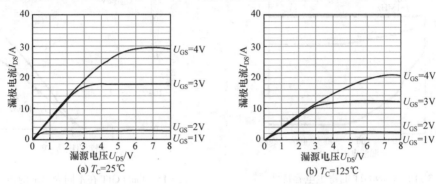

图 3.111 GaN GIT 在不同壳温下的输出特性

2) 栅源极阈值电压

图 3.113 为 $I_{DS}=1\text{mA}$ 时，GaN GIT 在不同结温下的栅源极阈值电压。随着器件结温的升高，栅源极阈值电压略有降低。结温为 25℃时，$U_{GS(th)}=1.29\text{V}$；结温上升至 150℃时，$U_{GS(th)}=1.23\text{V}$。GaN GIT 由于栅源极阈值电压较低，在电路工作时容易误导通，设计电路时尤其要注意。

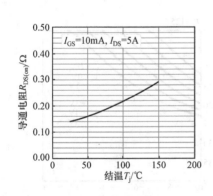

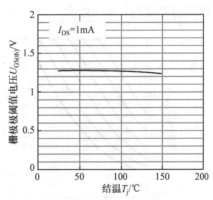

图 3.112 GaN GIT 的导通电阻随结温变化的关系　图 3.113 GaN GIT 在不同结温下的栅源极阈值电压
曲线

3) 寄生电容

GaN GIT 的寄生电容特性如图 3.114 所示。这些寄生电容均呈现非线性特性，随着 GaN GIT 漏源电压的不同，寄生电容值也会发生变化。在漏源电压增大的初期，C_{iss}、C_{oss} 和 C_{rss} 均随着电压的增大而迅速减小，随着漏源电压的进一步增大，C_{iss} 基本保持不变，

C_{oss} 和 C_{rss} 下降速率减缓；当漏源电压超过 250V 时，C_{iss}、C_{oss} 和 C_{rss} 基本保持不变。

4) 转移特性

转移特性是指 GaN GIT 器件漏极电流与栅源电压之间的关系。GaN GIT 在不同壳温下的转移特性如图 3.115 所示，在壳温相同情况下，漏极电流随着栅源电压的增大而逐渐增大；栅源电压相同情况下，壳温越高，漏极电流越小。

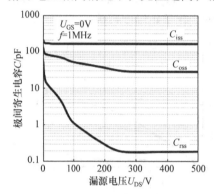
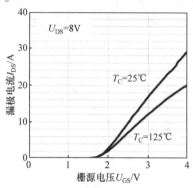

图 3.114　GaN GIT 的寄生电容特性　　　图 3.115　GaN GIT 在不同壳温下的转移特性

5) 第三象限导通特性

GaN GIT 在不同壳温下的第三象限导通特性如图 3.116 所示。栅源电压 U_{GS}=0，壳温 T_C=25℃时，GaN GIT 的反向导通偏置电压为 1.9V，随着 U_{GS} 负向电压绝对值的增大，GaN GIT 的反向导通偏置电压绝对值会逐渐增大，第三象限导通特性曲线左移。反向电流 I_{SD}=5A 时，GaN GIT 的反向导通压降典型值为 2.6V。同时由图 3.116 可知，壳温升高时，GaN GIT 的导通偏置电压几乎不变，但同一沟道电流下的导通压降会随之变化，即反向导通电阻随着温度的升高而增大。

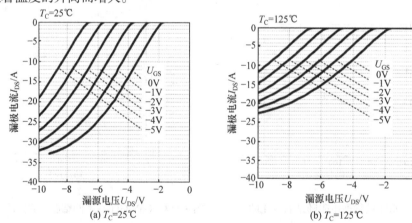

图 3.116　GaN GIT 在不同壳温下的第三象限导通特性

2. 开关特性及其参数

采用双脉冲测试电路对 GaN GIT 的开关特性进行测试，测试条件设置为：直流母线电压 U_{DC}=500V，负载电流 I_L=8A，结温 T_j=25℃。测得的 GaN GIT 开关波形如图 3.117 所示，根据开关波形可得 GaN GIT 器件的开关时间。如图 3.118 所示为不同结温和负载电流时 GaN GIT 的开关时间，当负载电流增大时，GaN GIT 的开通时间会变长，而关断时间会变短。当器件结温升高时，GaN GIT 的开通时间和关断时间均略有变长。

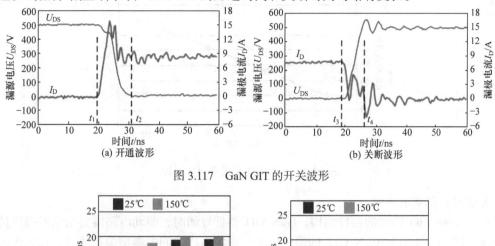

(a) 开通波形　　　　　　　　　　　(b) 关断波形

图 3.117　GaN GIT 的开关波形

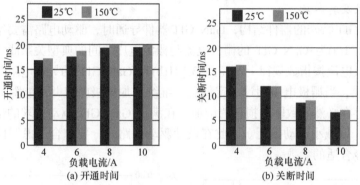

(a) 开通时间　　　　　　　　　　　(b) 关断时间

图 3.118　不同结温和负载电流时 GaN GIT 的开关时间

　　根据开关波形可得出 GaN GIT 的开关能量损耗，如图 3.119 所示。当负载电流增大时，GaN GIT 的开通能量损耗会随之增大，关断能量损耗会略有减小。负载电流较小时，开通能量损耗与负载电流近似呈线性关系；负载电流较大时，两者不再呈正比关系。当器件结温升高时，GaN GIT 的开通能量损耗会略有减小，而关断能量损耗会略有增大。

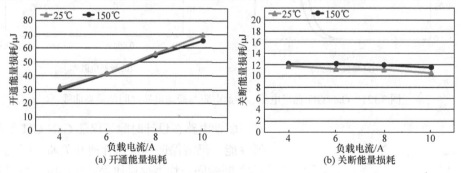

(a) 开通能量损耗　　　　　　　　　　(b) 关断能量损耗

图 3.119　不同结温和负载电流时 GaN GIT 的开关能量损耗

　　器件本身和电路带来的寄生电感，会使 GaN GIT 在关断时出现电压尖峰，如图 3.120 所示为直流母线电压 $U_{DC}=500V$，不同负载电流下 GaN GIT 的关断电压过冲。当负载电流增大时，GaN GIT 的关断电压过冲也会随之增大。

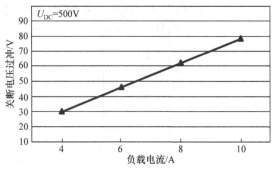

图 3.120　GaN GIT 的关断电压过冲

3. 驱动特性及其参数

由于 GaN GIT 特殊的器件结构，GaN GIT 器件导通时，驱动电路需要给栅极提供持续的电流。图 3.121(a)为 GaN GIT 的栅极电流与栅源电压之间的典型关系曲线，随着栅源电压的增大，栅极电流按指数规律上升。图 3.121(b)为 GaN GIT 的导通电阻与栅极电流之间的典型关系曲线，当栅极电流超过一定值后，继续增加栅极电流并不能降低导通电阻。栅极持续电流的存在必然导致驱动损耗的增加，在满足 GaN GIT 驱动要求的情况下，栅极电流应尽可能小，以减小驱动损耗。因此在设计驱动电路时，要综合考虑器件的导通电阻与驱动损耗，选择合适的参数。

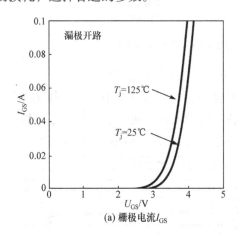

(a) 栅极电流 I_{GS}

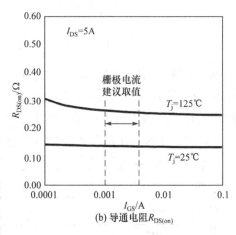

(b) 导通电阻 $R_{DS(on)}$

图 3.121　GaN GIT 栅极电流、导通电阻与栅源电压之间的关系曲线

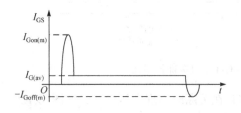

图 3.122　GaN GIT 栅极驱动电流典型波形

驱动电路在设计时除了保证 GaN GIT 的稳态导通性能，仍需保证其快速开通和关断，因此在其开通/关断瞬间，均需提供比稳态驱动电流高得多的电流脉冲以加快开关速度。综合起来，GaN GIT 的栅极驱动电流典型波形如图 3.122 所示。Infineon 公司推出的 CoolGaN 器件，其驱动特性与 Panasonic 公司推出的 GaN GIT 较为相似，这里不再赘述。

以上介绍的 GaN 器件与其驱动电路均是分立结构，但 GaN 器件对寄生参数较为敏感，因此为缩短 GaN 器件和驱动电路之间的距离，研究人员进一步把驱动电路和 GaN 器件集成在一起，开发出"集成驱动 GaN 器件"，有兴趣的读者可查阅相关资料作进一步了解。

3.4　本 章 小 结

为充分发挥器件的优势，必须深入了解其特性与参数。本章介绍了多种商用宽禁带电力电子器件的特性与参数。在介绍每种宽禁带器件特性和参数时，采用与相应 Si 器件对比说明的方式进行阐述，以便充分揭示宽禁带器件和 Si 器件特性与参数的异同。

本章首先分析了电力电子器件双稳态与双瞬态的基本工作状态，阐述了特性与参数关系，以及额定值与特征值的定义。

接着讨论了多种 SiC 器件和 GaN 器件的特性与参数，SiC 器件主要介绍了二极管、MOSFET、JFET 和 BJT；GaN 器件主要介绍了二极管、Cascode GaN HEMT、eGaN HEMT 和 GaN GIT。每种宽禁带器件均从导通、开关、阻态和驱动特性等方面进行了阐述。

对于 SiC 肖特基二极管，通过与 Si 基快恢复二极管的对比，阐述了 SiC 肖特基二极管无反向恢复损耗、导通压降呈正温度系数易于并联等特点。对于 SiC MOSFET，主要以目前相对较为成熟的 1200V SiC MOSFET 器件为例，通过与 Si 器件的对比，阐述了其栅极电压、导通电阻、结电容等方面的具体特点。对于 SiC JFET，主要阐述了耗尽型、增强型、级联型等多种 SiC JFET 器件的特性与参数。之后对 SiC BJT 的特性与参数进行了介绍。

对于 Cascode GaN HEMT，先对其各种工作模式进行了阐述，然后以额定电压为 600V 的器件为例，通过与相近定额 Si 器件的对比，阐述了其栅极电压、导通电阻、结电容等方面的具体特点。对于 eGaN HEMT，主要阐述了高压增强型器件的特性与参数。最后对 GaN GIT 的特性与参数进行了阐述。

值得说明的是，本章所阐述的宽禁带电力电子器件特性与参数均基于现有商用宽禁带器件总结而成，由于宽禁带器件处于快速发展中，随着器件制造工艺的发展和器件水平的提升，器件的某些特性和参数可能会获得较大改善，本章有些内容或许会显得有些过时，或被认为欠准确。因此读者在阅读本章内容掌握了现阶段宽禁带器件的基本特性与参数以及分析方法后，仍需结合宽禁带器件的最新发展，了解最新器件的特性与参数。

思考题和习题

3-1　画出 Si 基 PN 二极管的关断特性曲线，并解释什么是反向恢复过程以及反向恢复有何影响。

3-2　画出 Si 基 PN 二极管的开通特性曲线，并说明其开通过程的特点。

3-3　画出功率 MOSFET 的伏安特性，并说明几个典型工作区的特点。

3-4　说明电力电子器件额定电流分别采用环境额定和管壳额定来定义的区别。

3-5　对比说明相近定额 SiC SBD 与 Si FRD 反向恢复特性的差别。

3-6　结合具体器件型号说明 SiC MOSFET 驱动电压应如何选择。

3-7　比较说明相近定额 SiC MOSFET 体二极管、Si MOSFET 体二极管与 SiC SBD 反向恢复电荷的差异。

3-8   比较说明耗尽型、增强型、级联型三种 SiC JFET 的开通条件的异同。

3-9   归纳说明增强型 SiC JFET 反向导通的特点。

3-10   说明 Cascode SiC JFET 稳态工作时有哪几种典型模态。

3-11   SiC BJT 反偏安全工作区有什么特点?

3-12   GaN 基二极管是否具有雪崩击穿能力?

3-13   有人说:Cascode GaN HEMT 的反向恢复电荷主要由 Si MOSFET 体二极管反向恢复电荷决定。你认为这种说法是否正确,并分析说明原因。

3-14   eGaN HEMT 反向导通时有"类体二极管"特性,说明这样表述的原因。

3-15   画出 GaN GIT 的等效电路,并说明其在开通过程中栅极电路的工作原理。

第4章 基于宽禁带电力电子器件的单管和桥臂电路
工作原理

单管电路和桥臂电路是最基本的电力电子变换器拓扑,本章首先基于 SiC MOSFET 介绍其单管电路的工作原理,阐述其工作特性。接着介绍实际电路中的非理想因素,着重探讨非理想因素对开关过程的影响。针对桥臂电路,对其直通现象、死区设置、桥臂串扰、死区续流等关键问题进行阐述,对典型宽禁带电力电子器件在桥臂电路中的续流工作模式进行分析探讨,阐述第三象限工作特性及各种工作模式的优缺点。

4.1 单管电路开关过程及特性分析

4.1.1 单管电路开关过程分析

本节以图 4.1 所示的单开关管电路为例,分析 SiC MOSFET 在感性负载条件下的理想开通和关断过程。

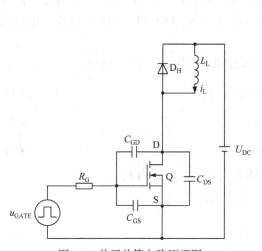

图 4.1 单开关管电路原理图

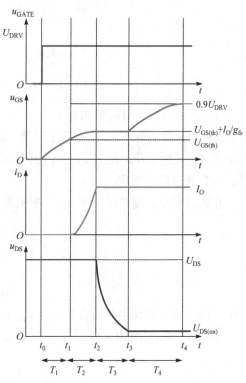

图 4.2 感性负载下 SiC MOSFET 理想开通过程原理波形

　　在分析开通和关断过程之前，做出如下假设以简化分析过程：①忽略二极管的损耗，电感电流在开关管关断时保持不变；②不考虑续流二极管的正向压降和结电容，视作理想二极管；③栅极驱动电路为理想阶跃电压源，高电平为 U_{DRV}，低电平为 0；④不考虑电路中的寄生参数和 SiC MOSFET 器件封装引起的寄生电感等。

　　SiC MOSFET 的开通过程大致分为四个阶段，其工作原理波形和各阶段电路模态分别如图 4.2 和图 4.3 所示。在图 4.3 中，符号 u_{DS}、u_{GS} 和 i_D 后面所标的上升、下降与向右的箭头分别代表增大、减小与不变。

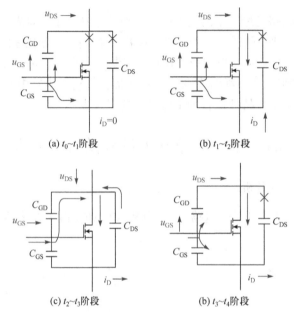

图 4.3　SiC MOSFET 开通过程各阶段等效电路

(1) $t_0 \sim t_1$ 阶段，对应图 4.3(a)。

　　t_0 时刻，驱动电压 u_{GATE} 从零上升至 U_{DRV}，给 SiC MOSFET 的输入电容 C_{iss} 充电，栅源极电压 u_{GS} 开始上升，在 u_{GS} 达到阈值电压 $U_{GS(th)}$ 之前，SiC MOSFET 的漏极还没有电流流过，即为开通延迟过程。

　　在此过程中，栅源极电压 u_{GS}、漏极电流 i_D 和漏源极电压 u_{DS} 可以表示为

$$u_{GS} = U_{DRV}\left(1 - e^{-t/T_G}\right) \tag{4.1}$$

$$i_D = 0 \tag{4.2}$$

$$u_{DS} = U_{DC} \tag{4.3}$$

式中，栅极电路的充电时间常数 $T_G = R_G \cdot C_{iss}$；输入电容 $C_{iss} = C_{GD} + C_{GS}$。

　　t_1 时刻，u_{GS} 达到开通阈值电压 $U_{GS(th)}$，开通延迟时间 T_1 为

$$T_1 = -T_G \cdot \ln\left(1 - \frac{U_{GS(th)}}{U_{DRV}}\right) \tag{4.4}$$

(2) $t_1 \sim t_2$ 阶段，对应图 4.3(b)。

上一阶段结束时，栅源极电压已达到阈值电压，漏极开始有电流流通，由于 SiC MOSFET 工作在饱和区，漏极电流由栅源极间电压决定，所以有

$$i_{\mathrm{D}} = g_{\mathrm{fs}} \left(u_{\mathrm{GS}} - U_{\mathrm{GS(th)}} \right) \tag{4.5}$$

负载电流从续流二极管开始换流到 SiC MOSFET 的沟道，但在二极管关断之前，漏源极间电压仍然保持不变，即

$$u_{\mathrm{DS}} = U_{\mathrm{DC}} \tag{4.6}$$

驱动电压仍在给输入电容充电，栅源极间电压满足：

$$u_{\mathrm{GS}} = U_{\mathrm{DRV}} \left(1 - \mathrm{e}^{-t/T_{\mathrm{G}}} \right)$$

t_2 时刻，负载电流换流完成，续流二极管关断，漏极电流上升至负载电流，当 $i_{\mathrm{D}} = I_{\mathrm{O}}$ 时由式(4.5)可得 $u_{\mathrm{GS}} = U_{\mathrm{plateau}} = U_{\mathrm{GS(th)}} + I_{\mathrm{O}}/g_{\mathrm{fs}}$，代入式(4.1)解得

$$T_2 = R_{\mathrm{G}} C_{\mathrm{iss}} \ln \frac{U_{\mathrm{DRV}} - U_{\mathrm{TH}}}{U_{\mathrm{DRV}} - U_{\mathrm{plateau}}} \tag{4.7}$$

(3) $t_2 \sim t_3$ 阶段，对应图 4.3(c)。

在此阶段内，漏极电流不变，栅源极间电压也不变，栅极电流不再给电容 C_{GS} 充电，而是经 C_{GD} 给栅漏电容放电，使得漏极电位下降。栅极电流与流经 C_{GD} 的电流大小相等，有

$$\frac{U_{\mathrm{DRV}} - u_{\mathrm{GS}}}{R_{\mathrm{G}}} = -C_{\mathrm{GD}} \cdot \frac{\mathrm{d} u_{\mathrm{DS}}}{\mathrm{d} t} \tag{4.8}$$

联立式(4.1)、式(4.5)、式(4.8)可得

$$u_{\mathrm{DS}} = U_{\mathrm{DC}} - \left[\frac{U_{\mathrm{DRV}} - (U_{\mathrm{TH}} + I_{\mathrm{O}}/g_{\mathrm{fs}})}{R_{\mathrm{G}} \cdot C_{\mathrm{GD}}} (t - T_1 - T_2) \right] \tag{4.9}$$

t_3 时刻，u_{DS} 下降到 $U_{\mathrm{DS(on)}}$，可得

$$U_{\mathrm{DS(on)}} = I_{\mathrm{O}} \cdot R_{\mathrm{DS(on)}} \tag{4.10}$$

$$T_3 = U_{\mathrm{DC}} \cdot \frac{R_{\mathrm{G}} \cdot C_{\mathrm{GD}}}{U_{\mathrm{DRV}} - (U_{\mathrm{GS(th)}} + I_{\mathrm{O}}/g_{\mathrm{fs}})} = \frac{R_{\mathrm{G}} \cdot Q_{\mathrm{GD}}}{U_{\mathrm{DRV}} - U_{\mathrm{plateau}}} \tag{4.11}$$

(4) $t_3 \sim t_4$ 阶段，对应图 4.3(d)。

当 u_{DS} 下降到 $U_{\mathrm{DS(on)}}$ 时，SiC MOSFET 进入放大区，$i_{\mathrm{D}} = I_{\mathrm{O}}$，驱动电压 u_{GATE} 继续给栅极电容充电，u_{GS} 电压继续上升，满足：

$$u_{\mathrm{GS}} = U_{\mathrm{DRV}} \left[1 - \mathrm{e}^{-(t - t_3)/T_{\mathrm{G}}} \right] \tag{4.12}$$

当 u_{GS} 达到 $0.9 U_{\mathrm{DRV}}$ 时，有

$$T_4 = 2.303 T_{\mathrm{G}} - (T_1 + T_2) \tag{4.13}$$

与开通过程类似，关断过程也可以分为四个阶段，其工作原理波形和各阶段电路模态分

别如图 4.4、图 4.5 所示。

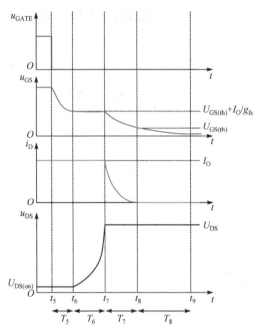

图 4.4　感性负载下 SiC MOSFET 理想关断过程
原理波形

(1) $t_5 \sim t_6$ 阶段，对应图 4.5(a)。

t_5 时刻，驱动电压 u_{GATE} 下降为低电平，u_{GS} 开始下降，C_{iss} 放电。由于沟道电阻的增加，u_{DS} 稍有增大，漏极电流保持不变，所以此时 SiC MOSFET 仍在完全导通状态，即

$$u_{\text{DS}} = R_{\text{DS(on)}} \cdot I_{\text{O}} \tag{4.14}$$

$$i_{\text{D}} = I_{\text{O}} \tag{4.15}$$

$$u_{\text{GS}} = U_{\text{DRV}} \cdot e^{-t/T_{\text{G}}} \tag{4.16}$$

当 u_{GS} 下降到密勒平台电压时，此阶段结束。t_6 时刻，$u_{\text{GS}} = U_{\text{GS(th)}} + I_{\text{O}}/g_{\text{fs}}$，关断延迟时间为

$$T_5 = -T_{\text{G}} \cdot \ln\left(\frac{U_{\text{GS(th)}} + I_{\text{O}}/g_{\text{fs}}}{U_{\text{DRV}}}\right) \tag{4.17}$$

(2) $t_6 \sim t_7$ 阶段，对应图 4.5(b)。

t_6 时刻，当 u_{GS} 下降到 $U_{\text{GS(th)}} + I_{\text{O}}/g_{\text{fs}}$ 时，SiC MOSFET 从线性区进入饱和区。在 u_{DS} 降压过程中，为给 SiC MOSFET 提供负载电流，u_{GS} 保持不变，漏极电流保持为

$$i_{\text{D}} = I_{\text{O}} \tag{4.18}$$

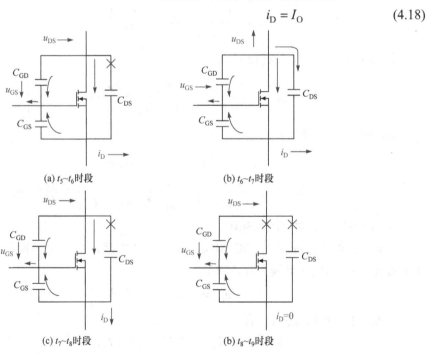

(a) $t_5 \sim t_6$ 时段　　　　　　(b) $t_6 \sim t_7$ 时段

(c) $t_7 \sim t_8$ 时段　　　　　　(b) $t_8 \sim t_9$ 时段

图 4.5　SiC MOSFET 关断过程中各阶段等效电路

在这一阶段驱动电流不给栅极电容 C_{GS} 放电，而是经 C_{GD} 给栅漏电容充电，使漏极电位

上升，流经 C_{GD} 上的电流与栅极电流相等，有

$$-\frac{u_{GS}}{R_G} = C_{GD} \cdot \frac{\mathrm{d}u_{DS}}{\mathrm{d}t} \tag{4.19}$$

对 u_{DS} 积分得

$$u_{DS} = \frac{U_{GS(th)} + I_O/g_{fs}}{C_{GS} \cdot R_G}(t - T_5) \tag{4.20}$$

t_7 时刻，当 u_{DS} 上升至 U_{DC}，可得

$$T_7 = \frac{U_{DC} \cdot C_{GD} \cdot R_G}{U_{GS(th)} + I_O/g_{fs}} \tag{4.21}$$

(3) $t_7 \sim t_8$ 阶段，对应图 4.9(c)。

t_7 时刻，漏源极电压上升到直流母线电压，续流二极管开始导通，给负载电流分流，漏源极电压 u_{DS} 被钳位于母线电压 U_{DC}。SiC MOSFET 的输入电容 C_{iss} 继续放电，u_{GS} 仍以指数规律下降：

$$u_{GS} = \left(U_{GS(th)} + I_O/g_{fs}\right) \cdot \mathrm{e}^{\frac{-(t - T_5 - T_6)}{T_G}} \tag{4.22}$$

SiC MOSFET 工作于饱和区，漏极电流由栅源极电压决定：

$$i_D = g_{fs}\left(u_{GS} - U_{GS(th)}\right)$$

t_8 时刻，u_{GS} 下降到 $U_{GS(th)}$，沟道截止。有

$$T_8 = T_G \cdot \ln\left(\frac{U_{GS(th)} + I_O/g_{fs}}{U_{GS(th)}}\right) \tag{4.23}$$

(4) $t_8 \sim t_9$ 阶段，对应图 4.5(d)。

t_8 时刻沟道截止，漏极电流为零，漏源极电压 $u_{DS}=U_{DC}$，SiC MOSFET 关断过程完成。但是栅极输入电容中仍有电荷继续放电，栅源极电压 u_{GS} 继续下降，有

$$u_{GS} = \left(U_{GS(th)} + I_O/g_{fs}\right) \cdot \mathrm{e}^{\frac{-(t - T_5 - T_6)}{T_G}} \tag{4.24}$$

当 u_{GS} 下降至 $0.1U_{DRV}$ 时，可得

$$T_8 = 2.303T_G - (T_5 + T_7) \tag{4.25}$$

图 4.6 为 SiC MOSFET 带感性负载开关过程中的工作轨迹。

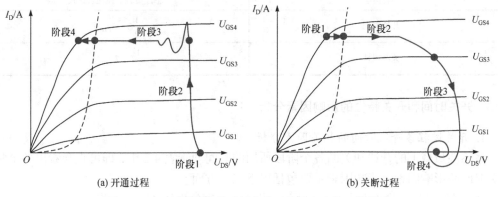

图 4.6　SiC MOSFET 带感性负载开关过程中的工作轨迹

4.1.2　开关时间与开关损耗的定义

开通时间 t_{ON} 一般定义为从漏极电流上升至额定电流的 10%到漏源电压下降至额定电压的 10%所用的时间，同样地，关断时间 t_{OFF} 定义为漏源电压上升至额定值的 10%到漏极电流下降为额定值的 10%所用的时间，在开通时间 t_{ON} 内漏源极电压和漏极电流乘积的积分为开通能量，在关断时间 t_{OFF} 内漏源极电压和漏极电流乘积的积分为关断能量。开通能量与关断能量表达式分别为

$$E_{ON} = \int_{t_1}^{t_3} i_D(t) u_{DS}(t) dt \tag{4.26}$$

$$E_{OFF} = \int_{t_6}^{t_8} i_D(t) u_{DS}(t) dt \tag{4.27}$$

开通能量、关断能量指的是一次开通、关断动作过程中所对应的能量。而开通、关断损耗是指每周期的开通能量、关断能量。开通和关断损耗可表示为

$$P_{ON} = f_s \cdot \int_{t_1}^{t_3} i_D(t) u_{DS}(t) dt \tag{4.28}$$

$$P_{OFF} = f_s \cdot \int_{t_6}^{t_8} i_D(t) u_{DS}(t) dt \tag{4.29}$$

式中，f_s 为开关频率。图 4.7 为感性负载下开关过程电压电流交叠示意图。为便于计算，图中做了线性化处理。感性负载下开关损耗表达式列于表 4.1。需要注意的是，不同负载下的损耗表达式有所不同。一般而言，感性负载下的开关损耗会大于纯阻性负载下的开关损耗。

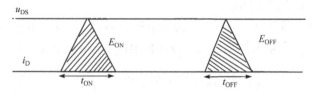

图 4.7　感性负载下开关过程电压电流交叠示意图

表 4.1　感性负载下开关损耗表达式

损耗类型	感性负载下损耗表达式
开通损耗	$\frac{1}{2} U_{DC} I_o t_{ON} f_s$
关断损耗	$\frac{1}{2} U_{DC} I_o t_{OFF} f_s$

4.1.3　开关时间和开关特性的影响因素分析

1. 开关过程各阶段时间的相关因素分析

将感性负载下的开通和关断各个阶段所用的时间列于表 4.2 中，即可直观看出各个阶段开关时间的影响因素。影响因素主要包括以下三个方面。

(1) 器件参数：输入电容 C_{iss}、栅漏电荷 Q_{GD}、阈值电压 $U_{GS(th)}$、跨导 g_{fs}。

(2) 电路参数：驱动电阻 R_G 和驱动电压 U_{DRV}。

(3) 工况条件：负载大小 I_O 和输入电压 U_{DC}。

表 4.2　感性负载下 MOSFET 开关过程时间

开通过程		阶段 1(T_1)	阶段 2(T_2)	阶段 3(T_3)	阶段 4(T_4)
各阶段时间		$R_G \cdot C_{iss} \cdot \ln \dfrac{U_{DRV}}{U_{DRV}-U_{GS(th)}}$	$R_G \cdot C_{iss} \cdot \ln \dfrac{U_{DRV}}{U_{DRV}-U_{plateau}}$	$\dfrac{Q_{GD} \cdot R_G}{U_{DRV}-U_{plateau}}$	$2.3R_G \cdot C_{iss}-(T_1+T_2)$
影响因素	器件参数	C_{iss}	C_{iss}、g_{fs}	Q_{GD}、g_{fs}	—
	电路参数	R_G、U_{DRV}	R_G、U_{DRV}	R_G、U_{DRV}	—
	工作条件		I_O	I_O、U_{DC}	—
关断过程		阶段 1(T_5)	阶段 2(T_6)	阶段 3(T_7)	阶段 4(T_8)
各阶段时间		$R_G \cdot C_{iss} \cdot \ln \dfrac{U_{DRV}}{U_{plateau}}$	$\dfrac{Q_{GD} \cdot R_G}{U_{plateau}}$	$R_G \cdot C_{iss} \cdot \ln \dfrac{U_{plateau}}{U_{GS(th)}}$	$2.3R_G C_{iss}-(T_5+T_7)$
影响因素	器件参数	C_{iss}、g_{fs}	Q_{GD}、g_{fs}	C_{iss}、g_{fs}	—
	电路参数	R_G、U_{DRV}	R_G	R_G	—
	工作条件	I_O	I_O、U_{DC}	I_O	—

2. 开通/关断时间及损耗的影响分析

感性负载下 MOSFET 开通时间和关断时间、开通损耗和关断损耗的影响因素及其影响分析列于表 4.3 中。

表 4.3　感性负载下 MOSFET 开通时间和关断时间、开通损耗和关断损耗的影响因素及其影响分析

开关特性	影响因素		分析	相互关系
开通时间	器件参数	栅源极电容 C_{GS}	C_{GS}增加，开通时间变长	正相关
		栅漏极电容 C_{GD}	C_{GD}增加，开通时间变长	正相关
	电路参数	驱动电阻 R_G	R_G增加，开通时间变长	正相关
		驱动电压 U_{DRV}	U_{DRV}增加，开通时间变短	逆相关
	工况参数	负载大小 I_O	负载增加，开通时间变长	正相关
		输入电压 U_{DC}	U_{DC}增加，开通时间变长	正相关*
关断时间	器件参数	栅源极电容 C_{GS}	C_{GS}增加，关断时间变长	正相关
		栅漏极电容 C_{GD}	C_{GD}增加，关断时间变长	正相关
	电路参数	驱动电阻 R_G	R_G增加，关断时间变长	正相关
		驱动电压 U_{DRV}	U_{DRV}增加，关断时间变长	正相关
	工况参数	负载大小 I_O	负载增加，电压上升时间变短，电流下降时间变长，关断时间不定	关系不定
		输入电压 U_{DC}	U_{DC}增加，关断时间变长	正相关*
开通损耗	器件参数	栅源极电容 C_{GS}	C_{GS}增加，开通损耗增加	正相关
		栅漏极电容 C_{GD}	C_{GD}增加，开通损耗增加	正相关
	电路参数	驱动电阻 R_G	R_G增加，开通损耗增加	正相关
		驱动电压 U_{DRV}	U_{DRV}增加，开通损耗变小	逆相关
	工况参数	负载大小 I_O	负载增加，开通损耗增加	正相关
		输入电压 U_{DC}	U_{DC}增加，开通损耗增加	正相关

续表

开关特性	影响因素		分析	相互关系
关断损耗	器件参数	栅源极电容 C_{GS}	C_{GS} 增加，关断损耗增加	正相关
		栅漏极电容 C_{GD}	C_{GD} 增加，关断损耗增加	正相关
	电路参数	驱动电阻 R_G	R_G 增加，关断损耗增加	正相关
		驱动电压 U_{DRV}	U_{DRV} 增加，关断损耗增加	正相关
	工况参数	负载大小 I_O	负载增加，损耗不确定	关系不定
		输入电压 U_{DC}	U_{DC} 增加，关断损耗增加	正相关

*未考虑非线性因素的影响。

4.1.4　di/dt、du/dt 的影响因素分析

表示 MOSFET 开通、关断过程漏极电流变化率 di/dt 和漏源电压变化率 du/dt 的电路示意图分别如图 4.8、图 4.9 所示，决定漏极电流变化率和漏源电压变化率的电路因素主要是驱动电路。

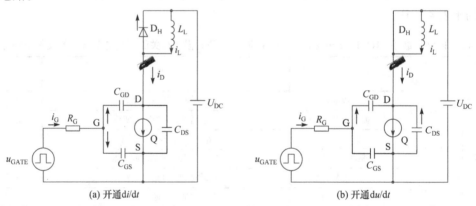

(a) 开通di/dt　　　　　　　　　　(b) 开通du/dt

图 4.8　表示 MOSFET 开通过程漏极电流变化率 di/dt 和漏源电压变化率 du/dt 的电路示意图

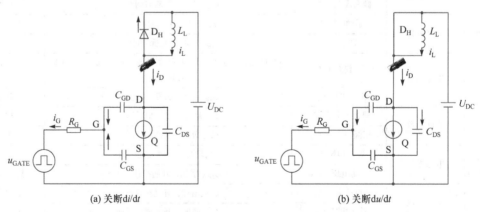

(a) 关断di/dt　　　　　　　　　　(b) 关断du/dt

图 4.9　表示 MOSFET 关断过程漏极电流变化率 di/dt 和漏源电压变化率 du/dt 的电路示意图

在饱和区工作时漏极电流满足 $i_D = g_{fs}\left[u_{GS}(t) - U_{GS(th)}\right]$，所以漏极电流的变化取决于栅源极电压的变化，栅源极电压的变化与驱动电压 U_{DRV}、驱动电阻 R_G 和输入电容 C_{iss} 有关。

漏源电压变化率 du/dt 表面上与 C_{DS} 的充放电速度有关，但实际上 C_{DS} 的充放电速度受到 C_{GD} 上电压变化的制约，C_{GD} 的充放电由驱动电路主导，所以漏源电压变化率 du/dt 的电路影响因素也是驱动电路。

感性负载下 MOSFET 开关过程中 di/dt、du/dt 的影响因素列于表 4.4 中，di/dt、du/dt 的影响规律分析列于表 4.5 中，在开通过程中，当到达密勒平台后，栅极电流经 C_{GD} 给漏极"放电"，使得漏极电位下降，其下降速度取决于 $(U_{DRV} - U_{plateau})/(R_G C_{GD})$。$C_{GD}$ 越小，U_{DRV} 越高，R_G 越小，负载越轻，开通 du/dt 越大；反之开通 du/dt 越小。

在关断过程中，当到达密勒平台后，栅极电流经 C_{GD} 给漏极"充电"，使得漏极电位上升，其上升速度取决于 $(U_{plateau} - U_{DRV-})/(R_G C_{GD})$。$C_{GD}$ 越小，U_{DRV-}(若有负压)负压值越高，R_G 越小，负载越重，关断 du/dt 越大；反之关断 du/dt 越小。

表 4.4　感性负载下 MOSFET 开关过程中 di/dt、du/dt 的影响因素

开通过程		开通过程 di/dt	开通过程 du/dt
电流电压上升下降时间		$R_G C_{iss} \ln \dfrac{U_{DRV} - U_{GS(th)}}{U_{DRV} - U_{plateau}}$	$\dfrac{Q_{GD} \cdot R_G}{U_{DRV} - U_{plateau}}$
影响因素	器件参数	C_{iss}	Q_{GD}
	电路参数	R_G、U_{DRV}	R_G、U_{DRV}
	工况条件	I_o	I_o
关断过程		关断过程 di/dt	关断过程 du/dt
电流电压上升下降时间		$R_G C_{iss} \ln \dfrac{U_{plateau} - U_{DRV-}}{U_{GS(th)} - U_{DRV-}}$ *	$\dfrac{Q_{GD} \cdot R_G}{U_{plateau} - U_{DRV-}}$ *
影响因素	器件参数	C_{iss}	Q_{GD}
	电路参数	R_G、U_{DRV}	R_G、U_{DRV}
	工况条件	I_o	$\dfrac{1}{I_o/g_{fs}}$

*U_{DRV-}为驱动负压值。

表 4.5　感性负载下 MOSFET 开关过程中 di/dt、du/dt 的影响规律分析

开关特性	影响因素		分析	相互关系	备注
开通 di/dt	器件参数	栅源极电容 C_{GS}	C_{GS} 减小，di/dt 变大	逆相关	
		栅漏极电容 C_{GD}	C_{GD} 减小，di/dt 变大	逆相关	
	电路参数	驱动电阻 R_G	R_G 减小，di/dt 变大	逆相关	
		驱动电压 U_{DRV}	U_{DRV} 增加，di/dt 变大	正相关	
	工况参数	负载大小 I_o	负载越重，电流上升时间变长，di/dt 基本不变	基本无关	

续表

开关特性	影响因素		分析	相互关系	备注
开通 du/dt	器件参数	栅漏极电容 C_{GD}	C_{GD} 减小，du/dt 变大	逆相关	
	电路参数	驱动电阻 R_G	R_G 减小，du/dt 变大	逆相关	
		驱动电压 U_{DRV}	U_{DRV} 增加，du/dt 变大	正相关	
	工况参数	负载大小 I_O	负载越轻，du/dt 变小	正相关	
关断 di/dt	器件参数	栅源极电容 C_{GS}	C_{GS} 越小，关断 di/dt 越大	逆相关	
		栅漏极电容 C_{GD}	C_{GD} 越小，关断 di/dt 越大	逆相关	
	电路参数	驱动电阻 R_G	R_G 越小，关断 di/dt 越大	逆相关	
		驱动电压 U_{DRV}	U_{DRV} 负压值越高，关断 di/dt 越大	正相关	
	工况参数	负载大小 I_O	负载越重，电流下降时间变长，di/dt 基本不变	基本无关	
关断 du/dt	器件参数	栅源极电容 C_{GS}	C_{GS} 越小，关断 du/dt 越大	逆相关	
		栅漏极电容 C_{GD}	C_{GD} 越小，关断 du/dt 越大	逆相关	
	电路参数	驱动电阻 R_G	R_G 越小，关断 du/dt 越大	正相关	
		驱动电压 U_{DRV}	U_{DRV} 负压值越高，关断 du/dt 越大	逆相关	
	工况参数	负载大小 I_O	负载越重，关断 du/dt 越大	正相关	

4.2　理想与实际开关器件和 PCB 的区别

4.2.1　器件寄生参数

在电力电子技术学习初期，为了认知电力电子变换器的工作过程，往往会忽略一些非线性因素和寄生参数。但进入实际设计阶段时，必须考虑电路中的实际因素，特别是元器件的非线性特性与寄生参数、PCB 引入的寄生参数等，从而对变换器实际工作过程有更深入的了解，便于更加准确有效地设计、制作电力电子变换器。

图 4.10(a)为 N 沟道 MOSFET 的电气符号，MOSFET 有三个极：栅极 G、源极 S、漏极 D。当在栅极和源极之间加一定正电压后，将会形成 N 沟道，从而使得电流可以从漏极流向源极(或从源极流向漏极，电流方向取决于外电路)。图 4.10(b)为 MOSFET 的实际等效电路模型。相较于理想等效电路模型，实际器件每个极的引脚都存在寄生电阻和寄生电感，极间还存在寄生电容。这些都统称为器件的寄生参数。

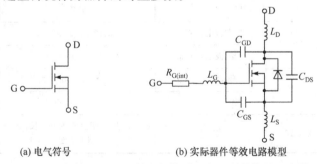

(a) 电气符号　　　　　(b) 实际器件等效电路模型

图 4.10　N 沟道 MOSFET 的电气符号和实际器件等效电路模型

　　图 4.11 为 SiC MOSFET(型号为 C2MD0160120D)器件的实物外形，该器件采用 TO-247 封装，表 4.6 为该器件寄生参数典型值。

图 4.11　SiC MOSFET 器件的实物外形

1-G
2-D
3-S

表 4.6　SiC MOSFET 器件寄生参数典型值
(以 TO-247 封装为例)

寄生参数		典型值
寄生电阻	$R_{G(int)}/\Omega$	6.5
寄生电感	L_G/nH	10
	L_D/nH	10
	L_S/nH	10
寄生电容	C_{GS}/pF	521
	C_{GD}/pF	4
	C_{DS}/pF	43

　　MOSFET 的极间寄生电容是影响其开关特性的主要因素之一，随着极间电容的增大，MOSFET 的开关过程会变长，开关损耗会增大。其中，C_{GD} 对开关过程中的 du/dt 影响最大，C_{GS} 对开关过程中的 di/dt 影响最大，C_{DS} 在关断时的储能会在 MOSFET 下次开通时释放，因此会在沟道中产生较大的开通脉冲电流。这些寄生电容还呈现非线性特性，随着 SiC MOSFET 漏源电压的不同，寄生电容值也会发生变化。如图 4.12 所示，为 SiC MOSFET 器件极间电容与漏源电压的关系曲线。在漏源电压增大的初期，C_{iss}、C_{oss} 和 C_{rss} 均随着电压的增大而迅速减小，随着电压的进一步增大，C_{iss} 基本不变，C_{oss} 和 C_{rss} 的下降速率减缓并趋于不变。

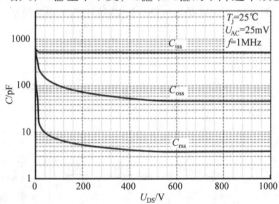

图 4.12　SiC MOSFET 器件极间电容与漏源电压的关系曲线

　　栅极寄生电阻 $R_{G(int)}$ 会影响 MOSFET 栅源电压 u_{GS} 的上升速率，从而影响 MOSFET 的开关速度。$R_{G(int)}$ 越大，MOSFET 栅源电压的上升速度、下降速度和开关速度越慢，开关损耗越大。

　　栅极电感 L_G 会影响 MOSFET 的栅源电压 U_{GS} 的上升、下降速率，并产生栅源电压振荡。漏极电感 L_D 会在 MOSFET 关断时产生漏极电压尖峰，增大器件电压应力。共源极电感 L_S 既出现在栅极回路之中，又出现在功率回路中，存在"负反馈"的效应。当功率回路中的电流发生变化时，会在共源极电感上产生感应电压，阻碍栅源电压 u_{GS} 的变化，延长开关时间，增大开关损耗。

相同定额的 SiC MOSFET 比 Si MOSFET 的结电容更小，开关速度更快，可工作在比 Si MOSFET 更高的开关频率下，但高频下寄生参数的影响也更为显著，因此在器件使用中，要充分考虑到这些寄生参数的影响。

可见，电路符号并不能很好地表征实际器件。实际器件仍需考虑寄生参数与非线性特性。与 SiC MOSFET 类似，其他功率器件也要考虑寄生参数问题。图4.13～图4.19分别列出二极管、IGBT、SiC BJT、Cascode SiC JFET、Cascode GaN HEMT、eGaN HEMT、GaN GIT 的电气符号和实际器件等效电路模型。

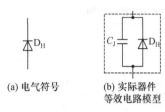

(a) 电气符号　　(b) 实际器件等效电路模型

图 4.13　二极管的电气符号和实际器件等效电路模型

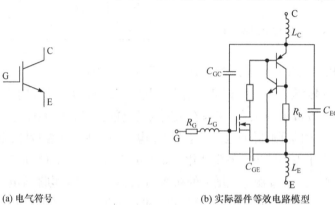

(a) 电气符号　　　　　　　(b) 实际器件等效电路模型

图 4.14　IGBT 的电气符号和实际器件等效电路模型

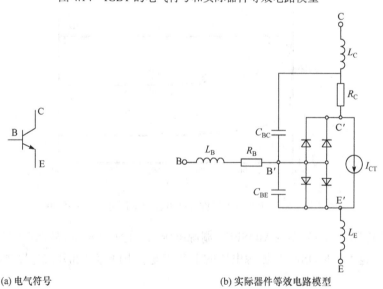

(a) 电气符号　　　　　　　(b) 实际器件等效电路模型

图 4.15　SiC BJT 的电气符号和实际器件等效电路模型

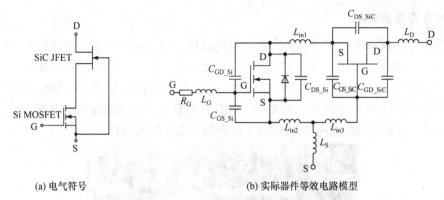

(a) 电气符号　　　　　　　　　(b) 实际器件等效电路模型

图 4.16　Cascode SiC JFET 的电气符号和实际器件等效电路模型

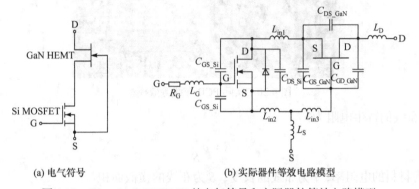

(a) 电气符号　　　　　　　　　(b) 实际器件等效电路模型

图 4.17　Cascode GaN HEMT 的电气符号和实际器件等效电路模型

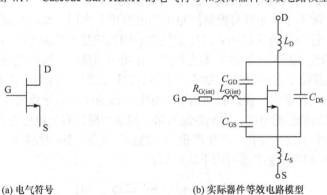

(a) 电气符号　　　　　　　　　(b) 实际器件等效电路模型

图 4.18　eGaN HEMT 的电气符号和实际器件等效电路模型

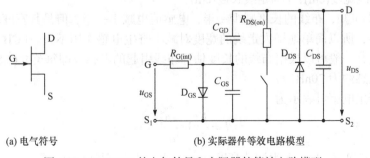

(a) 电气符号　　　　　　　　　(b) 实际器件等效电路模型

图 4.19　GaN GIT 的电气符号和实际器件等效电路模型

4.2.2　PCB 寄生参数

印制电路板(PCB)是电子元器件电气连接的载体，同时也是电子元器件的支撑体。在原理图中，连线一般被认为只起电气连接作用，并没有物理含义。但在实际 PCB 中，每个 PCB 走线不仅有电阻，而且会有自感，与周围的走线之间还会存在互感效应和电容效应。在如图 4.20 所示的实际 PCB 布线等效模型中，PCB 走线存在寄生电阻和寄生电感，相邻走线之间还存在寄生电容。因此实际 PCB 包含了复杂的寄生参数网络模型。

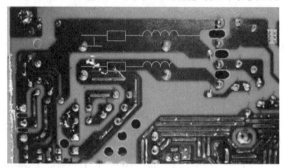

图 4.20　实际 PCB 布线等效模型

PCB 布线的寄生电阻为

$$R = \rho \frac{l}{S} \tag{4.30}$$

式中，ρ 为材料的电阻率；l 为布线的长度；S 为布线的横截面积。

对于功率回路，若 PCB 走线电阻大，会增加损耗；对于控制信号，若 PCB 走线电阻大，会抬高参考地的实际电平，并且与控制回路中的电容相互作用，增大控制信号的延时，影响采样信号的精度，进而影响反馈回路的控制效果。因此应尽可能减小 PCB 布线电阻。

PCB 布线的寄生电感对电路的影响比较大。在功率回路中，快速变化的电流会与寄生电感相互作用，引起线路中电压振荡和尖峰，增大线路中元器件，特别是开关器件的电压应力，同时也会对开关损耗有影响。在控制回路中，寄生电感的存在会导致采样、控制信号出现振荡，降低采样、控制信号的精度，影响控制效果。地线回路的寄生电感在有电流突然变化时，同样会使参考地的电平发生变化，产生严重的"地弹"现象，影响控制电路的正常工作。

PCB 上单根走线的寄生电感可用下式计算：

$$L = 2l \left(\ln \frac{2l}{w} + 0.5 + 0.2235 \frac{w}{l} \right) \text{nH} \tag{4.31}$$

式中，w 为走线宽度(cm)；l 为走线长度(cm)。

由式(4.31)可知，布线的长度减少一半，电感值也减小一半，但是其宽度增加 10 倍，电感值才能减半，所以简单地增大走线的宽度对减小寄生电感作用不大。PCB 布线寄生电感与其厚度无关，一般可以根据布线的长度估算布线引起的电感，即每英寸(2.54cm)长的布线引入的寄生电感约为 20nH。

过孔的寄生电感可表示为

$$L = \frac{h}{5} \left(\ln \frac{4h}{d} + 1 \right) \tag{4.32}$$

式中，L 为过孔电感(nH)；h 为过孔高度(mm)；d 为过孔直径(mm)。

由式(4.32)可见，过孔的高度对过孔寄生电感的影响较大。

双根走线若构成回路，其寄生电感值与走线的布置方式和电流方向有关。若想减小寄生电感，可采用交叉式布置或尽可能缩小回路面积布置。

PCB 上的相邻平行布线会引入寄生电容。功率回路中，布线引起的寄生电容会导致功率器件的开关速度降低、开关损耗增大。若功率回路布线与控制回路布线距离过近，功率回路布线上电压快速变化时，会在相邻的控制回路布线中产生电流信号，干扰控制回路中的信号。

以单管双脉冲电路为例进行说明，不考虑寄生参数的双脉冲测试电路如图 4.21(a)所示，Q_1 为 SiC MOSFET 开关管，L_L 为负载电感，D_H 为续流二极管，R_G 为开关管栅极驱动电阻，U_{DC} 为直流电源。考虑实际器件和实际电路 PCB 的寄生参数的双脉冲测试电路如图 4.21(b)所示，PCB 走线引入的寄生电感包括直流电源正负端引入的寄生电感 L_{DC1} 和 L_{DC2}、漏极引脚到二极管之间的走线电感 L_{D2}、栅极驱动电路到栅极引脚之间的走线电感 L_{G2}、源极引脚到地之间的走线电感 L_{S2} 等。图 4.21(c)为双脉冲电路板实物图。

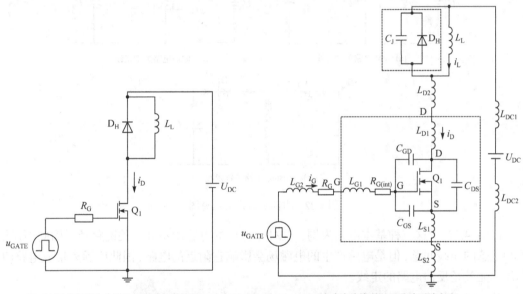

(a) 不考虑寄生参数的双脉冲测试电路　　　　　(b) 考虑寄生参数的双脉冲测试电路

(c) 双脉冲电路板实物图

图 4.21　考虑寄生参数及不考虑寄生参数的电路对比

4.2.3　开关回路的关键走线和开关节点

在设计电路之前，要了解变换器主功率电路的电流流通路径，在 PCB 制板时应特别注意这些走线的布线。在开关管开通和关断状态转换的瞬间，某些走线上的电流会发生瞬间变化，产生很高的电流突变(di/dt)，若线路过长或环路过大，则会因线路寄生电感引起较大的电压尖峰，这些有较陡电流突变的走线为关键走线。图 4.22 以 Buck、Boost、Buck-Boost 三类基本不隔离单管拓扑为例画出电路关键走线示意图，粗箭头表示开关管开通时的电流方向，细箭头表示开关管关断时的电流方向。只有一种箭头的走线上电流会发生电流突变，产生很高的 di/dt，即为关键走线；连接二极管、开关管和电感的公共节点上有电压突变，即为关键开关节点，在布局时应特别注意。

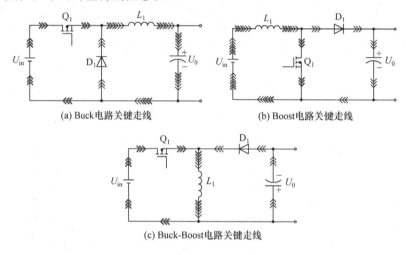

(a) Buck电路关键走线　　　　(b) Boost电路关键走线

(c) Buck-Boost电路关键走线

图 4.22　电路关键走线示意图

以图 4.22 中这三种基本电路为例，几种拓扑中的电感均不处于关键路径，因此不需要担心电感的布线问题，但是电感产生的电磁场会影响它附近的电路，因此应远离集成电路(IC)芯片，尤其是反馈电路的走线。

从关键开关节点到二极管的走线上电压是变动的，这些有较快电压突变(du/dt)的开关节点为关键节点，这一段走线可以看作一个导体，这个导体的尺寸如果足够大就会形成 E 型天线，因此应减少开关节点处的走线面积。因此，要避免大面积铺铜，唯一允许大面积铺铜的电压节点是接地点，其他走线(包括输入电源母线)都有可能因为寄生的高频噪声而产生严重的辐射效应。

减小走线电感最好的方法是缩短长度，而不是增加宽度，超过一定长度后再加宽走线并不能显著地减小电感，同样地，使用 1 盎司(1oz=28.35g)或者 2 盎司的铜层对电感的影响也不明显，所以当走线的长度不能进一步缩短时，可以通过将电流走线进向和返向并行的方法来减小电感。这一方法是基于电感储能的基本原理，电感之所以出现是因为电感中储存了能量，能量储存于磁场中，对外电路表现为电感，当磁场互消时，电感也随之消失。通过将两条走线平行放置，流过它们的电流大小相等而方向相反，从而使磁场大大削弱。当这两条平行走线在 PCB 的同一面上时，要靠得非常近，若使用双面 PCB，最好的办法就是将两条平行走线置于板子两面或者相邻层的相对位置，加强互耦作用以消去磁场。为增加磁场互消效果，这些走线应该尽量加宽些，使其有较大的相对面积。这种磁场互消布线方法已广泛应用于功率模块的内部布局、功率母排布线、PCB 布线等电路布局设计中。

对于多层板，通常的做法是将一层全部作为地，每个信号都有回路，随着谐波的增加，它的返回电流将不是沿着直流电阻最小的那条路径，而是沿着对应电感最小的路径返回，所以通过设置一层地，就能给返回电流提供阻抗最小的路径。此外，地线还可以将热量传递到另一方，还能吸收其上层走线的噪声，从一定程度上降低噪声和电磁干扰。如果地为了建立热岛或其他的形式路径，被分割成不规则的图形，电流的流动方式就会变得不规则，地线层的返回路径就不能直接对应上层的走线，此时地线就会起到天线的作用，产生 EMI。

4.3 感性负载下非理想开关过程及特性分析

4.3.1 寄生电感对单管开关过程的影响分析

开关器件相关的寄生电感主要包括栅极寄生电感、漏极寄生电感和源极寄生电感，这三类电感对开关过程和开关特性的影响有所区别。以下将给出具体阐述。

1. 栅极寄生电感影响分析

图 4.23 给出栅极回路等效电路及有/无栅极寄生电感的对比分析，在栅极回路中栅极寄生电感 L_G、驱动电阻 R_G 和输入电容 C_{iss} 串联谐振，有

$$\frac{u_{GS}}{u_{DRV}} = \frac{\dfrac{1}{sC_{iss}}}{sL_G + \dfrac{1}{sC_{iss}} + R_G} = \frac{1}{s^2 L_G C_{iss} + s R_G C_{iss} + 1} \tag{4.33}$$

$$f = \frac{1}{2\pi\sqrt{L_G C_{iss}}} \tag{4.34}$$

$$\zeta = \frac{R_G}{2}\sqrt{\frac{C_{iss}}{L_G}} \tag{4.35}$$

当没有栅极寄生电感时，栅极电压按指数规律上升；当有栅极寄生电感时，栅极电压出现振荡，且随着栅极寄生电感的增大，谐振频率降低，阻尼系数减小，谐振幅度增大。

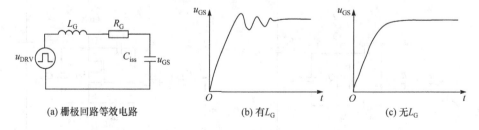

(a) 栅极回路等效电路　　　(b) 有 L_G　　　(c) 无 L_G

图 4.23　栅极回路等效电路及有/无栅极寄生电感的对比分析

2. 漏极寄生电感影响分析

考虑到漏极寄生电感 L_D 的存在，在开通过程漏极电流上升，di/dt 为正，在漏极寄生电感上引起如图 4.24(a)所示的上正下负的感应电动势，使得漏源极电压降低了 $L_D \cdot di/dt$。关断时在 L_D 上会感应出如图 4.24(b)所示的上负下正的感应电动势，该电动势叠加在漏源极间使得 u_{DS} 产生电压尖峰 $L_D \cdot di/dt$。由此可见，开通过程中漏极寄生电感降低了开关管两端承受电压，可略微减小开通损耗，但关断过程中，漏极寄生电感会引起电压尖峰，增加关断损耗，并增加开关管电压应力。

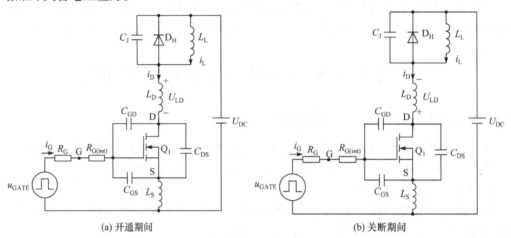

图 4.24　开通、关断期间 L_D 引起的感应电动势示意图

3. 源极寄生电感影响分析

开通时功率电路中变化的电流会在源极寄生电感 L_S 中感应出如图 4.25(a)所示的上正下负的感应电动势，关断时功率回路中变化的电流会在源极寄生电感 L_S 中感应出如图 4.25(b)所示的上负下正的感应电动势。感应电动势的出现，阻碍了栅源极间电压 u_{GS} 的变化，使得开通、关断时间变长，开关损耗增大。

图 4.26 给出了考虑寄生参数的开通和关断过程原理波形。虚线代表实际沟道电流。

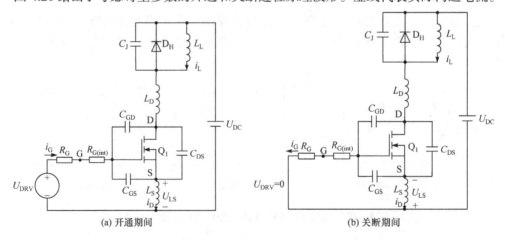

图 4.25　开通、关断期间 L_S 引起的感应电动势示意图

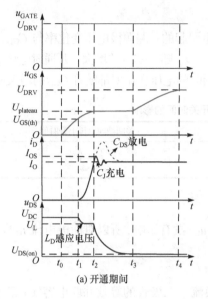
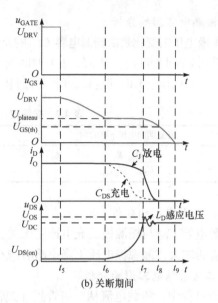

图 4.26 考虑寄生参数的开通和关断过程原理波形

寄生电感对单管开关特性的影响列于表 4.7。

表 4.7 寄生电感对单管开关特性的影响

不同类型寄生电感	开关速度	电压电流应力	开关损耗
L_G*	对电压电流变化率影响不大	对电压电流应力影响不大	对开关损耗影响较小
L_D	对电压电流变化率影响不大	L_D 增大，开通电压凹陷增大，关断电压尖峰增大，开关管电压应力增大	L_D 增大，开通损耗减小，关断损耗增大
L_S	L_S 增大，开通漏极电流上升速率 di/dt 减小，关断电流下降速率 di/dt 减小	L_S 增大，开通电流尖峰略有减小，关断电压尖峰略有减小	L_S 增大，开通损耗增大，关断损耗增大

*L_G 增大会引起栅极振荡幅度增大。

4.3.2 寄生电容对单管开关过程的影响分析

1. 栅源电容影响分析

由于在饱和区沟道电流 i_D 由栅源极电压决定，所以栅源极电容的充放电速度影响电流的上升和下降速率，开通和关断期间的电流上升、下降时间列于表 4.8 中。随着 C_{GS} 的增大，开通时电流上升时间变长，关断时电流下降时间变长，所以开通和关断时的电流变化率都随着 C_{GS} 的增大而减小。虽然开通和关断时的电流上升、下降时间与 C_{GS} 和 C_{GD} 都相关，但是一般均有 C_{GS} 远大于 C_{GD}，所以电流上升、下降速率主要由 C_{GS} 决定。

表 4.8 栅极电容对开关时间的影响

开通期间电流上升时间	关断期间电流下降时间
$R_G \cdot C_{iss} \ln \dfrac{U_{DRV} - U_{GS(th)}}{U_{DRV} - U_{plateau}}$	$R_G \cdot C_{iss} \ln \dfrac{U_{plateau}}{U_{GS(th)}}$

2. 栅漏电容影响分析

漏源极电压的变化是由栅漏电容 C_{GD} 的充放电引起的,漏源极电压变化率与 C_{GD} 的大小有关,开通和关断期间的电压下降、上升时间列于表 4.9。随着 C_{GD} 的增大,开通时电压下降时间变长,关断时电压上升时间变长,所以开通和关断时的电压变化率都随着 C_{GD} 的增大而减小。

表 4.9   栅漏电容对开关时间的影响

开通期间电压下降时间	关断期间电压上升时间
$\dfrac{Q_{GD} \cdot R_G}{U_{DRV} - U_{plateau}}$	$\dfrac{Q_{GD} \cdot R_G}{U_{plateau}}$

3. 漏源电容影响分析

漏源电容 C_{DS} 与栅源极的充电速度无关,对 u_{GS} 没有影响,所以对漏极电流 i_D 也无影响。随着 C_{DS} 的增大,漏源极电压下降率略有减小。

4. 二极管结电容影响分析

开通过程中,负载电流从二极管到开关管换流,二极管的等效并联电容 C_J 充电,充电电流使得漏极电流 i_D 上出现电流尖峰 I_{OS};关断过程中,在一定时段内,栅源极电压 u_{GS} 保持不变,漏源极电压缓慢上升,一部分负载电流给 C_J 放电,漏极电流下降。

寄生电容对开关过程和开关特性的影响列于表 4.10。

表 4.10   寄生电容对开关过程和开关特性的影响

不同类型寄生电容	开关速度	电压电流应力	开关损耗
C_{GS}	C_{GS} 增大,电流上升、下降斜率减小	对电压电流应力影响不大	C_{GS} 增大,开关损耗增大
C_{GD}	C_{GD} 增大,电压下降、上升斜率减小	对电压电流应力影响不大	C_{GD} 增大,开关损耗增大
C_{DS}	C_{DS} 增大,电压上升、下降斜率略有减小	对电压电流应力影响不大	C_{DS} 增大,开关损耗增大
C_J	C_J 增大,电压上升、下降斜率略有减小	C_J 增大,开通电流尖峰增大,关断电流凹陷	C_J 增大,开通损耗增大,关断损耗减小

4.3.3   寄生参数对 SiC MOSFET 开关特性的影响小结

根据以上寄生电感和寄生电容对 SiC MOSFET 开关特性的影响分析,可以分别从开关速度、电压电流应力、开关损耗和设计准则等方面得出以下结论。

1) 开关速度

SiC MOSFET 的开关过程主要与寄生电容的充放电有关。由于饱和区漏极电流取决于栅源极间电压,所以 C_{GS} 影响电流的变化速率,而 C_{GD} 影响电压的上升下降速率。除此以外,C_{DS} 的充电时间会影响电压的变化率,因为 C_{GD} 电压变化时 C_{DS} 两端的电压也有相应的变化。由于电感阻碍电流的变化,所以增大各部分寄生电感会降低电流的变化速率,但是对电压的变化速率没有影响。

2) 电压电流应力

从根本上来说,电压应力是由于关断时电流的下降率 di_D/dt 作用于寄生电感而引起的感应电压,电流应力是由于二极管的位移电流和反向恢复电流而产生的,即电压应力与 SiC MOSFET 的电流变化率正相关。尽管 L_D 增加能够降低电流的变化率,但是 di_D/dt 的减少量比 L_D 的增大程度要小。所以 L_D 增加的总体影响是电压应力增加,对第二个阶段(图 4.26(a)$t_1 \sim t_2$ 阶段)的电压幅值跌落的影响也是一样的。电流应力主要与 C_J 有关，C_J 使得 SiC MOSFET 开通瞬间二极管的反向恢复电流增加。

3) 开关损耗

在开关频率不变的情况下，影响开关损耗的因素有开通/关断的时间和 u_{DS} 及 i_D 的大小，其中，开通/关断的时间由开关速度决定；u_{DS} 及 i_D 的幅值受到电压/电流尖峰和跌落的影响。C_{GS}、C_{GD}、C_{DS}、L_S 和 R_G 增大均会减缓开关速度，延长开关瞬态过程，使得开关损耗增加。C_J 影响的是 i_D 幅值，随着 C_J 的增大，开通瞬间的电流应力增加，使得开通损耗增加，而关断瞬间的电流跌落增加，导致关断损耗减小，因此总体来说 C_J 对总开关损耗的影响不确定。L_D 影响 u_{DS} 的幅值，L_D 增加使得关断瞬间 u_{DS} 的尖峰增大，关断损耗增加，但是开通瞬间 u_{DS} 跌落幅度增大，开通损耗减少，所以 L_D 对开关损耗的影响也不确定。

4) 设计准则

总的来说，SiC MOSFET 的寄生参数对开关性能的影响很大，因此在进行器件选型和电路布局时需要特别注意寄生参数的影响。影响电压变化率最主要的因素包括 C_{GD}、C_{DS} 和 R_G，影响电流变化率最主要的因素包括 C_{GS}、L_S、L_D 和 R_G。

PCB 布线时要尽量减小寄生电感，其余的寄生参数也要尽可能小，才能达到更快的开关速度和更低的损耗。然而总的来说，开关损耗的减小必然是以振荡和器件应力的增加为代价的，这是在设计时需要折中考虑的。唯一既能减小开关损耗又能减少振荡的是 L_S，因此在 PCB 布线时，要使 L_S 尽可能小。

当 SiC MOSFET 和二极管选型结束，电路布局也完成时，所有寄生参数的大小也就已经确定了。这时唯一能够改变开关特性的参数就是驱动电阻 R_G，通常的做法是通过设置驱动电阻在一定范围内变化，来调节开关损耗和器件应力。在选择驱动电阻 R_G 时需要考虑的是开通损耗和电流应力的折中，以及关断损耗和电压应力的折中。鉴于此，可以对开通驱动电阻和关断驱动电阻分别进行设置来调节开关性能。如果开关管能承受的电压或电流应力较小，则需要以较大的开通损耗为代价；如果开通或关断损耗的减小是需要优先考虑的部分，则器件需要承受较大的开关应力。

为便于统筹考虑，开关特性的影响因素及其具体影响分析在表 4.11 中列出。

表 4.11　开关特性的影响因素及其具体影响分析

开关特性		影响因素	影响机理	分析	相互关系
栅极振荡		L_G	栅极回路中栅极寄生电感 L_G、驱动电阻 R_G 和输入电容 C_{iss} 串联谐振	L_G 增大，栅极振荡幅度增大	正相关
开通速度	du/dt	C_{GD}	C_{GD} 减小，电压下降时间变短	C_{GD} 减小，du/dt 变大	逆相关
	di/dt	L_S	L_S 增大，感应电压增大，与驱动电压相反	L_S 增大，di/dt 变小	逆相关
		C_{GS}	C_{GS} 减小，电流上升时间变短	C_{GS} 减小，di/dt 变大	逆相关
		C_{GD}	C_{GD} 减小，电流上升时间变短	C_{GD} 减小，di/dt 变大	逆相关
关断速度	du/dt	C_{GD}	C_{GD} 减小，电压上升时间变短	C_{GD} 减小，关断 du/dt 变大	逆相关
	di/dt	L_S	L_S 增大，感应电压增大，与驱动电压相反	L_S 增大，di/dt 减小	逆相关
		C_{GS}	C_{GS} 减小，电流下降时间变短	C_{GS} 越小，关断 di/dt 越大	逆相关
		C_{GD}	C_{GD} 减小，电流下降时间变短	C_{GD} 越小，关断 di/dt 越大	逆相关

开关特性	影响因素	影响机理	分析	相互关系
开通电流应力	C_J	C_J增大，放电电流增大	C_J增大，开通电流尖峰增大	正相关
关断电流应力	C_J	C_J增大，充电电流增大	C_J增大，关断电流凹陷增大	正相关
开通电压应力	L_D	L_D增大，感应电压增大，与漏源极电压方向相反	L_D增大，开通电压凹陷增大	正相关
关断电压应力	L_D	L_D增大，感应电压增大，与漏源极电压方向相同	L_D增大，关断电压尖峰增大	正相关
开通损耗	C_{GS}	C_{GS}增大，开通时间变长	C_{GS}增大，开通损耗增大	正相关
	C_{GD}	C_{GD}增大，开通时间变长	C_{GD}增大，开通损耗增大	正相关
	C_{DS}	C_{DS}增大，开通时间变长	C_{DS}增大，开通损耗增大	正相关
	C_J	C_J增大，开通漏极电流尖峰增大	C_J增大，开通损耗增大	正相关
	L_D	L_D增大，开通电压凹陷增大	L_D增大，开通损耗减小	逆相关
	L_S	L_S增大，关断时间变长	L_S增大，开通损耗增大	正相关
关断损耗	C_{GS}	C_{GS}增大，关断时间变长	C_{GS}增大，关断损耗增大	正相关
	C_{GD}	C_{GD}增大，关断时间变长	C_{GD}增大，关断损耗增大	正相关
	C_{DS}	C_{DS}增大，关断时间变长	C_{DS}增大，关断损耗增大	正相关
	C_J	C_J增大，关断漏极电流凹陷增大	C_J增大，关断损耗减小	逆相关
	L_D	L_D增大，关断电压尖峰增大	L_D增大，关断损耗增大	正相关
	L_S	L_S增大，关断时间变长	L_S增大，关断损耗增大	正相关

其他类型宽禁带功率器件也可采用类似分析方法得出相关影响因素及其分析，这里不再赘述。

4.4　桥臂电路基本工作原理

桥臂电路是电力电子变换器中最常用的功率电路单元结构，本节对基于宽禁带电力电子器件的桥臂电路中的直通现象、死区设置、桥臂串扰和死区续流等关键问题进行分析，对典型宽禁带电力电子器件在桥臂电路中的工作模式进行分析探讨，并阐述第三象限工作特性及各种模式的优缺点。

4.4.1　直通现象与死区设置

1. 直通现象

桥臂电路包括单相半桥、全桥、三相桥式以及多相桥式电路，涵盖的变换器类型包括DC/DC、AC/DC、DC/AC 和 AC/AC。电力电子变换器可分为电压源型和电流源型。对于电压源型变换器中的桥臂电路，要注意避免桥臂直通；对于电流源型变换器中的桥臂电路，要注意避免桥臂断路。

电力电子变换器中的桥臂直通，是指电压源型变换器中同一桥臂上下两个电力电子器件同时导通，使电流不经过负载而仅通过该桥臂直接短路流动的非正常状况。对于电流源型变换器来说，由于主电路中串联有大电感量的电感，故障时不可用封锁桥臂触发脉冲的方法进行保护，其至有时候在控制上还需要人为制造直通，提供电流路径，防止主电路因电流剧烈变化而引起严重过电压。图 4.27 为三相桥式逆变器示例，图(a)为电压源型，图(b)为电流源型。对于电压源型桥臂电路，要注意避免桥臂直通；对于电流源型桥臂电路，要注意避免桥臂断路，否则电感电流无流通路径。对电压源型变换器来讲，直通这种故障的危害是极为严重和恶劣的。其原因在于电压源型变换器中输入电容一般都在几千微法以上，加之电压较高，电容上存储的能量较大，而发生直通时桥臂内阻又很小，而且多为同一个单元模块内的直通，线路阻抗也比较小，所以，短路电流为正常工作电流的数倍乃至数十倍，对故障的检测与保护时间要求甚短，特别是对应用现代电力电子器件(如 Si IGBT、Si MOSFET)的变换器，要求检测与保护的时间应在故障发生后的 1~2μs 之内。对于宽禁带半导体电力电子器件，如 SiC 基和 GaN 基功率器件，这一时间要求更短。若保护不及时，过大的短路电流将导致所使用电力电子器件的功耗快速达到并远远超过其安全工作区所允许的最大极限，导致该电力电子器件严重损坏。常见的直通故障现象是功率器件的外壳炸裂，产生这种直通故障的原因主要有两个：一是同桥臂上(或下)功率器件已击穿失效，同桥臂的另一个下(或上)功率器件又被驱动导通；二是驱动电路输出的驱动信号发生了不正常状况，导致同桥臂本应关断的功率器件还未可靠关断，同桥臂的另一个功率器件就已驱动导通。

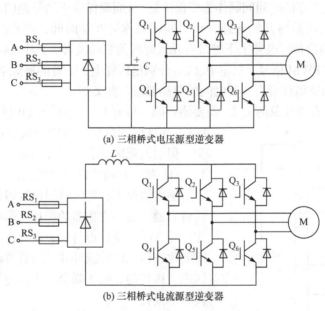

(a) 三相桥式电压源型逆变器

(b) 三相桥式电流源型逆变器

图 4.27　三相桥式逆变器示例

第一种直通原因是桥臂中的器件发生了故障，需要通过检测电路和保护电路快速反应从而对变换器进行保护，防止故障范围扩大；而第二种直通原因与驱动信号有关，需要通过更为严谨的设计来避免。理想情况下，桥臂上下管交替导通工作。但是器件实际的开通和关断过程都会有一定的延迟，开通和关断会经过一段时间，如果驱动信号设置得不合理，就有可能出现上、下管的导通时间重叠，导致桥臂出现直通现象，如图 4.28 所示。而变换器中所采用的一些电流检测方法如电感电流检测，很难检测到这一直通故障，无法反映直通电流，从而导致保护电路无法及时地进行保护。长时间处于直通状态，会带来较高的直通损耗，严重时会损坏器件。

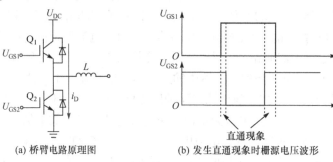

(a) 桥臂电路原理图　　　　(b) 发生直通现象时栅源电压波形

图 4.28　直通现象示意图

2. 死区设置

对于桥臂电路,按控制电路的要求每一时刻使同桥臂上(或下)电力电子器件驱动导通(或关断)工作,为确保每一时刻同桥臂仅有上(或下)电力电子器件导通,另一个下(或上)电力电子器件可靠关断工作,除选用具有与电力电子变换器工作频率相适应的尽可能短的开通和关断时间的电力电子器件外,还人为地在控制脉冲形成电路中增加使同桥臂中上、下两个电力电子器件都不导通工作的时间间隔作为安保措施,从而确保应驱动导通的电力电子器件在原导通的器件可靠关断后再开始导通,该时间间隔称为互锁时间,亦称死区时间。对比图 4.28(b),图 4.29 给出桥臂电路上下管带有死区时间的驱动波形。其中 U_{PWM1} 和 U_{PWM2} 分别为桥臂上、下管的 PWM 信号,U_{GS1} 和 U_{GS2} 分别是桥臂上、下管的栅源电压。Si MOSFET、SiC 基和 GaN 基功率器件带有死区时间的驱动波形与此类似。

为了避免桥臂直通现象的发生,需要错开同一桥臂上、下管的导通时间,人为地设置"死

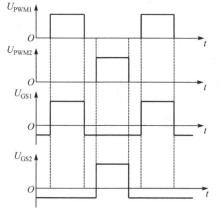

图 4.29　半桥逆变器同桥臂上下
Si IGBT 功率管的驱动波形

区"。死区时间的引入可以有效地避免直通现象的发生,但引入死区又会带来新的问题。

(1) 死区时间的设置问题。

通常情况下,死区时间设置得过短,可能会引起桥臂直通,增加变换器的损耗,影响变换器的安全工作;死区时间设置得过长,在死区时间内,感性负载需要通过体二极管或外并二极管续流,一般来说,死区内二极管的导通压降会大于沟道导通压降,增加变换器的损耗。

(2) 死区续流方式的选择。

在死区内,桥臂上、下管的沟道均处于关断状态,而对于感性负载,其电流无法突变,必须要为感性负载的电流提供续流路径。对于 MOSFET 等带有体二极管的器件,可以使用本身的体二极管进行续流,或者为功率器件外并 Si FRD 或者 SiC SBD,使用外并二极管进行续流;对于 BJT、IGBT 等没有体二极管并且不具备反向导通能力的器件,需要为其反并 Si FRD 或者 SiC SBD 进行续流;对于 eGaN HEMT 等虽然没有体二极管,但具有反向导通能力的器件,可以使用器件本身的反向导通能力,或者外并二极管进行续流。

不同的死区续流方式会给器件的开关特性和电路工作带来不同的影响,死区续流方式的选择需要综合考虑变换器的类型、工况和开关频率等因素。

如何对死区进行优化设置、兼顾效率与可靠性是桥臂电路设计中非常关键的问题。

4.4.2　死区时间定义及其影响分析

以图 4.30 所示的同步整流 Buck 电路拓扑为例对死区时间进行详细说明,其中 Q_1、Q_2 为开关器件,构成了桥臂电路,根据能量传输方向和开关管起的作用,将 Q_1 称为控制器件(CS),Q_2 称为同步器件(SR)。

图 4.31 为同步整流 Buck 电路中 PWM 控制信号,功率器件的驱动电压、漏源电压以及漏极电流波形。一般而言,死区时间分为三类:信号死区时间、驱动信号死区时间和有效死区时间。信号死区时间是指桥臂上、下管 PWM 控制信号之间的时间,即 T_{S1} 和 T_{S2};驱动信号死区时间是指桥臂上(下)管的栅源电压开始上升(下降)与桥臂下(上)管的栅源电压开始下降(上升)之间的时间,即 T_{D1} 和 T_{D2};有效死区时间是指桥臂上、下管的沟道同时关断的时间,即 T_{E1} 和 T_{E2}。

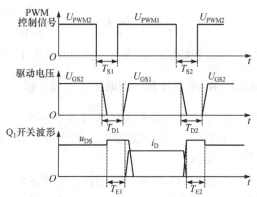

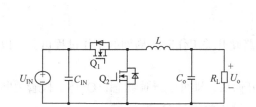

图 4.30　同步整流 Buck 电路拓扑　　　　图 4.31　三类死区时间示意图

实际电路中,设计人员可以通过程序控制数字控制器的输出,直接控制信号死区时间 T_S 的大小,但驱动信号死区时间和有效死区时间不能直接被设计人员控制。它们与驱动电路组成元件和功率器件的具体参数有很大关系。驱动信号死区时间由信号死区时间和驱动电路延时共同决定,满足以下关系:

$$T_D = T_S - t_{PDL} + t_{PDH} \tag{4.36}$$

式中,t_{PDL} 为 PWM 信号开始下降到栅源电压开始下降的传输延时;t_{PDH} 为 PWM 信号开始上升到栅源电压开始上升的传输延时。

通常情况下驱动电路的传输延时不会发生变化,因此可以认为驱动信号死区时间和信号死区时间之间满足严格的数学关系。在实际电路中为简化分析,往往使用驱动信号死区时间作为桥臂电路的死区时间,以下分析中死区时间都是指驱动信号死区时间。

这里需要特别指出的是,对于采用磁耦隔离的驱动电路,传输延时在其工作寿命内一般不会发生变化。但对于光耦隔离,由于其传输延时一致性较差,即使是同一批次的光耦器件,其传输延时也可能有较大差别,为保证桥臂安全,就必须考虑最大传输延时来设定死区时间。

有效死区时间能够反映桥臂上、下管的切换情况,有效死区时间为正时,表明桥臂上、下管处于正常安全切换工作状态,不会发生直通现象;而有效死区时间为负时,表明桥臂上、下管在切换过程中出现了沟道同时导通的情况,说明电路中已经发生了直通。因此,在对桥臂电路的死区时间进行优化选择时,需要尽可能缩短有效死区时间,但又不能让有效死区时间为负值。

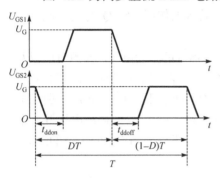

图 4.32 驱动信号时序

图 4.32 为同步整流 Buck 电路拓扑中上、下管的驱动信号时序,其中 U_{GS1} 为控制器件 Q_1 的驱动电压,U_{GS2} 为同步器件 Q_2 的驱动电压,可以看到在一个开关周期内需要插入两段死区时间,而这两段死区时间对开关管的开关状态的影响有所不同,因此将这两段死区时间分别定义为:开通死区时间 t_{ddon} 和关断死区时间 t_{ddoff}。其中,开通死区时间 t_{ddon} 指从同步器件的栅极驱动电压开始降低到控制器件的栅极驱动电压开始上升的时间,其包含在控制器件的导通时间 DT 之内;关断死区时间 t_{ddoff} 指从控制器件的栅极驱动电压开始降低到同步器件的栅极驱动电压开始上升的时间,其包含在同步器件的导通时间 $(1-D)T$ 之中。这里另外需要特别注意的是,驱动电压的上升和下降时间都包含在死区时间之内。

4.4.3　Buck 变换器一周期工作过程分析

1. 不考虑详细开关过程的模态分析

不考虑详细开关过程时,同步整流 Buck 电路硬开关工作时一周期的工作过程可分为以下 4 个模态。

模态 1:Q_1 开通,Q_2 的体二极管关断。Q_1 开通后,即处于导通状态,Q_2 体二极管关断后,即处于关断状态,此状态持续时间为 DT,电感电流流过 Q_1 的沟道。

模态 2:Q_1 关断,之后 Q_1 保持截止,进入 Q_1 和 Q_2 均不导通的死区时间,电感电流逐渐转移至 Q_2 的体二极管或反并二极管续流。

模态 3:Q_2 开通,沟道反向导通。电感电流由 Q_2 的体二极管或反并二极管逐渐转移至 MOSFET 沟道,此状态持续时间为 $(1-D)T$。

模态 4:Q_2 关断,进入死区时间,电感电流由 Q_2 的沟道逐渐转移至其体二极管或反并二极管续流,Q_2 保持截止,直到 Q_1 再次开通。

在一周期工作过程中,Q_1 经历正向导通→关断→截止→开通→正向导通的过程,而 Q_2 经历体二极管或反并二极管导通→开通→沟道反向导通→关断→截止→体二极管或反并二极管导通的过程,详见表 4.12。可见一周期内 Q_1、Q_2 均包括了开通→导通→关断→截止的全过程,然而却有一些明显区别。

导通的差别为:Q_1 为正向导通,与第一象限导通特性相关,而 Q_2 为反向导通,与第三象限特性相关。

开关过程的差别为:Q_1 的开通和关断均为硬开关,Q_2 在开通时其体二极管或反并二极管已经导通,因此其开通可实现 ZVS,Q_2 在关断时,其体二极管或反并二极管也会导通,因此也可实现关断 ZVS。但 Q_1 再次开通时，Q_2 体二极管或反并二极管存在反向恢复或结电容充电，会引起额外的损耗。

表 4.12　一周期内 Q_1、Q_2 的工作过程

	Q_1 on		死区	Q_2 on		死区
	开通	导通		开通	导通	
Q_1	Q_2 的体二极管引起 Q_1 的开通电流尖峰	第一象限导通特性	关断→截止	沟道保持截止	沟道保持截止	沟道保持截止
Q_2	Q_2 的体二极管关断有反向恢复电流；Q_2 的沟道保持截止	沟道保持截止	体二极管开通→导通	电流从体二极管逐渐转移至沟道	第三象限导通特性	电流从其沟道逐渐转移至其体二极管→体二极管导通

2. 考虑详细开关过程的模态分析

图 4.33 为同步整流 Buck 电路硬开关模式工作模态图,其中电感电流用电流源等效表示,

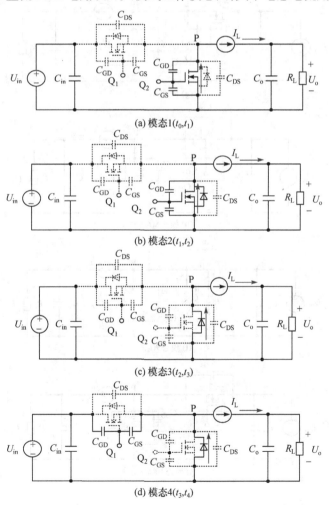

(a) 模态1(t_0,t_1)

(b) 模态2(t_1,t_2)

(c) 模态3(t_2,t_3)

(d) 模态4(t_3,t_4)

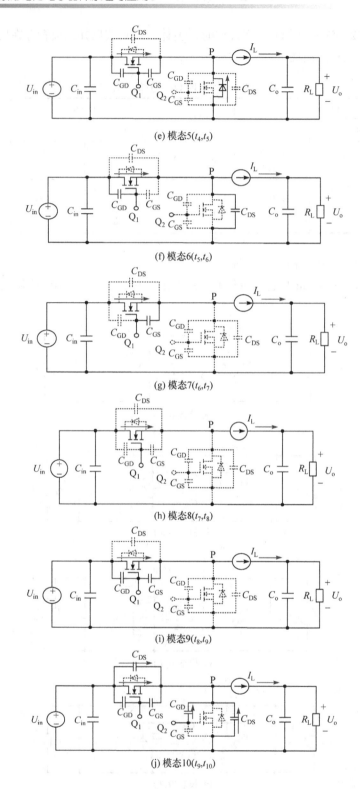

(e) 模态5(t_4,t_5)

(f) 模态6(t_5,t_6)

(g) 模态7(t_6,t_7)

(h) 模态8(t_7,t_8)

(i) 模态9(t_8,t_9)

(j) 模态10(t_9,t_{10})

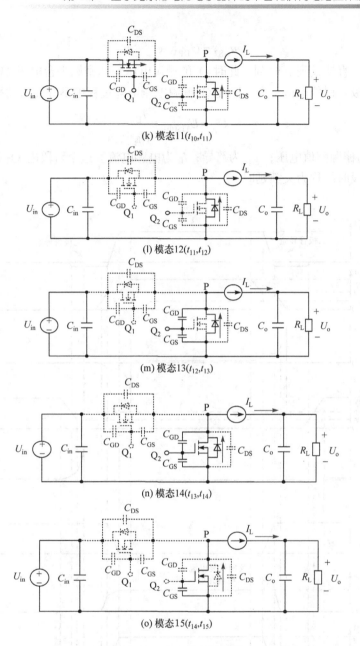

(k) 模态11(t_{10},t_{11})

(l) 模态12(t_{11},t_{12})

(m) 模态13(t_{12},t_{13})

(n) 模态14(t_{13},t_{14})

(o) 模态15(t_{14},t_{15})

图 4.33　同步整流 Buck 电路硬开关模式工作模态

图中的箭头表示各部分电流的方向。图 4.34 为对应的原理波形，从上到下依次为桥臂中点电压 U_M 波形、Q_1 的栅源电压 U_{GS1} 波形、Q_1 的栅极电流 I_{G1} 波形、Q_2 的栅源电压 U_{GS2} 波形、Q_2 的栅极电流 I_{G2} 波形、Q_1 的漏源电压 U_{DS1} 波形、Q_1 的漏极电流 I_{D1} 波形、Q_2 的漏源电压 U_{DS2} 波形和 Q_2 的漏极电流 $-I_{D2}$ 波形。

　　模态1(t_0，t_1)：t_0 时刻，同步器件 Q_2 的驱动电压 u_{GATE} 变为 0V，其输入电容 C_{iss} 开始通过栅极驱动电阻 R_{G2} 放电，Q_2 的栅源电压开始降低，但其沟道尚未关断，继续流过电感电流。

　　Q_2 的栅源电压可以表示为

$$u_{GS2} = U_{DRV} \cdot e^{\dfrac{t-t_0}{R_{G2}C_{iss}}} \tag{4.37}$$

这个模态一直持续到 t_1 时刻，此时 Q_2 的栅源电压到达密勒平台电压 U_p，由于 Q_2 的漏源电压被体二极管钳位保持不变，因此 Q_2 栅源电压下降过程中不存在密勒平台过程。

$$U_p = U_{GS(th)} + \frac{I_L}{g_{fs}} \tag{4.38}$$

式中，$U_{GS(th)}$ 为栅源阈值电压；g_{fs} 为跨导；I_L 为电感电流。这个阶段内 Q_2 始终保持完全导通的状态，这段时间称为关断延时。

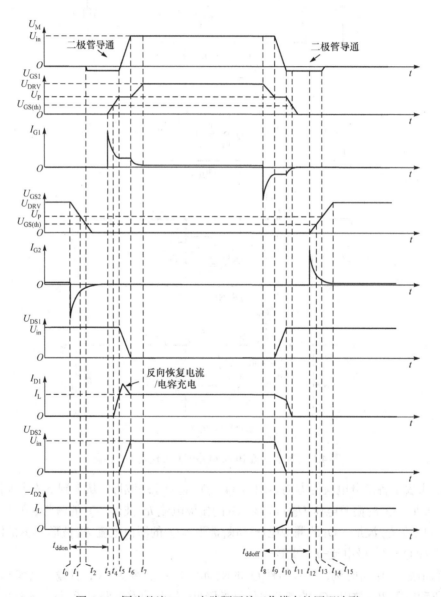

图 4.34　同步整流 Buck 电路硬开关工作模态的原理波形

模态 2(t_1，t_2)：t_1 时刻，沟道开始关断，电感电流开始由 Q_2 的沟道换流至其体二极管中，其栅源电压继续降低，直到 t_2 时刻降为 $U_{GS(th)}$，此时 Q_2 沟道完全关断，电流全部流过其体二极管。

从 Q_2 的栅源电压开始下降直至降到 $U_{GS(th)}$ 的时段($t_0 \sim t_2$)可以表示为

$$t_2 - t_0 = R_{G2} C_{iss} \ln \frac{U_{DRV}}{U_{GS(th)}} \tag{4.39}$$

式(4.39)给出理想情况下 $t_0 \sim t_2$ 时段的持续时间，实际上栅极驱动器输出电压从 U_{DRV} 下降到 0V 也需要一定的时间，这部分时间也需要考虑在内，因此考虑实际情况后 $t_0 \sim t_2$ 时段的持续时间可表示为

$$t_2 - t_0 = R_{G2} C_{iss} \ln \frac{U_{DRV}}{U_{GS(th)}} + t_f \tag{4.40}$$

式中，t_f 为驱动电压 u_{GATE2} 从 U_{DRV} 降至零的时间。

模态 3(t_2，t_3)：t_2 时刻，Q_2 的沟道完全关断，电感电流完全换流至其体二极管中。Q_2 的栅源电压继续下降，直至下降到零。之后 Q_2 和 Q_1 的栅源电压都为 0V，电感电流全部通过 Q_2 的体二极管进行续流，这一模态在开通死区时间过长时会出现。

模态 4(t_3，t_4)：t_3 时刻，Q_1 的驱动电压变为 U_{DRV}，通过栅极驱动电阻 R_{G1} 为其输入电容 C_{iss} 充电，Q_1 的栅源电压开始上升，但其沟道尚未开始导通。

其栅源电压 u_{GS1} 可表示为

$$u_{GS1} = U_{DRV} \left(1 - e^{\frac{t - t_3}{R_{G1} C_{iss}}} \right) \tag{4.41}$$

在此期间内 Q_1 始终保持关断状态，直到 t_4 时刻栅源电压 u_{GS1} 上升到阈值电压 $U_{GS(th)}$，这一时段持续时间为

$$t_4 - t_3 = R_{G1} C_{iss} \ln \frac{U_{DRV}}{U_{DRV} - U_{GS(th)}} \tag{4.42}$$

实际情况下还需要考虑栅极驱动器输出电压的上升时间 t_r，但是不能简单地将 t_r 加入式(4.42)，实际情况下 $t_3 \sim t_4$ 的持续时间可表示为

$$t_4 - t_3 = 2R_{G1} C_{iss} \ln \frac{U_{DRV}}{U_{DRV} - U_{GS(th)}} + t_r \frac{U_{GS(th)}}{U_{DRV}} \tag{4.43}$$

模态 5(t_4，t_5)：t_4 时刻，Q_1 的栅源电压达到其阈值电压 $U_{GS(th)}$，沟道开始导通，Q_1 的漏极电流开始上升，Q_2 的体二极管电流开始下降。

模态 6(t_5，t_6)：t_5 时刻，u_{GS1} 增长到 U_P，Q_1 的沟道完全导通，Q_1 的漏源电压开始下降。电感电流换流至 Q_1 的沟道中，由于 Q_2 的体二极管的反向恢复特性以及 Q_2 的输出电容充电，Q_1 的漏极电流出现电流尖峰。到 t_6 时刻，密勒平台结束，Q_1 的漏源电压下降到零。

模态 7(t_6，t_7)：t_6 时刻，Q_2 的输出电容充电完毕，此时，Q_1 的沟道电流等于电感电流。Q_1 栅源电压继续上升，直到 t_7 时刻上升至 U_{DRV}。

模态 8(t_7，t_8)：t_7 时刻，Q_1 的栅源电压上升至驱动电压。Q_1 保持导通，其栅源电压为驱动电压 U_{DRV}，同步器件 Q_2 的栅源电压为 0V，处于关断状态。从 t_7 时刻开始进入 Buck 电路

Q_1 的导通时段。

由上述分析可知当 Q_2 的沟道在 t_2 时刻截止之后，如果直接过渡到 t_4 时刻，对应 Q_1 沟道开始导通则可以省去这段时间，因此最优开通死区时间 $t_{ddon(opt)}$ 是 Q_2 的驱动电压开始下降到其栅源电压 u_{GS2} 下降至阈值电压的时间 $(t_0 \sim t_2)$，与 Q_1 的驱动电压开始上升到其栅源电压 u_{GS1} 上升至阈值电压的时间 $(t_3 \sim t_4)$ 之差。

$$t_{ddon(opt)} = (t_2 - t_0) - (t_4 - t_3) \tag{4.44}$$

将式(4.40)和式(4.43)代入式(4.44)，可得

$$t_{ddon(opt)} = R_{G2} C_{iss} \ln \frac{U_{DRV}}{U_{GS(th)}} + t_f - 2R_{G1} C_{iss} \ln \frac{U_{DRV}}{U_{DRV} - U_{GS(th)}} - t_r \frac{U_{GS(th)}}{U_{DRV}} \tag{4.45}$$

由式(4.45)可知，最优开通死区时间与栅极驱动电阻、驱动电压、驱动器输出电压的上升/下降时间以及 SiC MOSFET 的极间电容有关。

模态 9 (t_8, t_9)：t_8 时刻，控制器件 Q_1 的驱动电压 u_{GATE1} 变为 0V，其输入电容 C_{iss} 开始通过栅极驱动电阻 R_{G1} 放电，Q_1 的栅源电压开始下降，但其沟道尚未开始关断，继续流过电感电流。

栅源电压 u_{GS1} 可表示为

$$u_{GS1} = U_{DRV} \cdot e^{-\frac{t - t_8}{R_{G1} C_{iss}}} \tag{4.46}$$

这个模态一直持续到 t_9 时刻，此时 Q_1 的栅源电压到达密勒平台电压 U_P。这一时段的持续时间可表示为

$$t_9 - t_8 = R_{G1} C_{iss} \ln \frac{U_{DRV}}{U_P} = R_{G1} C_{iss} \ln \frac{U_{DRV}}{(U_{GS(th)} + I_L / g_{fs})} \tag{4.47}$$

考虑栅极驱动器输出电压的下降时间，则 $t_8 \sim t_9$ 时段的持续时间为

$$t_9 - t_8 = R_{G1} C_{iss} \ln \frac{U_{DRV}}{U_P} + t_f = R_{G1} C_{iss} \ln \frac{U_{DRV}}{(U_{GS(th)} + I_L / g_{fs})} + t_f \tag{4.48}$$

式中，t_f 为栅极驱动器输出电压的下降时间。

此时栅极电流可表示为

$$i_G = -\frac{U_P}{R_{G1}} = C_{GD1} \frac{du_{GD1}}{dt} = C_{GD1} \frac{d(u_{DS1} - u_{GS1})}{dt} = C_{GD1} \frac{du_{DS1}}{dt} \tag{4.49}$$

各部分电流的关系为

$$I_{Lmax} = C_{GD1} \frac{du_{DS1}}{dt} + C_{DS1} \frac{du_{DS1}}{dt} - C_{DS2} \frac{du_{DS2}}{dt} = (C_{GD1} + C_{DS1} + C_{DS2}) \frac{du_{DS1}}{dt}$$

$$= \frac{U_P}{R_{G1}} \left(1 + \frac{C_{DS1} + C_{DS2}}{C_{GD1}} \right) \tag{4.50}$$

模态 10 (t_9, t_{10})：t_9 时刻，Q_1 的栅源电压 u_{GS1} 下降至密勒平台电压 U_P，沟道开始关断，Q_1 的输出电容 C_{oss} 开始充电，漏源电压开始上升；Q_2 的输出电容开始放电，漏源电压开始下降。此时电感电流 I_L 为 Q_1 漏极电流和 Q_2 输出电容放电电流之和。这一时段控制器件 Q_1

的栅源电压 u_{GS1} 一直保持为关断密勒平台电压 U_P,其漏源电容 C_{DS1} 处于放电状态,直到 t_{10} 时刻,其漏源电压等于输出电压 U_o。

Q_1 的沟道电流 i_{ch1} 可以表示为

$$i_{ch1} = g_{fs}(u_{GS1} - U_{GS(th)}) \tag{4.51}$$

此时各部分电流满足以下关系:

$$(C_{DS1} + C_{DS2})\frac{du_{DS}}{dt} = I_L - i_{ch1} \tag{4.52}$$

模态 11(t_{10}, t_{11}): t_{10} 时刻,Q_1 的输出电容充电完毕,Q_2 的输出电容放电完毕,Q_2 的体二极管开始导通,这时电感电流 I_L 为 Q_1 漏极电流和 Q_2 体二极管电流之和。

模态 12(t_{11}, t_{12}): t_{11} 时刻,Q_1 的栅源电压下降到 $U_{GS(th)}$,Q_1 的沟道完全关断,负载电流完全换流至 Q_2 的体二极管中。之后 Q_1 的栅源电压继续下降至零,Q_1、Q_2 均关断,进入 Buck 电路死区时间,电感电流完全由 Q_2 的体二极管续流。直至 t_{12} 时刻,Q_2 的栅源电压开始上升。这一模态在关断死区时间过长时会出现。

考虑栅极驱动器输出电压的下降时间,$t_8 \sim t_{11}$ 时段持续的时间可表示为

$$t_{11} - t_8 = R_{G1}C_{iss}\ln\frac{U_{DRV}}{U_{GS(th)}} + t_f \tag{4.53}$$

模态 13(t_{12}, t_{13}): t_{12} 时刻,Q_2 的驱动电压 u_{GATE2} 变为 U_{DRV},通过栅极驱动电阻 R_{G2} 为其输入电容 C_{iss} 充电,Q_2 的栅源电压开始上升,但其沟道尚未开通,电感电流仍然通过其体二极管进行续流。其栅源电压 u_{GS2} 可表示为

$$u_{GS2} = U_{DRV}\left(1 - e^{\frac{t - t_{12}}{R_{G2}C_{iss}}}\right) \tag{4.54}$$

这一时段的持续时间可表示为

$$t_{13} - t_{12} = 2R_{G2}C_{iss}\ln\frac{U_{DRV}}{U_{DRV} - U_{GS(th)}} + t_r\frac{U_{GS(th)}}{U_{DRV}} \tag{4.55}$$

模态 14(t_{13}, t_{14}): t_{13} 时刻,Q_2 的栅源电压达到其阈值电压 $U_{GS(th)}$,沟道开始导通,负载电流开始从体二极管向其沟道换流。

模态 15(t_{14}, t_{15}): t_{14} 时刻,Q_2 的沟道完全导通,电感电流完全换流至 Q_2 的沟道中。t_{15} 时刻,Q_2 的栅源电压上升至驱动电压。Q_2 保持导通,进入 Buck 电路的续流时间。

由上述分析可知,当电感电流开始换流至 Q_2 体二极管时,即 t_{10} 时刻,直接过渡到 t_{13} 时刻,对应 Q_2 的沟道开始导通,可以省去这段时间,因此最优关断死区时间 $t_{ddoff(opt)}$ 是 Q_1 的驱动电压开始降低到其栅源电压 u_{GS1} 降低至阈值电压的时间($t_8 \sim t_{11}$),与 Q_2 的驱动电压开始上升到其栅源电压 u_{GS2} 上升至阈值电压的时间($t_{12} \sim t_{13}$)之差。

$$t_{ddoff(opt)} = (t_{11} - t_8) - (t_{13} - t_{12}) \tag{4.56}$$

将式(4.53)和式(4.55)代入式(4.56),可得

$$t_{\text{ddoff(opt)}} = R_{G1}C_{\text{iss}} \ln \frac{U_{\text{DRV}}}{U_{\text{GS(th)}}} + t_f - 2R_{G2}C_{\text{iss}} \ln \frac{U_{\text{DRV}}}{U_{\text{DRV}} - U_{\text{GS(th)}}} - t_r \frac{U_{\text{GS(th)}}}{U_{\text{DRV}}} \qquad (4.57)$$

由式(4.57)可知，最优关断死区时间 $t_{\text{ddoff(opt)}}$ 与栅极驱动电阻、驱动电压、驱动器输出电压的上升/下降时间以及 SiC MOSFET 的极间电容有关。因此在确定最优关断死区时间时需要综合考虑这些方面的因素。

4.4.4 桥臂电路串扰机理分析

与 Si 器件相比，SiC MOSFET 的栅极电压极限和栅极阈值电压都相对较低，Cree 公司的 SiC MOSFET CMF10120 在 25℃时的栅极阈值电压为 2.4V，而与之定额相近的 Rohm 公司的 SiC MOSFET SCT2450KE 在 25℃时的栅极阈值电压为 2.8V，栅极电压很容易受到漏源极电压变化率的影响而产生振荡，特别是在桥臂电路中，上、下管之间会产生串扰，进而引发直通问题，因此 SiC MOSFET 的驱动电路需要具有串扰电压抑制功能，以保证器件可靠地工作。

另外，SiC MOSFET 的极间电容值比 Si MOSFET 低，开关速度快，漏源电压变化率相对较高，这会使桥臂电路上下管之间的串扰变得更加严重，开关管误导通可能性更大。

为研究桥臂串扰产生的机理，以 SiC 基桥式变换器的某一桥臂的下管开通、关断为例对桥臂串扰机理进行分析，假设电流流出桥臂中点为正方向，流进桥臂中点为负方向。图 4.35 是相电流为负、下管开通过程中桥臂串扰产生的原理图，其中 S_H、S_L 分别为桥臂上管和下管，$C_{\text{GD\_H}}$、$C_{\text{GS\_H}}$ 和 $C_{\text{DS\_H}}$ 分别为上管栅漏极、栅源极和漏源极寄生电容，D_H 为上管体二极管，$R_{\text{G\_H}}$ 为上管驱动电阻，$U_{\text{DR\_H}}$ 为上管驱动电压，$U_{\text{GS\_H}}$ 为上管栅源极电压；$C_{\text{GD\_L}}$、$C_{\text{GS\_L}}$ 和 $C_{\text{DS\_L}}$ 分别为下管栅漏极、栅源极和漏源极寄生电容，D_L 为下管体二极管，$R_{\text{G\_L}}$ 为下管驱动电阻，$U_{\text{DR\_L}}$ 为下管驱动电压，$U_{\text{GS\_L}}$ 为下管栅源极电压。

在下管开通前，两功率管 S_H、S_L 处于死区时间内，相电流为负，上管通过其体二极管 D_H 续流，上管 S_H 漏源极间电压近似为零，如图 4.35(a)所示。图 4.35(b)给出了下管 S_L 开通

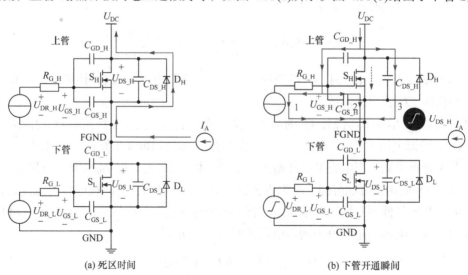

(a) 死区时间　　　　　　　　　　　　　　(b) 下管开通瞬间

图 4.35　相电流为负、下管开通过程中桥臂串扰产生的原理图

瞬间串扰产生原理图，在下管 S_L 开通瞬间，上管 S_H 处于关断状态，其漏源极间电压瞬间升高。漏源极的电压变化率会作用在密勒电容 C_{GD_H} 上，形成密勒电流，该电流流过上管 S_H 的驱动电阻 R_{G_H}，引起正向栅极串扰电压。如图 4.36 所示，该串扰电压可能会超过上管栅极阈值电压，从而引起上管部分导通，增加功率器件的损耗，甚至造成桥臂直通，威胁电路安全工作。

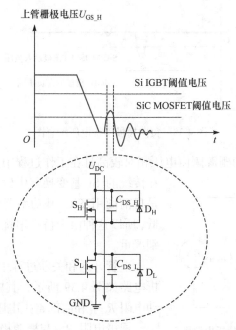

图 4.36　正向串扰引起的桥臂开关误导通原理示意图

图 4.37(a)是相电流为负、下管导通时的工作原理图。与下管开通类似分析可得下管关断瞬间桥臂串扰产生原理图，如图 4.37(b)所示。在下管 S_L 关断过程中，上管 S_H 的栅源极间会

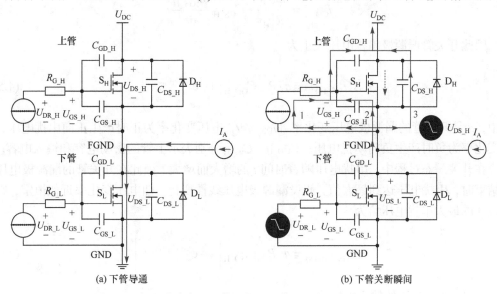

(a) 下管导通　　　　　　　　　　　　　　(b) 下管关断瞬间

图 4.37　相电流为负、下管关断过程中桥臂串扰产生的原理图

引起负向栅极串扰电压 U_{GS_H}，如图 4.38 所示。此时，虽然这个负向栅极串扰电压 U_{GS_H} 不会引起桥臂直通问题，但如果它的负向峰值电压值超过开关管自身能够承受的最大允许栅极负偏压，就有可能损坏器件，降低电路工作可靠性。类似地，在上管 S_H 开通和关断瞬态过程中，也会使下管 S_L 产生类似的串扰。

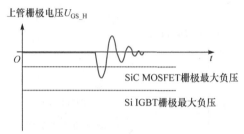

图 4.38　负向栅极串扰电压示意图

由于 Si 基功率器件的栅源阈值电压相对较高且在工作过程中开关速度有所制约，所以在传统的 Si 基变换器中桥臂串扰问题并不明显。但是目前商用 SiC 基功率器件的栅源阈值电压普遍较低，所以这种由于桥臂串扰引起的误导通问题显得特别严重。

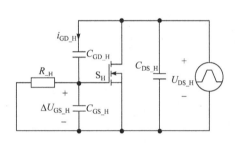

图 4.39　上管串扰电压的等效分析电路图

下管开通和关断过程中，上管串扰电压的等效分析电路如图 4.39 所示，其中栅极电阻 R_H 为外部驱动电阻 R_{G_H} 和内部寄生电阻 $R_{G(int)\_H}$ 之和。

栅极电阻 R_H 与栅源极寄生电容 C_{GS_H} 并联，密勒电流对该并联回路充电，使开关管栅源极两端产生串扰电压，根据基尔霍夫定律可得

$$i_{GD\_H} = \frac{u_{GS\_H}}{R_{\_H}} + C_{GS\_H}\frac{\mathrm{d}u_{GS\_H}}{\mathrm{d}t} \tag{4.58}$$

因此开关管栅源极串扰电压大小为

$$\Delta U_{GS\_H}(t) = a \cdot R_{\_H}C_{GD\_H}\left(1 - \mathrm{e}^{-\frac{t}{R_{\_H}C_{iss\_H}}}\right) \tag{4.59}$$

式中，a 是开关管的漏源极电压变化率 $\mathrm{d}u_{DS\_H}/\mathrm{d}t$，电压变化率为正时产生正向串扰电压，电压变化率为负时产生负向串扰电压；C_{GD_H}、C_{iss_H} 分别表示上管的密勒电容和输入电容。

在开关瞬态过程中，串扰电压随着时间 t 的增大而增大，因此在开关管的漏源极电压变化结束时，串扰电压达到最大值，假设漏源极电压线性变化，即电压变化率近似恒定，则栅源极间的最大串扰电压值为

$$\Delta U_{GS\_H(max)} = a \cdot R_{\_H}C_{GD\_H}\left(1 - \mathrm{e}^{-\frac{U_{DC}}{a \cdot R_{\_H}C_{iss\_H}}}\right) \tag{4.60}$$

式中，U_{DC} 为直流母线输入电压。

从式(4.60)中可看出，C_{GD_H}、C_{iss_H} 和 U_{DC} 由所选器件与工作条件决定，所以串扰电压最大值主要受驱动电阻和漏源极电压变化率影响，以型号为 CMF10120 的 SiC MOSFET 为例，其相关电气参数如表 4.13 所示，在输入电压 U_{DC} 为 500V 时，图 4.40、图 4.41 分别给出了栅极驱动电阻(漏源极电压变化率取 20V/ns)和漏源极间电压变化率(栅极驱动电阻取 10Ω)对栅源极串扰电压的影响，从图 4.40、图 4.41 可看出：

(1) 在漏源极间电压变化率为 20V/ns 的情况下，若驱动电阻大于 9.2Ω，栅源极串扰电压会超过 CMF10120 的栅极阈值电压(2.4V)，导致桥臂上下管直通。

(2) 在驱动电阻为 10Ω 时，若漏源极电压变化率大于 19V/ns，栅源极串扰电压会超过其栅极阈值电压，出现直通问题。

表 4.13　CMF10120 相关电气参数

参量	C_{GD}/pF	C_{GS}/pF	$U_{GS(th)}$/V	$U_{GS\_max(-)}$/V	$R_{G(int)}$/Ω
数值	7.5	921	2.4	−5	13.6

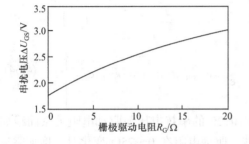

图 4.40　串扰电压与栅极驱动电阻关系

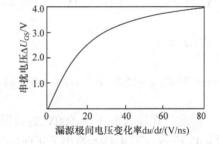

图 4.41　串扰电压与漏源极间电压变化率关系

SiC MOSFET 的寄生电容较小，因而在相同驱动电压和驱动电阻的条件下，可以具有较快的开关速度，从而降低开关损耗。为了探究驱动电阻与开关管漏源极间电压变化率的关系，可采用双脉冲实验测试的方法，对不同驱动电阻下的开关速度进行测试。在输入电压为 500V、漏极电流为 10A 的条件下，CMF10120 的漏源极间电压变化率与驱动电阻的关系如表 4.14 所示，其关系曲线如图 4.42 所示。

表 4.14　CMF10120 的漏源极间电压变化率与驱动电阻的关系

I_D/A	10				
R_G/Ω	5	10	15	20	25
$\mathrm{d}u/\mathrm{d}t\_{\mathrm{r}}$(V/ns)	23.8	21.1	18.5	16.7	15.2
$\mathrm{d}u/\mathrm{d}t\_{\mathrm{f}}$(V/ns)	14.7	13.6	12.9	11.6	11.2

根据测得的不同驱动电阻下的开关速度，通过曲线拟合方法得到其数值关系为

$$a_{\mathrm{r}} = -0.43R_{\mathrm{G}} + 25.5 \tag{4.61}$$

$$a_{\mathrm{f}} = -0.18R_{\mathrm{G}} + 15.5 \tag{4.62}$$

式中，a 是开关管的漏源极间电压变化率 $\mathrm{d}u/\mathrm{d}t$；R_{G} 为栅极外部驱动电阻。

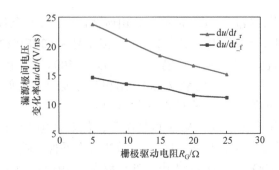

图 4.42　CMF10120 的漏源极间电压变化率与驱动电阻的关系曲线

　　CMF10120 的栅极寄生电阻为 13.6Ω，根据漏源极间电压变化率与驱动电阻的关系，可以得出串扰电压与驱动电阻的关系为

$$\Delta U_{\mathrm{GS\_H(+)}}$$

$$=(-0.43R_{\mathrm{G\_H}}+25.5)\cdot10^{9}\cdot(13.6+R_{\mathrm{G\_H}})\cdot C_{\mathrm{GD\_H}}\cdot\left[1-e^{\frac{U_{\mathrm{DC}}}{(-0.43R_{\mathrm{G\_H}}+25.5)\cdot10^{9}\cdot(13.6+R_{\mathrm{G\_H}})\cdot C_{\mathrm{iss\_H}}}}\right] \quad (4.63)$$

$$\Delta U_{\mathrm{GS\_H(-)}}$$

$$=(-0.18R_{\mathrm{G\_H}}+15.5)\cdot10^{9}\cdot(13.6+R_{\mathrm{G\_H}})\cdot C_{\mathrm{GD\_H}}\cdot\left[1-e^{\frac{U_{\mathrm{DC}}}{(-0.18R_{\mathrm{G\_H}}+15.5)\cdot10^{9}\cdot(13.6+R_{\mathrm{G\_H}})\cdot C_{\mathrm{iss\_H}}}}\right] \quad (4.64)$$

　　因此，在输入电压为 500V 的情况下，CMF10120 的串扰电压与驱动电阻关系曲线如图 4.43 所示。图 4.43(a)给出了正向串扰电压曲线，驱动电阻在 0～25Ω 变化时，增加驱动电阻虽然会使漏源极间电压变化率降低，但由于 CMF10120 的栅极内部寄生电阻较大，栅极电阻增加对串扰电压影响的程度大于电压变化率降低对串扰电压影响的程度，最终使得串扰电压整体表现为随着驱动电阻的增加而增加。由于 CMF10120 在 25℃时的栅极阈值电压为 2.4V，栅极能承受的最大负向电压为–5V，所以在输入电压为 500V、栅极关断电压为 0V 情况下，驱动电阻大于 9.9Ω 时将会发生开关管误导通问题，正向串扰电压在驱动电阻为 20Ω 时达到最大值 2.5V。此外，CMF10120 的栅极阈值电压具有负温度系数，器件结温达到 100℃ 时的栅极阈值电压会降低到 2V，而外部驱动电阻即使为零，串扰电压也会达到 2V，因此会严重限制 SiC 器件的使用，需要使用负压进行关断。

　　图 4.43(b)给出了负向串扰电压曲线，因为驱动电阻增加的幅度大于开关速度降低的幅度，所以负向串扰电压随驱动电阻的增加而不断增加，驱动电阻为 25Ω 时负向串扰电压达到负向最大值–2.2V，在关断电压设为 0V 的情况下，这一负向串扰电压在栅极可承受的电压范围之内。

　　为了发挥 SiC MOSFET 开关损耗小的性能优势，需要加快开关速度，因而会增大漏源极间电压变化率，使串扰问题变得更加严重。极限情况下假设电压变化率无穷大，则串扰电压的极限值为

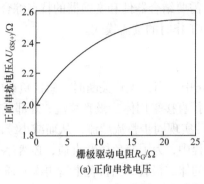

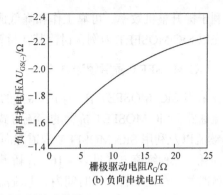

(a) 正向串扰电压　　　　　　　　　　(b) 负向串扰电压

图 4.43　串扰电压与驱动电阻关系曲线

$$U_{GS\_H}\bigg|_{\frac{du}{dt}=\infty} = \frac{C_{GD\_H}U_{DC}}{C_{GS\_H}+C_{GD\_H}} = \frac{U_{DC}}{1+C_{GS\_H}+C_{GD\_H}} \tag{4.65}$$

式(4.65)表明,型号为 CMF10120 的 SiC MOSFET 在直流母线电压为 297V 时,串扰电压的极限值就会达到该开关管的栅极阈值电压(2.4V),存在桥臂直通的危险,从而限制了 SiC MOSFET 的高压应用,影响其性能优势的发挥。

根据串扰电压的极限值表达式(4.65)可知,从减小串扰电压角度考虑,在保证开关管驱动效果的前提下,选择栅源极寄生电容与栅漏极寄生电容比值较大的开关管有利于减小栅极串扰电压,表 4.15 给出了几种不同型号的 SiC MOSFET 主要电气参数对比,可以看出 CMF20120 的栅源极与栅漏极寄生电容比值最大,其对串扰电压的抑制能力最好。在器件已经选定的情况下,采用在开关管栅源极间并联电容等方法适当增加开关管的栅源极等效电容,也可以达到抑制串扰电压的目的。

表 4.15　不同型号的 SiC MOSFET 主要电气参数对比

参量	CMF10120	CMF20120	C2M0080120	SCH2080
漏源电压 U_{DS}/V	1200	1200	1200	1200
漏极电流 I_D/A	24	42	31.6	40
栅源极寄生电容 C_{GS}/pF	920.5	1902	943.5	1830
栅漏极寄生电容 C_{GD}/pF	7.5	13	6.5	20
栅源电容比栅漏电容 C_{GS}/C_{GD}	122.7	146.3	145.2	91.5

对于 eGaN 和 GaN GIT 器件,由于其栅极阈值电压更低,开关速度更快,在使用该类 GaN 器件制作桥臂电路时,也需特别注意桥臂串扰问题的有效抑制。

4.5　宽禁带电力电子器件在桥臂电路中的续流工作模式

在由宽禁带器件组成的桥臂电路中,当一只功率器件关断后,感性负载在续流时,可以通过桥臂另一只功率器件的体二极管、反并二极管或沟道等多种方式续流,但采用哪种方式更有利于提升整机效率、可靠工作和降低成本，就需要结合器件和变换器的特点综合考虑。这里先以 SiC MOSFET 为例，讨论其在桥臂电路中工作时的续流模式。

4.5.1　SiC MOSFET 桥臂续流方式

在采用 SiC MOSFET 作为功率器件的桥臂电路中，当开关管关断时，感性负载电流需要续流通路。SiC MOSFET 桥臂的续流方式通常包括直接采用体二极管续流、外部反并 SiC SBD 续流以及利用 SiC MOSFET 沟道双向导通特性实现同步整流续流，从而减小续流时的导通损耗。三种续流方式见表 4.16。在桥臂工作过程中，为了避免桥臂直通，必然存在一定的死区时间。在上下管死区时间内，电流流经下管的体二极管，当桥臂上管再次开通时，体二极管强迫关断，产生反向恢复问题。因此，需要对 SiC 基桥臂电路的不同续流方式对桥臂电路工作性能的影响进行对比分析研究。

表 4.16　SiC 基桥臂电路的三种续流方式

续流方式	导通压降	反向恢复	结电容
体二极管	较大	比 Si MOSFET 体二极管反向恢复特性好	较大
外并 SiC SBD	较小	理论上不存在反向恢复特性，但由于结电容充电会产生一定的反向恢复	较小
沟道导通	与沟道电阻和漏极电流有关		

由于 SiC MOSFET 的体二极管压降很大，采用外并 SiC SBD 续流有利于降低续流导通损耗。在一定负载电流下，SiC MOSFET 的沟道导通压降低于 SiC SBD，因此还可以采用同步整流的方式进行续流。归纳起来，在桥臂电路中使用 SiC MOSFET 时可以考虑以下四种续流方式(这里以桥臂上管关断为例)。

(1) 下管体二极管续流(桥臂下管不加驱动信号，沟道关断，不外并 SiC SBD)。

(2) SiC SBD 与体二极管并联导通续流(桥臂下管不加驱动信号，沟道关断，外并 SiC SBD)。

(3) 沟道与体二极管并联导通续流(桥臂下管加驱动信号，沟道导通，不外并 SiC SBD)。

(4) 沟道与 SiC SBD、体二极管并联导通续流(桥臂下管加驱动信号，沟道导通，外并 SiC SBD)。

接下来对这四种续流方式进行分析。图 4.44 为桥臂电路的双脉冲测试电路原理图，图 4.45 为四种续流方式的开关回路等效电路图。其中 R_{body} 为体二极管等效导通电阻、U_{Fbody} 为体二极管导通阈值电压、R_{SBD} 为反并 SiC SBD 等效导通电阻、U_{FSBD} 为反并 SiC SBD 导通阈值电压、$R_{DS(on)}$ 为沟道导通电阻、C_p 为 SiC MOSFET 总寄生电容(包括 SiC MOSFET 输出电容、体二极管结电容和 SiC SBD 结电容)。

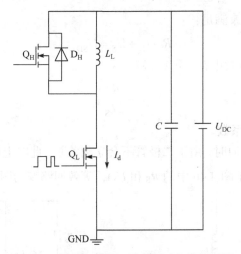

图 4.44　桥臂电路的双脉冲测试电路原理图

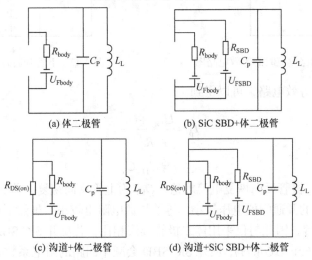

图 4.45　四种续流方式的开关回路等效电路图

由于双脉冲电路两次脉冲间的间隔时间(即续流时间)很短，可以将续流时间内负载电感上电流的变化忽略，等效为电感电流 I_L 不变，根据 KVL 和 KCL 方程，忽略寄生电容 C_p，对于续流等效回路则有一般表达式：

$$U_{SD} = I_{ch}R_{DS(on)} = I_{body}R_{body} + U_{Fbody} = I_{SBD}R_{SBD} + U_{FSBD} \tag{4.66}$$

$$I_{ch} + I_{body} + I_{SBD} = I_L \tag{4.67}$$

式中，I_{ch}、I_{body} 和 I_{SBD} 分别为通过沟道、体二极管和 SiC SBD 的续流电流。根据四种不同的续流情况，式中的有关项可能不存在。根据沟道、体二极管与 SiC SBD 的特性以及式(4.66)和式(4.67)，可以通过理论分析得到不同温度、不同续流方式下负载电流的分配情况。

虽然图 4.45 中存在四种情况，但可以将其等效为一种情况，以便对开关过程进行总体分析。等效原则为将 MOSFET 沟道、体二极管和反并二极管支路合并，如图 4.46 所示。其中，R_S 为总等效电阻，U_S 为总等效阈值电压，C_S 为总等效电容，L_S 为考虑回路寄生电感的总电感。等效参数 R_S 和 U_S 满足：

$$R_S \cdot I_L + U_S = U_{SD} \tag{4.68}$$

根据图 4.46 所示的等效电路，可以得到

$$a = \frac{R_S}{2L_S} \tag{4.69}$$

式中，a 为续流回路阻尼系数。

当双脉冲电路下管开通时，由于二极管不会立刻关断，此时上管二极管的等效电阻和等效压降为 $R_S{}'$ 和 $U_S{}'$ (区别于图 4.46 中的 R_S 和 U_S)，等效回路变为图 4.47。

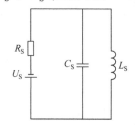

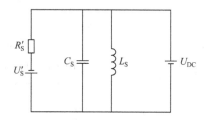

图 4.46　开关回路续流时的等效电路图　　　　图 4.47　下管开通时的等效电路图

根据图 4.47 的等效电路，可以得到

$$I_p = \frac{U_{DC} + U_S{}'}{R_S{}'} \tag{4.70}$$

$$Q_{RR} = U_{DC} C_S \tag{4.71}$$

式中，I_p 为上管体二极管反向恢复电流峰值；Q_{RR} 为上管反向恢复电荷。

由于 SiC SBD 的开通阈值电压较小，等效导通电阻也较小，虽然不存在反向恢复电流，但存在一定的结电容，因此与仅采用体二极管续流相比，若反并 SiC SBD，会减小 R_S、U_S，增加 C_S。根据式(4.69)～式(4.71)，反并 SiC SBD 会减小回路的阻尼系数 a，加剧并延长开关过程中的电压电流振荡，同时会增加开通峰值电流 I_p 和反向恢复电荷 Q_{RR}，增加开通损耗。

其他类型宽禁带电力电子器件也可采用类似分析方法得出相关影响因素及其分析，这里不再赘述。

4.5.2　宽禁带电力电子器件的第三象限特性

功率器件的种类很多，其中有一些功率器件可以双向导通，正向导通通常称为第一象限特性，反向导通通常称为第三象限特性。然而，根据所加驱动电路的不同，第三象限特性又有多种可能情况。因此，在桥臂电路中，需要根据不同情况具体分析。

1. SiC MOSFET

第三象限特性是指反向导通时，反向电流与反向漏源电压之间的关系。反向导通时，反向电流既可以从沟道流过，也可以从体二极管流过。当 $u_{GS} < U_{GS(th)}$ 时，沟道截止，反向电流只能从体二极管流过，此时第三象限特性实际上只是体二极管的特性；当 $u_{GS} > U_{GS(th)}$ 时，沟道打开，体二极管和沟道会按照相应的规律分配电流，因此第三象限特性为体二极管和沟道

导通特性合成曲线，图 4.48 为 SiC MOSFET
第三象限导通时的等效电路，其中 R_{body} 为体
二极管导通电阻，U_{Fbody} 为体二极管导通时的
偏置电压，$R_{DS(on)}$ 为沟道导通电阻。

由图 4.48(a)可知，当 $u_{GS}<U_{GS(th)}$ 时，反向
导通压降为

$$u_{SD} = U_{Fbody} + i_D \cdot R_{body} \qquad (4.72)$$

式中，i_D 为负载电流。

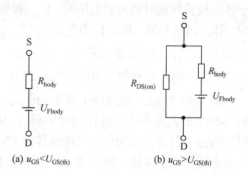

(a) $u_{GS}<U_{GS(th)}$　　　　(b) $u_{GS}>U_{GS(th)}$

由图 4.48(b)可知，当 $u_{GS}>U_{GS(th)}$ 时，沟
道与体二极管并联，此时电流满足以下关系：

图 4.48　SiC MOSFET 第三象限导通时的等效电路

$$i_D = i_{CH} + i_{BD} \qquad (4.73)$$

式中，i_{CH} 为沟道电流；i_{BD} 为体二极管电流。

此时，反向导通压降为

$$u_{SD} = U_{Fbody} + i_{BD} \cdot R_{body} = i_{CH} \cdot R_{DS(on)} \qquad (4.74)$$

由式(4.72)和式(4.74)即可求得不同负载下的反向导通压降。另外，也可以通过体二极管
导通曲线和 SiC MOSFET 输出特性曲线求得，由于体二极管和沟道是并联关系，所以只要
将二者在同一导通压降下对应的电流相加，即可得到相应的第三象限导通特性曲线。

图 4.49 为 SiC MOSFET 在不同驱动负压$(U_{GS} \leqslant 0V)$下的反向导通特性曲线。当
$U_{GS} \leqslant 0V$ 时，沟道尚未导通，反向电流只能流过体二极管。当漏源两端的反向电压 U_{SD} 低

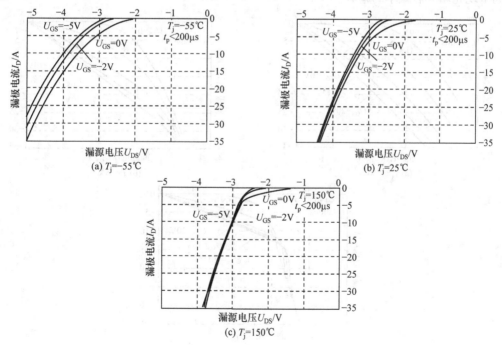

图 4.49　SiC MOSFET 在不同驱动负压$(U_{GS} \leqslant 0V)$下的反向导通特性曲线

于体二极管导通时的阈值电压时，体二极管处于关断状态，当 U_{SD} 高于体二极管的阈值电压时，体二极管导通。随着栅源电压 $U_{GS}(U_{GS} \leqslant 0)$ 绝对值的升高，SiC MOSEFT 体二极管导通压降 $U_{DS}(U_{DS} \leqslant 0)$ 的绝对值会略有升高。与此同时，SiC MOSFET 体二极管导通压降 $U_{DS}(U_{DS} \leqslant 0)$ 的绝对值也会随着结温的升高而降低。

图 4.50 为 SiC MOSFET 在不同驱动正压 $(U_{GS} \geqslant 0\mathrm{V})$ 下的反向导通特性曲线，此时 SiC MOSFET 的沟道和体二极管同时导通。在 SiC MOSFET 工作于第三象限条件下，当 $u_{GS} \leqslant 0\mathrm{V}$ 时，沟道未打开，反向电流只能从体二极管流过；当 $0 < u_{GS} < U_{GS(th)}$ 时，尚未形成导电沟道，反向电流仍只能从体二极管流过；当 $u_{GS} > U_{GS(th)}$ 时，开始形成导电沟道，当 u_{SD} 小于体二极管偏置电压时，只有沟道导通，u_{SD} 等于沟道压降。一旦 u_{SD} 大于体二极管偏置电压，沟道和体二极管并联分担反向电流。随着 u_{GS} 增加，导电沟道变宽，沟道电阻减小，沟道分担的反向电流比例会逐步增加。当 $u_{GS} > 15\mathrm{V}$ 后，曲线变化很小；$u_{GS} = 20\mathrm{V}$ 时曲线基本不变，可以看出，此时沟道完全导通。在相同的栅极驱动电压下，随着温度的升高，导通相同的电流，反向压降逐渐升高。随着温度的升高，体二极管压降呈负温度系数，沟道电阻呈正温度系数，这意味着，随着温度变化，体二极管和沟道分担反向电流的比例也会发生变化。当 u_{GS} 较小时，体二极管压降在第三象限导通特性中占主导地位，因此随着温度升高，SiC MOSFET 反向导通压降呈减小趋势；当 u_{GS} 较大时 $(u_{GS} \geqslant 10\mathrm{V})$，在临界负载电流下，沟道压降在第三象限导通特性中占主导地位，而在临界负载电流以上时，体二极管压降占主导地位。因此随着温度升高，SiC MOSFET 反向导通压降的变化规律与负载电流大小有关。负载电流低于临界值时，反向导通压降随温度升高而逐渐增大；负载电流高于临界值时，反向导通压降随温度升高呈现先增大后减小的趋势。

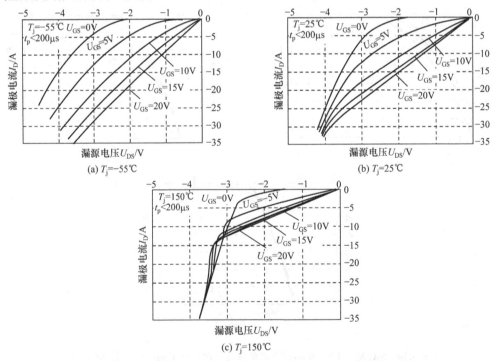

图 4.50　SiC MOSFET 在不同驱动正压 $(U_{GS} \geqslant 0\mathrm{V})$ 下的反向导通特性曲线

2. eGaN HEMT

eGaN HEMT 无体二极管，但是由于 eGaN HEMT 结构具有高度的对称性，当其沟道导通时，电流既可以从漏极流向源极，也可以从源极流向漏极，因此 eGaN HEMT 也具有双向导通能力。当 eGaN HEMT 栅源电压高于其栅源阈值电压 $U_{GS(th)}$ 时，其沟道打开，电流可以从漏极流向源极，类似地，当其栅漏电压高于栅漏阈值电压 $U_{GD(th)}$ 时，沟道也会打开，电流可以从源极流向漏极。图 4.51 是 eGaN HEMT 的等效电路模型，可知其极间电容电压满足以下关系：

$$U_{GD} = U_{GS} - U_{DS} \tag{4.75}$$

eGaN HEMT 反向导通时需要满足：

$$U_{GD} > U_{GD(th)} \tag{4.76}$$

由式(4.75)和式(4.76)可得，eGaN HEMT 反向导通时需要满足的条件为

$$U_{DS} > U_{GD(th)} - U_{GS} \tag{4.77}$$

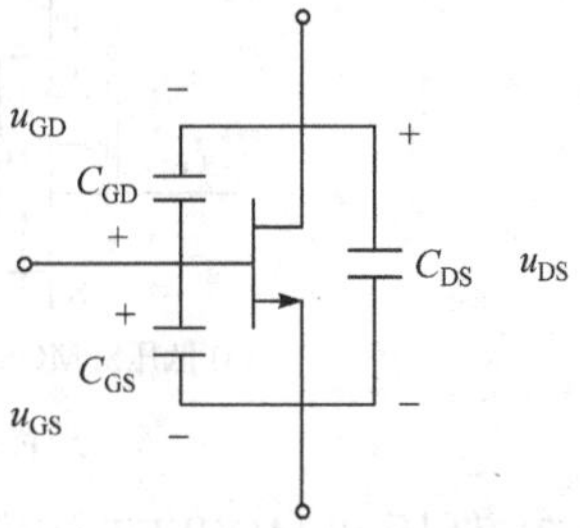

图 4.51　eGaN HEMT 的等效电路模型

eGaN HEMT 反向导通时的导通压降 u_{SD} 可以表示为

$$u_{SD} = U_{GD(th)} - U_{GS} + i_D R_{SD(on)} \tag{4.78}$$

式中，$U_{GD(th)}$ 为 eGaN HEMT 栅漏阈值电压。从第 3 章 eGaN HEM 的结构图可见，eGaN HEMT 的栅极离源极更近一些，因此 $U_{GD(th)}$ 稍大于 $U_{GS(th)}$，但是计算时可以近似认为二者相等。$R_{SD(on)}$ 为 eGaN HEMT 反向导通电阻，可以认为和正向导通电阻 $R_{DS(on)}$ 基本相等，因此 eGaN HEMT 反向导通压降可表示为

$$u_{SD} = U_{GS(th)} - U_{GS} + i_D R_{DS(on)} \tag{4.79}$$

eGaN HEMT 与 SiC MOSFET 相比，第三象限导通特性有两点主要区别。

(1) eGaN HEMT 内部不存在类似 SiC MOSFET 的 p-n 结构，因此其反向导通结束时不会出现体二极管反向恢复电流，但是由于 eGaN HEMT 存在极间寄生电容，因此当其反向导通过程结束时，极间电容充电仍会带来一定的反向充电电流。

(2) eGaN HEMT 反向导通时的导通压降受栅源电压的影响，由式(4.79)可知，随着 U_{GS} 的减小，导通压降升高。

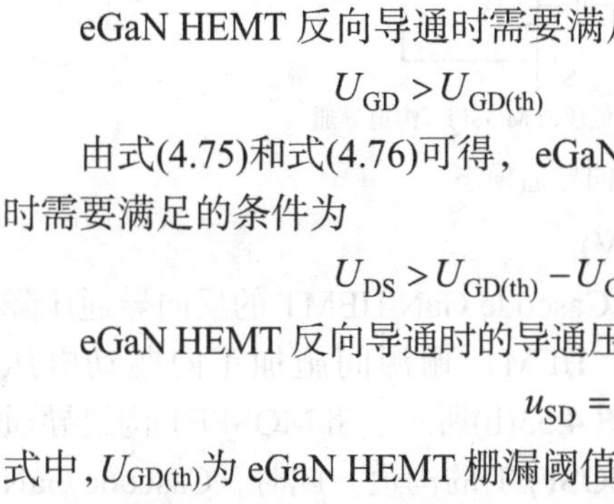

图 4.52 为 eGaN HEMT(GS66504B)第三象限导通特性曲线，当其栅源电压小于 0V 时，其特性与二极管导通特性相似，导通压降随着栅源电压($U_{GS}<0V$)绝对值的升高而增大。

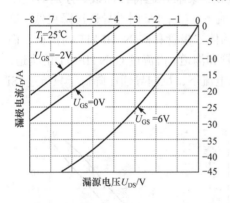

图 4.52　eGaN HEMT 第三象限导通特性曲线

3. Cascode GaN HEMT

Cascode GaN HEMT 通过控制 Si MOSFEET 的开关状态即可控制整个器件的开通/关断，可作为常断型器件使用，反向导通时根据栅源电压的不同，其反向导通模式可分为两种情况。

1) 低压 Si MOSFET 体二极管导通($U_{GS}=0V$，$U_{DS}<0V$)

Cascode GaN HEMT 的栅源电压 U_{GS} 为零，因此低压 Si MOSFET 处于关断状态。当器

件漏源两端的电压为负时，Si MOSFET 的体二极管就会导通。由于常通型 GaN HEMT 栅源两端的电压等于体二极管的导通压降 U_F，即 $U_{GS\_GaN}=U_F>U_{TH\_GaN}$，因此，常通型 GaN HEMT 处于导通状态，电流 I_F 流过 Si MOSFET 的体二极管和 GaN HEMT 的沟道，如图 4.53(a)所示，器件两端的压降为

$$u_{SD} = U_{SD\_Si} + I_F \cdot R_{SD(on)\_GaN} \tag{4.80}$$

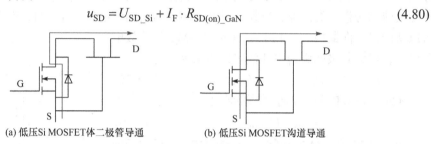

(a) 低压 Si MOSFET 体二极管导通　　　　(b) 低压 Si MOSFET 沟道导通

图 4.53　Cascode GaN HEMT 反向导通模态

2) 低压 Si MOSFET 沟道导通($U_{GS}>U_{TH\_Si}$，$U_{DS}<0\text{V}$)

低压 Si MOSFET 体二极管导通时压降较大，导致 Cascode GaN HEMT 的反向导通压降也较大，为了解决这个问题，可以在 Cascode GaN HEMT 栅源间施加正向驱动电压 ($U_{GS}>U_{TH\_Si}$)，使低压 Si MOSFT 的沟道完全导通，如图 4.53(b)所示。Si MOSFET 沟道导通电阻很小，沟道压降 $U_{SD\_Si}<U_F$，电流 I_D 全部流过 Si MOSFET 的沟道。此时，Cascode GaN HEMT 源漏间的电压为

$$U_{SD} = I_F \cdot (R_{SD(on)\_GaN} + R_{SD(on)\_Si}) \tag{4.81}$$

图 4.54 为 $U_{GS}=0\text{V}$ 时，Cascode GaN HEMT 第三象限导通特性随结温变化曲线，可以看到在相同漏极电流下，反向导通时的导通压降会随着结温的升高而增大。

图 4.55 为不同栅源电压下 Cascode GaN HEMT 第三象限导通特性曲线，分别对应了图 4.53 中的两种反向导通模式。可以看到相同漏极电流下，$U_{GS}=8\text{V}$ 时的导通压降更低。这是因为当 $U_{GS}<U_{TH\_Si}$ 时，反向电流流过 Si MOSFET 的体二极管和 GaN HEMT 的沟道，而 $U_{GS}=8\text{V}$ 时，反向电流同时流过 Si MOSFET 的体二极管和沟道，再流过 GaN HEMT 的沟道。此时 Si MOSFET 的体二极管和沟道并联，相同负载电流下，反向导通压降低于只流过 Si MOSFET 体二极管时的压降。

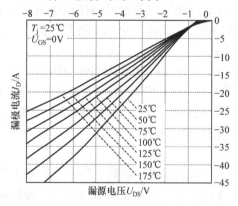

图 4.54　Cascode GaN HEMT 第三象限导通特性随结温变化曲线

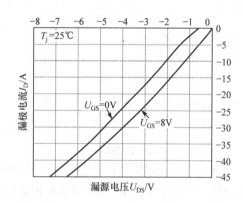

图 4.55　Cascode GaN HEMT 第三象限导通特性曲线

以上以 SiC MOSFET、eGaN HEMT、Cascode GaN HEMT 等典型器件为例探讨了宽禁带电力电子器件的第三象限特性。随着器件的发展，未来还有可能出现更多类型的具有双向导通能力的宽禁带电力电子器件，对每类器件的第三象限特性进行充分认识，有助于在桥臂功率电路中更加合理有效地使用器件。

4.6　本章小结

单管电路和桥臂电路是电力电子变换器电路拓扑的最基本单元。本章介绍了单管电路和桥臂电路的基本工作原理与特点。桥臂电路由两个单管组成，但其工作特点与单管电路又有所区别。桥臂电路工作时需要考虑桥臂直通、桥臂串扰和死区续流等问题。

本章首先分析了单管电路的工作过程，从器件参数、电路参数和工况条件等方面阐述了这些典型因素对开关时间与开关特性的影响。对比分析了实际电路和理想电路中的非理想因素，重点探讨了器件和 PCB 的寄生参数，以及开关回路的关键走线和开关节点，进而阐述了这些寄生参数对开关过程的影响。

接着对桥臂电路中的直通现象、死区设置进行了讨论，详细分析了桥臂电路一周期工作过程。并对桥臂串扰的产生机理和抑制方法进行了介绍，最后对死区续流问题进行了分析，以 SiC MOSFET 和 eGaN HEMT 等典型器件为例探讨了宽禁带电力电子器件在桥臂电路中的续流工作模式，阐述了第三象限工作特性及各种模式的优缺点，从而为优化选择合适的死区续流方式提供了理论分析基础和指导依据。

思考题和习题

4-1　负载性质不同时，SiC MOSFET 的开通、关断过程有何不同？

4-2　接感性负载时，SiC MOSFET 的开通时间、关断时间受哪些因素影响？各因素是如何影响的？

4-3　接感性负载时，SiC MOSFET 的开通 $\mathrm{d}i/\mathrm{d}t$、$\mathrm{d}u/\mathrm{d}t$ 受哪些因素影响？

4-4　接感性负载时，SiC MOSFET 的关断 $\mathrm{d}i/\mathrm{d}t$、$\mathrm{d}u/\mathrm{d}t$ 受哪些因素影响？

4-5　以单管开关电路为例，阐述 SiC MOSFET 的开关速度一般有何限制。

4-6　阐述理想 MOSFET 与实际 MOSFET 有哪些不同。

4-7　SiC MOSFET 与 Si 基普通 MOSFET、CoolMOS 相比，在导通电阻、栅极驱动电压、门槛电压、体二极管方面有何不同？(可结合相近定额器件实际参数加以说明)

4-8　从驱动电路设计角度考虑，阐述可以减小 SiC MOSFET 开关过程 $\mathrm{d}u/\mathrm{d}t$ 的方法。

4-9　从驱动电路设计角度考虑，阐述可以减小 SiC MOSFET 开关过程 $\mathrm{d}i/\mathrm{d}t$ 的方法。

4-10　阐述 SiC MOSFET 与 Si 基普通 MOSFET、CoolMOS 的结电容差异，并结合结电容比较三种器件的开关速度。(可结合相近定额器件实际参数加以说明)

4-11　阐述单管开关电路中的"关键走线"和"关键节点"含义，并说明其对电路工作的影响。

4-12　SiC MOSFET 源极电感对开通/关断过程以及开关损耗有什么影响？

4-13　SiC MOSFET 栅极电感对开通/关断过程有什么影响？

4-14　阐述直通现象及其产生的可能原因。

4-15　分析死区设置大小对变换器性能有何影响。

4-16　阐述桥臂串扰电压受哪些因素的影响及各因素的具体影响。

4-17　对比分析 SiC MOSFET 几种典型续流方式的特点。

4-18　阐述不同驱动电压下 eGaN HEMT 第三象限特性差异。(可结合实际器件 Datasheet 参数表加以说明)

第5章 宽禁带电力电子器件驱动电路原理与设计

驱动电路对于功率器件的使用有着重要的作用，设计优良的驱动电路既可以保证功率器件安全工作，又可以使其发挥最大的性能。SiC 和 GaN 器件与 Si 器件相比，在材料、结构等方面有所不同，器件特性上存在一些差异，因此不能用现有 Si 基功率器件的驱动电路来直接驱动 SiC 基和 GaN 基功率器件，宽禁带电力电子器件的驱动电路需要专门设计。本章分析宽禁带电力电子器件驱动电路的设计要求，对多种 SiC 器件和 GaN 器件的驱动电路原理与设计进行阐述，并扼要介绍高温驱动技术和集成驱动技术。

5.1 宽禁带电力电子器件的驱动电路设计挑战与要求

如图 5.1 所示，驱动电路的基本功能电路有三部分：信号传输电路、核心驱动电路和驱动电路供电电源。信号传输电路将来自控制电路的控制信号传递至核心驱动电路，主要起隔离、放大的作用，由于控制电路的工作电压比较低，且容易受到干扰，而驱动电路与功率管相连侧往往电压、电流等级都比较高，为了防止其对控制电路产生干扰，需要信号传输电路具备隔离功能。核心驱动电路直接与功率管相连，有多种线路形式，不同线路具有不同特点，需要根据驱动要求选取。驱动电路供电电源为信号传输电路和核心驱动电路供电，在主功率电路电压等级较高时也需要采用隔离式电源。

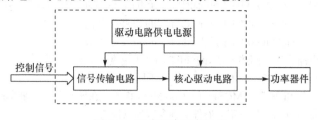

图 5.1 驱动电路基本组成

功率器件的开关特性与驱动电路的性能密切相关，同样的功率器件，采用不同的驱动电路会得到不同的开关特性，设计优良的驱动电路可以改善功率器件的开关特性。宽禁带电力电子器件的结构、特性与 Si 基电力电子器件有所不同，其开关速度和应用频率更高，对驱动电路的设计提出了更高的要求。

宽禁带电力电子器件的驱动电路设计要考虑驱动电压设置、栅极寄生电阻、栅极寄生电感、驱动芯片的输出电压上升/下降时间、驱动电流能力、传输延时、瞬态共模抑制能力、桥臂串扰抑制能力、驱动电路元件的 du/dt 限制、外部驱动电阻对开关特性的影响/保护以及 PCB 设计等诸多因素。

宽禁带电力电子器件的具体类型较多，虽然这些类型宽禁带电力电子器件的驱动电路设计具有一定的共性，但不同宽禁带电力电子器件的驱动电路也会有所差别。这里先以

SiC MOSFET 为例，深入剖析 SiC MOSFET 驱动电路的设计挑战与要求，再扼要阐述其他类型宽禁带电力电子器件的驱动要求。

5.1.1　SiC MOSFET 的开关过程及对驱动电路的要求

SiC MOSFET 是采用 SiC 材料制成的功率场效应晶体管，图 5.2 是考虑极间寄生电容的等效电路。由此可见，驱动 SiC MOSFET 实际上等同于驱动一个容性网络。驱动电路的等效电路如图 5.3 所示。

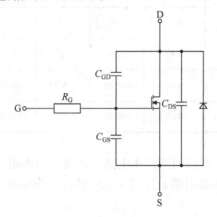
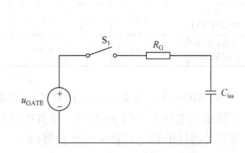

图 5.2　考虑极间寄生电容的等效电路　　　　图 5.3　驱动电路的等效电路

SiC MOSFET 的典型开关过程如图 5.4 所示，给出了开关过程中驱动电压 U_{GS}、漏源电压 U_{DS}、漏极电流 I_D 的波形图。

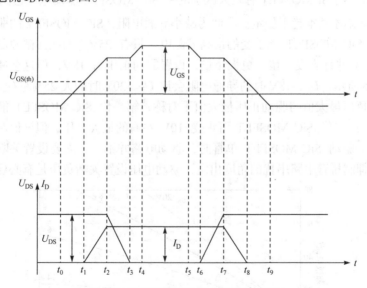

图 5.4　SiC MOSFET 的典型开关过程

表 5.1 列出了几种典型的 Si MOSFET 和 SiC MOSFET 主要电气参数对比情况。由表 5.1 可见，在电气性能方面，SiC MOSFET 比 Si MOSFET 具有更小的通态电阻和极间电容，开关过程中栅极电容的充放电速度更快。但 SiC MOSFET 的栅极阈值电压却较低，使其更容

易受到干扰发生误导通，而且其正/负向栅极电压极限值也相对较低，开关管工作时的栅极电压尖峰更容易使器件损坏，这些基本特性使 SiC MOSFET 的高频应用受到影响，因此需要根据具体器件特性对其驱动电路设计要求进行全面分析。

表 5.1　Si MOSFET 和 SiC MOSFET 主要电气参数对比

型号	U_{DS}/V	I_D/A	U_{GS}/V	$U_{GS(th)}$/V	$R_{DS(on)}$/Ω	C_{GS}/nF	C_{GD}/nF	C_{DS}/nF
IXTH26N60P (Si MOSFET)	600	26	±30	3.5	0.27	4123	27	373
IPW90R340C (Si MOSFET)	900	15	±30	3.0	0.34	2329	71	49
IXTH12N120 (Si MOSFET)	1200	12	±30	4.0	1.40	3295	105	175
CMF10120 (SiC MOSFET)	1200	24	+25/−5	2.4	0.16	0.9205	0.0075	0.0555
C2M0080120 (SiC MOSFET)	1200	31	+25/−10	2.2	0.08	0.9424	0.0076	0.0744

　　SiC MOSFET 驱动电路设计要考虑驱动电压、栅极回路寄生电感、栅极寄生内阻、驱动电路输出电压上升/下降时间、桥臂串扰抑制、驱动电路元件的 du/dt 限制、外部驱动电阻对开关特性的影响以及可靠保护等因素。

　　1. 驱动电压

　　SiC MOSFET 是压控型器件，在驱动电路设计时需要选择合适的驱动电压。

　　图 5.5 以意法半导体公司的 SCT30N120(1200V/45A)为例，给出了 SiC MOSFET 的输出特性(T_j = 25℃)。与 Si MOSFET 有较大区别的是 SiC MOSFET 驱动电压达到 20V 左右时，其导通电阻 $R_{DS(on)}$ 才基本趋于稳定。因此为减小导通电阻，SiC MOSFET 的驱动电压应尽可能高。但由于 SiC MOSFET 能承受的最高栅源电压只有 25V，因此其栅源驱动正压一般取为 20V 左右。有些保守设计留了更大裕量，设置驱动正压 18V，但这会使导通电阻略有增加。如图 5.5 所示，U_{GS}=18V 时的导通电阻会比 U_{GS}=20V 时的大 25%左右。SiC MOSFET 能承受的驱动负压最大值与驱动正压最大值不对称，第一代 SiC MOSFET 能承受的最大负压为-6~-5V，第二代 SiC MOSFET 可承受-10V 左右的最大负压，但该值和最大正压值仍存在较大差距。驱动 SiC MOSFET 单管时，驱动电路并不一定需要设置关断负压，但从减小关断损耗或抑制桥臂电路串扰的角度出发，驱动电压设置关断负压是有必要的。

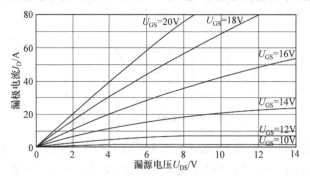

图 5.5　SiC MOSFET 的输出特性(T_j=25℃)

SiC MOSFET 正负驱动电压的摆幅值在 22～28V。由于驱动 SiC MOSFET 开关工作所需的栅极电荷较低，因此虽然其驱动电压摆幅值比 Si MOSFET 稍大，但并不会对驱动损耗有较大影响。

需要注意的是，不同半导体器件公司所生产的 SiC MOSFET 的驱动电压设置并不完全相同，且同一公司不同代 SiC MOSFET 产品的驱动电压也不相同，图 5.5 所对应的意法半导体公司 SiC MOSFET 只是一个典型个例，其驱动电压设置不能代表所有的 SiC MOSFET。表 5.2 列出目前几个典型半导体器件厂家所生产的 SiC MOSFET 的驱动电压典型值。

表 5.2　几个典型半导体器件厂家所生产的 SiC MOSFET 的驱动电压典型值

公司	典型产品		最大栅压/V	推荐栅压/V
Cree	第一代	CMF10120	−5/+25	−3/+20
	第二代	C2M0025120D	−10/+25	−5/+20
	第三代	C3M0016120K	−8/+19	−4/+15
Rohm	SCT2080KE		−6/+22	0/+18
	SCT3017AL		−4/+22	0/+18
ST	SCT10N120		−10/+25	−5/+20
	SCTH35N65G2V-7		−10/+22	−5/+20
Infineon	IMW120R045M1		−10/+20	0/+15

2. 栅极回路寄生电感

为了尽可能降低 SiC MOSFET 的导通电阻，器件厂家几乎把栅氧层的场强增大到极限值，这种设计理念造成的后果是 SiC MOSFET 栅压裕量系数(栅氧层击穿电压与标称栅压最大值之比)较低，表 5.3 为 Si 器件与 SiC MOSFET 的栅氧击穿电压对比情况。对于 Si 器件，栅压裕量系数为 3 左右；而对于 SiC MOSFET，栅压裕量系数均小于 2，最低只有 1.4 左右。

表 5.3　Si 器件与 SiC MOSFET 的栅氧击穿电压对比

器件	$U_{GS,max}$(额定)	$U_{GS,breakthrough}$(测试)	栅压裕量系数
Si MOSFET (公司 1)	+30V	+87V	2.9
Si IGBT (公司 2)	+20V	+71V	3.6
Si MOSFET (公司 3)	+20V	+60V	3.0
SiC MOSFET (公司 4 第 1 代)	+22V	+32V	1.5
SiC MOSFET (公司 5 第 1 代)	+25V	+48V	1.9
SiC MOSFET (公司 5 第 2 代)	+25V	+34V	1.4

当 Si IGBT 或 Si MOSFET 栅极电压产生振荡时，仅仅会恶化开关性能，影响开关管的长期工作寿命；而当 SiC MOSFET 栅极电压产生振荡时，可能超过 SiC MOSFET 栅源击穿

电压，使栅氧层永久损坏。

如图 5.6 所示，考虑栅极寄生电感与栅极电容、驱动电阻构成的驱动回路是典型二阶电路，满足：

$$L_G = \frac{R_G^2 \cdot C_{GS}}{4 \cdot \xi^2} \tag{5.1}$$

式中，ξ 为栅极回路的阻尼系数；L_G 为栅极寄生电感；C_{GS} 为栅极电容；R_G 为驱动电阻。在驱动电路参数设计时若保证栅极电压安全裕量系数为 1.4，则对应阻尼系数为 0.3，同时考虑到 SiC MOSFET 器件的参数、公差及长期工作寿命，阻尼系数一般至少要大于 0.75。因此必须满足：

$$L_{G,max} \leqslant \frac{R_G^2 \cdot C_{GS}}{2.25} \tag{5.2}$$

为保证 SiC MOSFET 的高开关速度，R_G 一般取得较小，这就要求栅极回路寄生电感尽可能小。

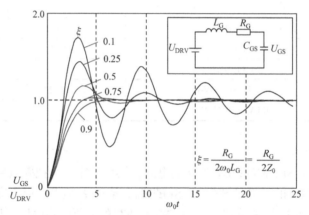

图 5.6　栅极驱动电路等效示意图和栅极电压波形分析

3. 栅极寄生内阻

SiC MOSFET 的开关速度主要受到其栅-漏电容(密勒电容)大小及驱动电路可提供的充/放电电流大小限制。充/放电电流大小与驱动电压 U_{Drive}、密勒平台电压 U_{Miller} 以及栅极电阻 R_G 有关。当开关管型号及驱动电压确定后，驱动电阻成为影响开关时间的关键因素。

当不外加驱动电阻时，栅极电阻只计及栅极寄生内阻，此时 SiC MOSFET 可获得的最短开通时间和关断时间为

$$t_{on(min)} = \frac{R_{G(int)} \cdot Q_{GD}}{U_{Drive+} - U_{Miller}} \tag{5.3}$$

$$t_{off(min)} = \frac{R_{G(int)} \cdot Q_{GD}}{U_{Miller} - U_{Drive-}} \tag{5.4}$$

式中，$R_{G(int)}$ 为栅极内阻；Q_{GD} 为栅漏电容；U_{Miller} 为密勒平台电压；U_{Drive+} 为驱动正压；U_{Drive-} 为驱动负压。

以几家典型 SiC MOSFET 生产商为例，表 5.4 列出其商用产品可获得的最短开关时间

数据。

表 5.4　几种典型 SiC MOSFET 的最短开关时间对比

公司	型号	$R_{G(int)}/\Omega$	Q_{GD}/nC	$U_{GS(max)}/V$	U_{Miller}/V	t_{on}/ns	t_{off}/ns
Cree	CPM2-1200-0025B	1.1	50	−10/+25	~9	3.4	2.9
Cree	CPM2-1200-0160B	6.5	14	−10/+25	~9	5.7	4.8
Rohm	SCT2080KE	6.3	31	−6/+22	9.7	15.9	12.4
Rohm	SCT2450KE	25	9	−6/+22	10.5	19.6	13.6
ST	SCT30N120	5	40	−10/+25	~9	12.5	10.5
ST	SCT20N120	7	12	−10/+25	~9	5.1	4.3

4. 驱动电路输出电压上升/下降时间

栅极驱动芯片输出电压的上升/下降时间必须小于栅极电压到达密勒平台的时间，才能在密勒平台过程中给 SiC MOSFET 的栅漏极电容及时充/放电，使 SiC MOSFET 沟道可以正常开通或关断。驱动芯片的上升时间 t_{rise} 应满足关系式：

$$\frac{U_{Miller} - U_{Drive-}}{U_{Drive+}} = \frac{1}{Y} \cdot \left(e^{-Y} + Y - 1 \right) \tag{5.5}$$

$$Y = \frac{t_{rise} \cdot (U_{Miller} - U_{Drive-})}{R_G \cdot Q_{DS}} \tag{5.6}$$

式中，Q_{DS} 为漏源电容电荷。式(5.5)、式(5.6)构成超越方程，需迭代求解。

以 Cree 公司型号为 CPM2-1200-0025B 的 SiC MOSFET 为例，经计算可得，驱动芯片输出电压上升时间不宜超过 6.4ns。在选择驱动芯片时，可考虑如 IXYS 公司的驱动芯片 IXDD614，其上升/下降时间只有 2.5ns，能满足这一要求。

在为 SiC MOSFET 选择驱动芯片时，应尽量选择电压上升/下降时间短的驱动芯片。

5. 桥臂串扰抑制

桥臂电路中功率开关管在高速开关动作时，上下管之间的串扰会变得比较严重。当功率开关管栅极串扰电压超过栅极阈值电压时，就会使本应处于关断状态的功率开关管误导通，引发桥臂直通问题。

以桥臂电路下管开通瞬间为例，下管开通时，上管栅极电压为低电平或负压，上管漏源极间电压迅速上升，产生很高的 dU_{DS}/dt，此电压变化率会与栅漏电容 C_{GD} 相互作用形成密勒电流，该电流通过栅极电阻与栅源极寄生电容分流，在栅源极间引起正向串扰电压。如果上管栅源极串扰电压超过其栅极阈值电压，上管将会发生误导通，瞬间会有较大电流流过桥臂上下管，两只功率开关管的损耗显著增加，严重时会损坏功率管。

相似地，在下管关断瞬态过程中，上管的栅源极会感应出负向串扰电压，负向串扰电压不会导致直通问题，但如果它的幅值超过了器件允许的最大负栅极偏压，同样会导致功率开关管失效。在上管开通和关断瞬态过程中，下管也会产生类似的串扰问题。

Si 基高速开关器件，如 Si CoolMOS、Si IGBT，在用于桥臂电路时，均存在不同程度的桥臂串扰问题。SiC MOSFET 由于栅极阈值电压和负压承受能力均较低、开关速度更快，因而更易受到桥臂串扰的影响。如图 5.7 所示，为密勒电容引起桥臂串扰的等效电路示意图。当上管漏源极电压迅速上升时，栅漏电容 C_{GD} 上流过的密勒电流大小为

$$i_t = C_{GD} \cdot dU_{DS} / dt \tag{5.7}$$

此密勒电流通过栅极电阻与栅源极寄生电容 C_{GS} 分流，其中，流过栅极电阻的电流为 i_1，流过栅源极寄生电容 C_{GS} 的电流为 i_2。电流满足：

$$i_t = i_1 + i_2 \tag{5.8}$$

因此，上管栅源极间串扰电压的大小可根据 i_1 和栅极电阻计算得到。

$$\Delta U_{GS} = (R_{DRV} + R_{off\_HS} + R_{G(int)}) \cdot i_1 \tag{5.9}$$

式中，R_{DRV} 是驱动芯片内阻；R_{off_HS} 是上管驱动关断回路电阻；$R_{G(int)}$ 是功率管栅极寄生内阻。当上管栅源极间电压的大小超过其栅极阈值电压时，上管会发生误导通，产生桥臂直通现象。因此，在 SiC MOSFET 构成的桥臂电路中，要采取有效措施抑制桥臂串扰，以保证器件和电路可靠工作。

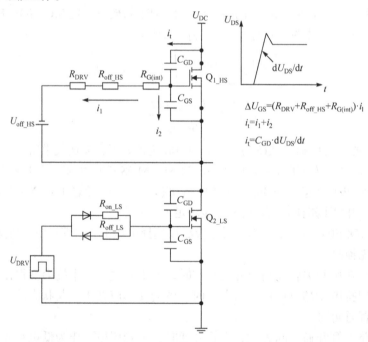

图 5.7　密勒电容引起桥臂串扰的等效电路示意图

6. 驱动电路元件的 du/dt 限制

在高速开关驱动电路中，无论驱动芯片、驱动电路隔离供电电源，还是散热器，均存在寄生耦合电容，这些寄生电容与快速变化的电压(SiC MOSFET 漏源电压变化率 du/dt 可达±50V/ns)相互作用，会产生干扰电流，在低功率控制和逻辑电路中产生不希望出现的电压降，影响电路性能，引起逻辑电路的误动作，造成电路故障。在高速 SiC MOSFET 的驱动电路设计中，要特别注意这一问题。

图 5.8 为桥臂电路中存在的主要寄生耦合电容示意图，包括驱动电路中的信号耦合电容、驱动隔离变压器原副边耦合电容，以及散热器与底板间的耦合电容等。

对于 SiC MOSFET 桥臂来说，桥臂中点的电压在母线电压与地之间高频切换，开关周期最短只有 4ns，相当于开关频率为 250MHz。这一高频交流信号会在图 5.8 中的这些耦合电容上产生较大的共模电流，因此必须通过 Y 电容来提供较小的阻抗回路，分流这样的共模电流，以避免产生严重的 EMI 问题。在这些耦合电容中，容易忽略的是散热器与底板间的耦合电容 C_{cooler}。C_{cooler} 的大小为

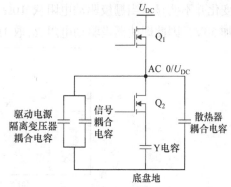

图 5.8　桥臂电路中存在的主要寄生耦合电容示意图

$$C_{cooler} = \varepsilon_0 \cdot \varepsilon_r \cdot \frac{A}{d} \tag{5.10}$$

式中，ε_0 为空气介电常数，$\varepsilon_0 = 8.85 \times 10^{-12} \, \mathrm{F/m}$；$\varepsilon_r$ 为相对介电常数；A 为高频交流区域相对的面积；d 为 DCB 板的厚度。

散热器与底板间的寄生电流必须尽可能小，电流路径必须尽可能短，但这一寄生电流基本上可以通过 Y 电容短路，对开关过程的影响可以忽略。但驱动回路寄生电容产生的电流会在信号隔离单元和信号输入部分产生干扰，因此需要特别注意。

7. 外部驱动电阻对开关特性的影响

驱动电阻是驱动电路中的关键参数之一，驱动电阻的影响贯穿于开关过程的每一个阶段，对栅源电压变化速率及其振荡超调量，漏极电流和漏源电压变化速率及其振荡超调量以及由此引起的 EMI、EMC 问题，开关时间和开关能量损耗都有影响，而且在实际驱动电路设计中往往先确定驱动电路拓扑、驱动芯片、驱动电压等，最后确定驱动电阻的取值，通过驱动电阻的取值，获得较好的整机效果，因此驱动电阻的取值至关重要，需要综合考虑多方面因素。

在驱动电路验证和特性测试阶段选择栅极驱动电阻时，往往要同时兼顾开关过程中的电压尖峰、电流尖峰以及开关能量损耗等因素，折中考虑。为便于说明，这里先阐述关断过程，再讨论开通过程。

1) 关断过程

SiC MOSFET 没有拖尾电流，因此关断能量损耗 E_{off} 主要是由漏源电压在上升过程中和漏极电流在下降过程中的交叠引起的。

与开通能量损耗不同(开通能量损耗与拓扑结构和所用二极管有关，例如，在 CCM 工作模式下的 Boost 变换器中，采用肖特基二极管或快恢复二极管时，SiC MOSFET 的开通能量损耗会有较大差异)，SiC MOSFET 的关断能量损耗仅取决于器件本身和驱动电路。

降低关断能量损耗 E_{off} 一般可采用两种方法：减小栅极驱动电阻 R_G；关断时采用负向驱动电压。

图 5.9 是驱动电阻取不同值时的典型关断波形。当驱动电阻较小时，漏源电压过冲(漏源峰值电压超过 U_{DC})会有所增大。对于 SCT30N120 而言，栅极驱动电阻变化时电压过冲

的变化并不明显。当栅极驱动电阻从 10Ω 降低到 1Ω 时，SiC MOSFET 的漏源电压过冲仅增加 50V，因此即使栅极驱动电阻 R_G 取 1Ω 时，仍能保证 20% 的电压裕量。

图5.9

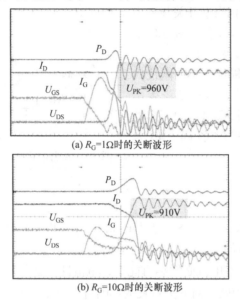

(a) $R_G=1Ω$ 时的关断波形

(b) $R_G=10Ω$ 时的关断波形

图 5.9   驱动电阻取不同值时的典型关断波形

（$U_{DC}=800V$，$I_D=20A$，$U_{GS}=-2\sim20V$，$T_j=25℃$）

图 5.10 为 SiC MOSFET(SCT30N120) 的关断能量损耗 E_{off} 与栅极驱动电阻 R_G 的关系曲线，关断能量损耗随驱动电阻值的增大呈线性规律增大。图 5.11 为关断能量损耗与驱动负压的关系曲线。可见，采用负向驱动电压关断 SiC MOSFET 能够降低关断能量损耗，其原因主要是采用驱动负压后，增大了栅极驱动电阻 R_G 上的压降，即增大了关断时的驱动电流，因而加快了栅极电荷的抽离速度。栅极电阻取 $1\sim10Ω$ 的典型值，当驱动电压从 0V 下降到 -5V 时，关断损耗降低 35%～40%。

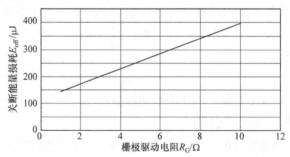

图 5.10   SiC MOSFET(SCT30N120) 的关断能量损耗 E_{off} 与栅极驱动电阻 R_G 的关系曲线

（$U_{DC}=800V$，$I_D=20A$，$U_{GS}=-2\sim20V$，$T_j=25℃$）

2) 开通过程

降低栅极驱动电阻 R_G 同样可以加快 SiC MOSFET 的开通速度，但其改善效果没有关断特性明显。图 5.12 为 SiC MOSFET 的开通能量损耗 E_{on} 与栅极驱动电阻 R_G 的关系曲线，当

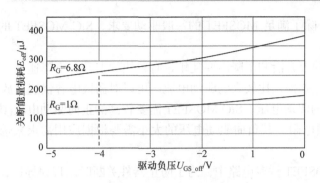

图 5.11　SiC MOSFET(SCT30N120)的关断能量损耗与驱动负电压的关系曲线

($U_{DC}=800V$,　 $I_D=20A$,　 $T_j=25℃$)

栅极驱动电阻 R_G 从 10Ω 降低到 1Ω 时，其开通能量损耗约降低 40%。但在选择驱动电阻时，应注意随着驱动电阻阻值的降低，di/dt 会越来越高，造成严重的电磁干扰。因此，栅极驱动电阻的大小需要合理选择。

　　驱动电阻对 SiC MOSFET 关断过程和开通过程的影响规律不同，因而在设计驱动电路时应区分驱动开通回路和驱动关断回路，分别设置相应的驱动电阻，其设置方式可参照图 5.7 中的下桥臂驱动电路。

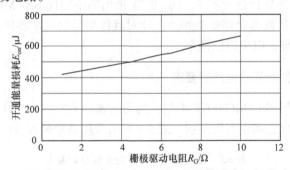

图 5.12　SiC MOSFET 的开通能量损耗 E_{on} 与栅极驱动电阻 R_G 的关系曲线

($U_{DC}=800V$, $I_D=20A$, $U_{GS}=-2V\sim20V$, $T_j=25℃$)

8. 可靠保护

　　用 SiC MOSFET 作为功率器件的功率变换器在工作过程中，可能会发生过流或短路故障，因此，在设计 SiC MOSFET 驱动电路，尤其是模块驱动电路时，必须采用可靠的短路保护措施。一种常用的短路保护电路是类似去饱和方案，通过检测 $U_{DS(sat)}$进行监测保护。当电路正常工作时，漏极与源极之间的电压为饱和值为 $U_{DS(sat)}$，但当 SiC MOSFET 过载或短路时，其漏源极电压升高。如果 $U_{DS(sat)}$测量电路检测到 $U_{DS(sat)}$超过了预先设定的参考电压，测量电路则判断 SiC MOSFET 出现了过流/短路故障，就会发出关断功率器件的指令并向主控单元报错。由于 SiC MOSFET 的正向脉冲电流和短路维持时间均远小于 Si IGBT，消隐时间和参考电压的设置都需要有所减小。

　　除了过流/短路保护，仍应设置关断过压保护和过温保护等功能，确保功率器件和电路安全可靠工作。

简要归纳下，除了满足 MOSFET 的一般驱动要求，SiC MOSFET 的驱动电路还需满足以下基本要求。

(1) 驱动脉冲的上升沿和下降沿要陡峭，有较快的上升、下降速度。

(2) 驱动电路能够提供比较大的驱动电流，可以对栅极电容快速充放电。

(3) 设置合适的驱动电压。SiC MOSFET 需要较高的正向驱动电压(典型值为+18～+20V)以保证较低的导通电阻，其负向驱动电压的大小需要根据应用需求来选择，选择范围一般为–2～–6V。

(4) 在 SiC MOSFET 桥臂电路中，为了防止器件关断时出现误导通，需采用合适的抗串扰/抗干扰电压措施。

(5) 驱动电路的元件需有足够高的 du/dt 承受能力，寄生耦合电容应尽可能小，必要时要采用相关抑制措施。

(6) 驱动回路要尽量靠近主回路，并且所包围的面积要尽可能小，减小回路引起的寄生效应，降低干扰。

(7) 驱动电路应具有适当的保护功能，如低压锁存保护、过流/短路保护、过温保护及驱动电压钳位保护等，保证 SiC MOSFET 功率管及相关电路可靠工作。

但要注意的是，SiC MOSFET 器件技术还在不断发展和成熟。不同厂家推出的 SiC MOSFET 产品的特性参数会有所差异，同一厂家推出的不同代 SiC MOSFET 产品的驱动电压和短路承受能力等参数也会存在差异。在针对具体型号的功率器件设计驱动电路时，要充分了解器件参数差异，以免以偏概全。

5.1.2　其他宽禁带器件对驱动电路的要求

其他宽禁带器件与 SiC MOSFET 类似，均为高速开关器件，因此在驱动要求上有很多相似之处，但不同器件之间也有所差别。表 5.5 列出常用宽禁带器件的主要驱动要求。

表 5.5　常用宽禁带器件的主要驱动要求

器件类型	典型公司及产品		栅极维持电流需求	最大栅压/V	推荐栅压/V	阈值电压/V	串扰抑制需求
SiC MOSFET	Cree 第一代	CMF10120	不需要	–5/+25	–3/+20	2.4	需要
	Cree 第二代	C2M0025120D	不需要	–10/+25	–5/+20	2.6	需要
	Cree 第三代	C3M0016120K	不需要	–8/+19	–4/+15	2.5	需要
	Rohm	SCT2080KE	不需要	–6/+22	0/+18	2.8	需要
	ST	SCT10N120	不需要	–10/+25	–5/+20	3.5	需要
		SCTH35N65G2V-7	不需要	–10/+22	–5/+20	3.2	需要
	Infineon	IMW120R045M1	不需要	–10/+20	0/+15	4.5	不必需
Cascode SiC JFET	UnitedSiC	UJ3C120080K3S	不需要	–25/+25	–5/+12	5	不需要
SiC BJT	GeneSiC	GA50JT12-247	需要	30	–5/+18	3.4	不必需

续表

器件类型	典型公司及产品		栅极维持 电流需求	最大栅压/V	推荐栅压/V	阈值电压/V	串扰抑制 需求
Cascode GaN HEMT	ON Semiconductor	NTP8G202N	不需要	−18/+18	0/+8	2.1	不必需
	Transphorm	TPH3205WSB		−18/+18	0/+8	2.1	
	VisIC	V80N65B		0/+15	0/+12	6.5	不需要
低压 eGaN HEMT	GaN Systems	GS61004B	不需要	−10/+7	0/+6	1.3	需要
	EPC	EPC2016C		−4/+6	0/+5	1.4	
高压 eGaN HEMT	GaN Systems	GS66504B	不需要	−10/+7	0/+6	1.3	需要
GaN GIT	Panasonic	PGA26C09DV	需要	−10/+4.5	0/+4	1.2	需要

5.2　SiC 器件的驱动电路原理与设计

5.2.1　SiC MOSFET 的驱动电路原理与设计

1. 单管变换器中 SiC MOSFET 的驱动电路

由第 3 章可知，典型的 SiC MOSFET(如型号为 CMF10120)的驱动电压在 0~20V 变化时，导通电阻会随着驱动电压的升高而减小，25℃时在驱动电压达到 18V 以后，导通电阻的降低速度开始减慢，驱动电压达到 20V 时的导通电阻最小。

Si MOSFET 功率器件驱动电压高电平一般设置为 12V 或者 15V，低电平通常设置为 0V 或−5V。因 SiC MOSFET 负压极限值低，虽然为了防止误导通通常也需要设置负压，但负压值要根据器件要求有所限制。SiC MOSFET 对驱动电压及驱动快速性的要求也与 Si MOSFET 有较大不同，不能直接用现有 Si MOSFET 功率器件的驱动电路来驱动 SiC MOSFET。

美国 Cree 公司和日本 Rohm 公司均推出针对 SiC MOSFET 的驱动电路样板设计。如图 5.13 所示，为 Cree 公司的 SiC MOSFET 单管驱动电路样板。其中，ACPL-4800 为光耦芯片，IXDN409SI 为驱动芯片，RP-1212D 和 RP-1205C 是模块电源。

Cree 公司推荐的这款驱动电路采用的驱动芯片是 IXYS 公司的 IXDN409SI，可提供 9A 的峰值驱动电流。正向驱动电压$(+U_{CC})$设置为 20V，关断负压$(-U_{EE})$设置为−2V，该驱动电路适合单管变换器使用。相关文献也给出一些参考驱动电路，均是基于这一基本驱动电路设计思想进行变形或改进而得的。

Cree 公司、Rohm 公司和相关文献给出的 SiC MOSFET 的驱动电路对于单管功率电路尚可，但对于桥臂电路，因 SiC MOSFET 开关速度较快，桥臂上下管之间存在较为严重的桥臂串扰问题，因此其驱动电路必须带桥臂串扰抑制功能。

2. 桥臂电路中 SiC MOSFET 的驱动电路

为了保证 SiC MOSFET 安全可靠的工作，需要对桥臂上下管之间的串扰进行抑制，常用的串扰抑制方法包括无源抑制和有源抑制。无源抑制方法包括在栅源极间直接并联电容(图 5.14)、增加驱动负偏压(图 5.15)等。但是在栅源极间直接并联电容的方法会减慢开关速

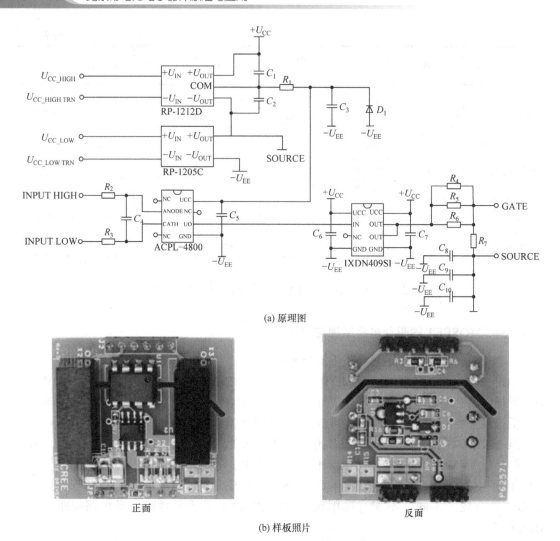

(a) 原理图

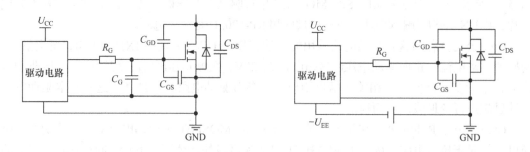

正面　　　　　　　　　　　　　　反面

(b) 样板照片

图 5.13　Cree 公司的 SiC MOSFET 单管驱动电路样板

图 5.14　栅源极直接并联电容　　　　图 5.15　增加驱动负偏压

度，增大开关损耗，限制 SiC MOSFET 器件性能优势的发挥。增加驱动负偏压的方法对正向串扰电压有一定抑制作用，但同时会加剧负向串扰电压的影响，使负向电压尖峰更容易超过其负向栅极电压极限值，导致器件寿命衰退甚至失效，所以无源抑制方法在抑制串扰电压的同时，也存在一定的局限性。

有源抑制方法的典型电路如图 5.16 所示，主要是通过在栅极增加辅助三极管或 MOSFET，在主功率开关管关断时将栅极电压钳位到地或者某一负压值，从而在不影响开关性能的前提下，实现对串扰电压的抑制。但对于 SiC MOSFET，由于栅源电容和栅漏电容的比例关系与 Si MOSFET 有所不同，因而直接用传统的有源抑制方法仍有不妥，为此必须在桥臂电路开关转换瞬间减小栅源极间等效阻抗，从而使密勒电流产生的串扰电压降至最低，但同时又不能影响功率开关管的开关速度。

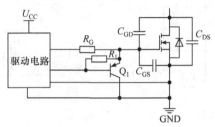

图 5.16　有源抑制方法的典型电路

如图 5.17 所示，为一种新型有源串扰抑制驱动电路原理图，该驱动电路与传统驱动电路的区别是在栅源极两端并接了由辅助开关管 S_a 和辅助电容 C_a 串联而成的辅助支路，S_{a_H}、S_{a_L} 分别是桥臂上管、下管的辅助开关管，C_{a_H}、C_{a_L} 分别是桥臂上管、下管的辅助电容。在主功率开关管关断之后开通辅助开关管，使辅助电容并联到主功率开关管的栅源极之间，为漏源极电压变化产生的密勒电流提供一个低阻抗回路，从而抑制串扰电压，电路的工作模态如图 5.18 所示，主管和辅管的开关时序如图 5.19 所示。

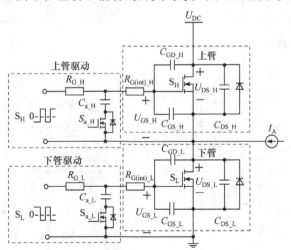

图 5.17　新型有源串扰抑制驱动电路原理图

各模态的工作情况如下。

模态 1(t_0，t_1)：t_0 时刻，上、下管都处于关断状态。如图 5.18(a)所示，上、下管驱动电路的负电压通过辅助开关管 S_{a_L}、S_{a_H} 的体二极管和驱动电阻 R_{G_H}、R_{G_L} 给辅助电容 C_{a_H}、C_{a_L} 进行充电，在 t_1 时刻两辅助电容电压达到稳定。充电时间常数取决于驱动电阻值和辅助电容值的乘积。

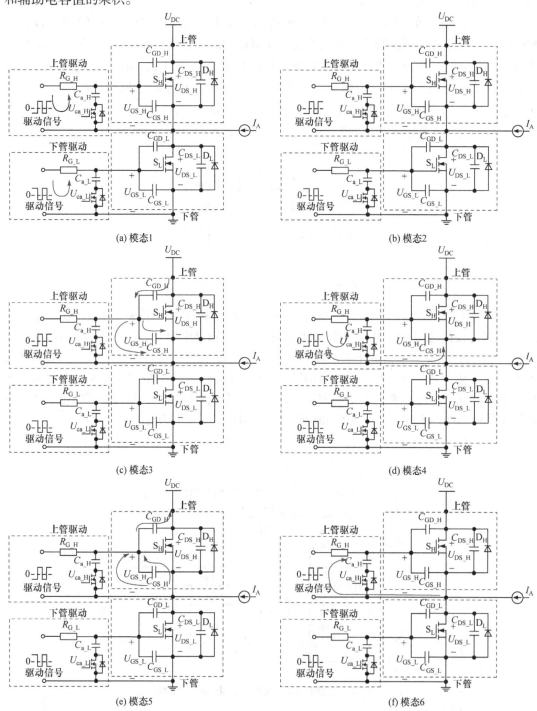

图 5.18   新型有源串扰抑制驱动电路的工作模态

模态 2 (t_1，t_2)：t_1 时刻，辅助开关管 S_{a_L} 和 S_{a_H} 仍保持关断，等待主电路上电，如图 5.18(b)所示。在 t_2 时刻，下管开始开通。

模态 3 (t_2, t_3)：t_2 时刻，下管开通，如图 5.18(c)所示。因为辅助开关管的寄生电容值比其串联的电容值小几个数量级，所以可以忽略辅助 MOS 管的寄生电容的影响。在下管 S_L 开通瞬间，S_{a_H} 开通，辅助电容 C_{a_H} 直接连接到上管的栅源极之间。这个辅助电容值相比开关管 S_H 寄生电容值大得多，给下管开通瞬间因串扰产生的上管密勒电流提供了低阻抗回路，从而使上管栅源极串扰电压大大降低，抑制了串扰。t_3 时刻下管开通过程完成。

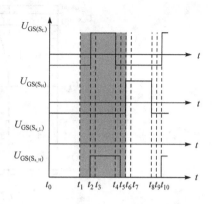

图 5.19　主管和辅管的开关时序图

模态 4 (t_3, t_4)：t_3 时刻，所有开关管的开关状态保持不变，上管 S_H 的驱动负压通过驱动电阻给辅助电容 C_{a_H} 和 C_{GS_H} 进行放电使其保持驱动负压，如图 5.18(d)所示。在 t_4 时刻，下管 S_L 开始关断。

模态 5 (t_4, t_5)：t_4 时刻，下管 S_L 关断。由于辅助开关管 S_{a_L} 仍然保持关断，所以下管 S_L 关断时不会产生影响。与此同时，密勒电流将从上管辅助开关管的寄生二极管和电容形成的低阻抗回路流过，上管栅源极产生的负压将会降至最小，抑制了下管关断时负向串扰电压对上管的损害，如图 5.18(e)所示。

模态 6 (t_5, t_6)：t_5 时刻，上管辅助开关管关断，C_{a_H} 与上管栅源极断开，驱动负压通过驱动电阻给 C_{GS_H} 充电，使其维持在驱动负压，如图 5.18(f)所示。

上管开通、关断瞬态的串扰电压抑制原理与下管分析类似，这里不再赘述。

在基本驱动电路的基础上增加了辅助开关管和辅助电容后，可以得出此时上管栅极串扰电压 ΔU_{GS_H} 的表达式为

$$\Delta U_{GS\_H} = \frac{C_{GD\_H} U_{DC}}{A} + a \cdot \left(\frac{C_{a\_H}}{A}\right)^2 \cdot R_{G(int)\_H} \cdot C_{GD\_H} \left(1 - e^{\frac{-A U_{DC}}{a C_{a\_H} R_{G(int)\_H} C_{iss\_H}}}\right) \tag{5.11}$$

式中，a 是开关管的漏源极间电压变化率；A 为辅助电容 C_a 和 SiC MOSFET 输入电容 C_{iss} 之和。

在下管开通瞬间，上管栅源极产生正向串扰电压；在下管关断瞬间，上管栅源极产生负向串扰电压，其波形如图 5.20 所示。图中，$U_{GS(th)}$ 为功率管栅极阈值电压，$U_{GS\_H(+)}$ 为正向串扰电压峰值，U_{2_H} 为驱动负偏置电压，$U_{GS\_H(-)}$ 为产生的负向串扰电压峰值，$U_{GS\_max(-)}$ 为开关管允许的最大负向栅源电压值。

下管开通和关断瞬间分别会对上管产生正向和负向串扰电压，在上管关断电压基础上形成电压峰值，其幅值分别为

$$U_{GS\_H(+)} = U_{2\_H} + \Delta U_{GS\_H(+)} = U_{2\_H} + \frac{C_{GD\_H} U_{DC}}{A}$$
$$+ a_r \cdot \left(\frac{C_{a\_H}}{A}\right)^2 \cdot R_{G(int)\_H} \cdot C_{GD\_H} \left(1 - e^{\frac{-A U_{DC}}{a_r C_{a\_H} R_{G(int)\_H} C_{iss\_H}}}\right) \tag{5.12}$$

$$U_{GS\_H(-)} = U_{2\_H} - \Delta U_{GS\_H(-)} = U_{2\_H} - \frac{C_{GD\_H} U_{DC}}{A}$$
$$- a_f \cdot \left(\frac{C_{a\_H}}{A}\right)^2 \cdot R_{G(int)\_H} \cdot C_{GD\_H} \left(1 - e^{\frac{-A U_{DC}}{a_f C_{a\_H} R_{G(int)\_H} C_{iss\_H}}}\right) \tag{5.13}$$

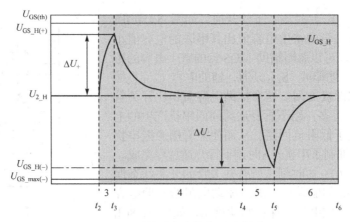

图 5.20　开关瞬态串扰电压示意图

式中，U_{2_H} 为上管关断时的驱动负偏置电压。

为了保证功率开关管可靠工作，正向串扰电压的峰值不能超过功率开关管的栅极阈值电压，负向串扰电压峰值不能超过栅极负向电压极限值，因此正负向串扰电压和栅极驱动关断负向偏置电压需要满足以下关系：

$$\Delta U_{GS\_H(+)} + \Delta U_{GS\_H(-)} \leqslant U_{GS(th)\_H} - U_{GS\_max(-)} \tag{5.14}$$

$$U_{2\_H} \leqslant U_{GS(th)\_H} - \Delta U_{GS\_H(+)} \tag{5.15}$$

$$U_{2\_H} \geqslant U_{GS\_max(-)} + \Delta U_{GS\_H(-)} \tag{5.16}$$

以 Cree 公司型号为 CMF10120 的 SiC MOSFET 为例，在输入电压为 500V、驱动电阻为 10Ω 的情况下，正负向串扰电压之和与辅助电容的关系曲线如图 5.21 所示。由于常温下 CMF10120 的栅极阈值电压为 2.4V，栅极能承受的最大负向电压为–5V，因此正向、负向串扰电压之和应小于 7.4V，即辅助电容值应大于 58pF。同时从图 5.21 中可看出当辅助电容超过 10nF 之后，串扰电压曲线趋于平缓，再继续增大辅助电容对串扰电压的抑制作用已较微弱，所以辅助电容宜选择为 58pF～10nF。

栅极关断负向偏置电压与辅助电容的关系曲线如图 5.22 所示，其中实线为其上限值，虚线为其下限值，负向偏置电压取值应该小于其上限值、大于其下限值，所以栅极负向偏置电压的选择范围为 0～–3V。

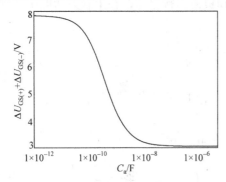

图 5.21　正负向串扰电压之和与辅助电容的
关系曲线

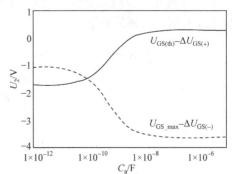

图 5.22　栅极关断负向偏置电压与辅助电容的
关系曲线

基于以上原理分析，设计制作了串扰抑制驱动电路。实际驱动电路以 Rohm 公司专用集成驱动芯片 BM6104FV 为核心，图 5.23(a)和(b)分别为其原理框图和实物照片。

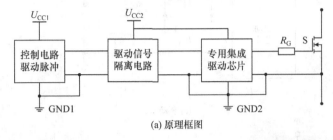

(a) 原理框图

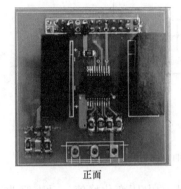

正面

反面

(b) 实物照片

图 5.23　SiC MOSFET 串扰抑制驱动电路

5.2.2　SiC JFET 的驱动电路原理与设计

SiC JFET 器件通常包括耗尽型(常通型)、增强型和级联型(Cascode)等类型，驱动电路的设计要求和特点各有不同，以下分别加以阐述。

1. 耗尽型(常通型)SiC JFET 的驱动电路设计

耗尽型 SiC JFET 的驱动电路设计要考虑以下问题。

(1) 耗尽型 SiC JFET 在不加栅极电压即处于导通状态时，栅极需加一定负压才能使功率开关管关断。

(2) 在桥臂电路中工作时，由于桥臂中点电压变化率 $\mathrm{d}u/\mathrm{d}t$ 较高，易引起上、下管之间的串扰，驱动电路应能抑制串扰问题。

图 5.24 为耗尽型 SiC JFET 的两种典型驱动电路设计原理示意图。图 5.24(a)中，采用较大的栅极电阻 R_{G2} 和较大的栅极电容 C_{G2}，降低了开关速度，从而使 SiC JFET 栅漏电容两端电压变化产生的位移电流变小，降低了关断期间栅极电压尖峰。图 5.24(b)中，采用开通和关断驱动回路分别设计的方法，关断时栅极电荷从二极管支路释放，开关速度比驱动方式 1 稍有提高。

图 5.24 所示驱动方法在单管变换器中得到验证，但仍无法在桥臂电路中可靠使用。与 SiC MOSFET 相似，要针对桥臂串扰问题对 SiC JFET 的驱动电路进行专门设计。图 5.25 给出一种适用于耗尽型 SiC JFET 桥臂电路的驱动电路。该电路在图 5.24 基础上，增加了由 R_1、C_1 和 Q_1 组成的动态吸收电路。采用比 R_{G1} 阻值小的电阻 R_{G2}，一方面可加速器件的关

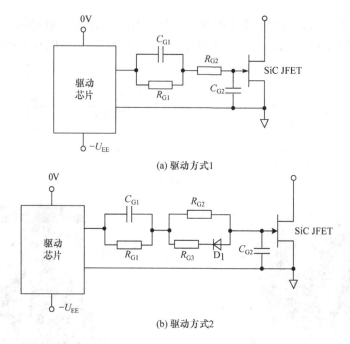

(a) 驱动方式1

(b) 驱动方式2

图 5.24　耗尽型 SiC JFET 的两种典型驱动电路

断过程，另一方面可降低结电容电流在驱动电阻上引起的电压变化峰值。动态吸收支路主要作用是吸收 du/dt 引起的容性电流，抑制桥臂串扰问题。

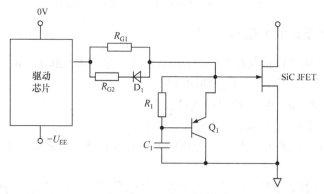

图 5.25　带动态吸收电路的耗尽型 SiC JFET 驱动电路

2. 增强型 SiC JFET 的驱动电路设计

增强型 SiC JFET 的驱动电路综合了 MOSFET 和 BJT 的主要驱动要求，但所需要的电压/电流幅值与 MOSFET 和 BJT 有所不同。增强型 SiC JFET 的驱动电路需满足以下要求。

(1) 能够提供足够大的电流给栅极电容快速充放电，实现较快的开关速度。

(2) 能够给栅极提供正向偏置电压和驱动电流维持其栅源寄生二极管导通，同时在不影响 JFET 导通电流情况下使驱动损耗尽可能小。

(3) 在 SiC JFET 关断时有较强的抗干扰能力，防止误导通现象发生。

虽然增强型 SiC JFET 导通需要栅极有维持电流，但它并非电流型控制器件。栅源极间的二极管典型的正向伏安特性如图 5.26 所示，其推荐工作点在正向伏安特性曲线上较低的位置。栅极电压超过 3V 时 SiC JFET 的正向导通增益不再明显增加，故栅极电压高于 3V 只会引起栅极驱动电流不必要的增大，增加驱动损耗。

根据增强型 SiC JFET 的驱动要求，目前一般采用两种驱动方案：①AC 耦合(电容耦合)驱动电路；②DC 耦合(直流耦合)两级驱动电路。

1) AC 耦合驱动电路

AC 耦合驱动电路如图 5.27 所示，可在 Si MOSFET 或 Si IGBT 所用驱动电路上稍作改动，在驱动芯片和 SiC JFET 之间接上稳态驱动电阻 R_G 与动态阻容网络 C_G-R_{CG}。在 SiC JFET 开关动作期间，C_G-R_{CG} 支路起加快栅极电容充放电作用，加速其开关动作；在维持 SiC JFET 栅极稳态驱动电流期间，R_G 支路起限流作用。

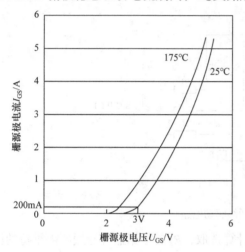

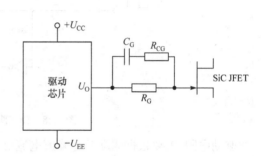

图 5.26　栅源极间的二极管典型的正向伏安特性　　　　图 5.27　AC 耦合驱动电路

(1) 驱动电阻 R_G 的选择。

SiC JFET 开通之后，维持其稳态导通的栅极电流为

$$I_G = \frac{U_O - U_{GS}}{R_G} \tag{5.17}$$

式中，U_O 为驱动芯片的正输出电压；U_{GS} 为 SiC JFET 导通时的栅源极电压值。

I_G、U_{GS} 的取值根据 SiC JFET 厂家给出的 Datasheet 要求确定，协调选择 U_O 和 R_G 可设置满足要求的 I_G。一般情况下，为了防止栅极过驱动，U_{GS} 的偏置值不超过 3V。

(2) 加速电容 C_G 的选择。

加速电容 C_G 主要根据 SiC JFET 的栅极电荷 Q_G 选择，因电路寄生参数会对 C_G 的选择造成影响，因此考虑到电路设计中寄生参数的差异，通常按以下范围给出 C_G 的选择：

$$\frac{2Q_G}{U_{CC} - U_{GS}} \leqslant C_G \leqslant \frac{4Q_G}{U_{CC} - U_{GS}} \tag{5.18}$$

电路设计人员可结合其具体电路设计要求在式(5.18)范围内进一步优化取值。

此外，通常会为加速电容 C_G 串联一个小电阻 R_{CG}(1~5Ω)，提供阻尼削弱栅极振荡。

交流耦合驱动电路结构简单，在现有 Si MOSFET 或 Si IGBT 的驱动电路上稍加改动即可。然而由于不同开关频率或占空比时 RC 充电时间常数对开关速度的影响不同，在高频或大占空比时，很可能加速电容在下一开关周期到来时并未能完全放电，这会导致其开关速度变慢。因此，需要寻求不受开关频率和占空比限制的优化驱动方案。DC 耦合两级驱动方案是一种不受开关频率和占空比限制的优化驱动方案，下面将对其进行阐述。

2) DC 耦合两级驱动电路

DC 耦合两级驱动电路结构示意图如图 5.28 所示。前级 PWM 控制信号输入至驱动电路，一路 PWM 控制信号通过脉冲发生器产生一个与其同步的较窄脉宽信号，驱动开关管 S_1，提供较大的峰值电流给栅极电容快速充电，另一路 PWM 控制信号驱动开关管 S_2，提供维持 SiC JFET 导通所需的稳态栅极电流，输入 PWM 控制信号经反向处理后驱动开关管 S_3，通过较小电阻 R_3 给栅极快速放电。

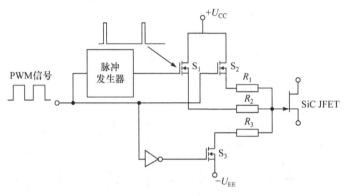

图 5.28　DC 耦合两级驱动电路

驱动电阻 R_1 要根据驱动开通峰值电流要求计算选取，R_2 要根据器件导通所需维持的栅极电流最大值选取，方法与 AC 耦合驱动电路中 R_G 的选取方法类似。R_3 用于防止 SiC JFET 关断时栅极产生过大的电流和振荡，一般取 1Ω 左右的电阻。

图 5.28 所示两级驱动电路思路的具体实现方式可以有很多种，可以用图 5.28 中的分立 MOSFET，也可以用多个驱动芯片，或 1 个双输出驱动芯片。

图 5.29 为采用 IXYS 公司的双路输出驱动芯片 IXD1502 构成的两级驱动电路，在 SiC JFET 开通时，驱动芯片的 A 输出通道及 D_{on}-R_{on} 支路提供驱动峰值电流，加速开通过程。在 SiC JFET 关断时，驱动芯片的 B 输出通道通过 D_{off}-R_{off} 支路给栅极放电，使之关断。

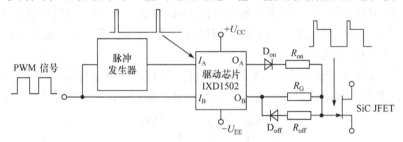

图 5.29　基于双输出驱动芯片的两级驱动电路

实际制作驱动电路时，应根据所需驱动芯片供电电压、驱动峰值电流、驱动稳态维持电流等要求选择合适的驱动方式和具体电路参数。

3. 经典 Cascode SiC JFET 的驱动电路原理与设计

根据经典 Cascode SiC JFET 的结构特点，一般可采用以下三种驱动方案。

1) 基本栅极驱动电路

图 5.30 为 Cascode SiC JFET 基本栅极驱动电路的等效电路图，Cascode SiC JFET 采用 TO-247-3L 封装。L_{SD} 是 SiC JFET 的源极与 Si MOSFET 的漏极之间连线引入的寄生电感，它可以通过在 SiC JFET 管芯的源极上直接叠上 Si MOSFET 管芯加以消除，但目前该项技术尚在研究中，仍未发展成熟。L_{S1} 是 Si MOSFET 的源极引线的寄生电感，L_{S2} 是源极封装寄生电感。L_{SD}、L_{S1} 和 L_{S2} 都在同一个功率回路内，迅速变化的电流会与其相互作用使功率开关管在关断过程中产生较大的电压尖峰，从而影响 Cascode SiC JFET 的开关性能。开通期间，电流从 Cascode SiC JFET 的漏极流向源极，在 L_{SD}、L_{S1} 和 L_{S2} 上产生正向电压，L_{S1} 和 L_{S2} 上的电压给 Si MOSFET 的栅极引入负压偏置，L_{SD} 上的电压给 SiC JFET 的栅极也引入负压偏置，这将降低 Cascode SiC JFET 的开通速度，增大开通损耗。另外，由于 L_{S1} 和 L_{S2} 也存在于栅极回路(回路 2)，开关瞬态期间 L_{S1} 和 L_{S2} 产生的振荡与过冲会影响栅极驱动电路或控制电路的正常工作，严重时甚至会造成栅极驱动回路故障。

2) 开尔文栅极驱动电路

图 5.31 为 Cascode SiC JFET 开尔文栅极驱动电路的等效电路图，Cascode SiC JFET 采用 TO-247-4L 封装。驱动电路接在 Si MOSFET 的栅极 G 和源极引线 SS 之间，L_{S1} 和 L_{S2} 不在 Si MOSFET 的栅极回路中，因此不再影响栅极回路的工作。

L_{SD}、L_{S1} 和 L_{S2} 在同一个功率回路中，它们将在开通过程中限制 di/dt 的大小。但是在关断过程中，di/dt 并不受这些寄生电感的限制，由于 Cascode SiC JFET 的跨导较高，di/dt 的值会很大，与寄生电感相互作用将会在回路 1 中激起较大振荡。R_{J_G} 是 SiC JFET 的栅极内部电阻，L_{J_G} 是 SiC JFET 的栅极引线寄生电感，在回路 1 中 R_{J_G} 是一个阻尼元件，增大 R_{J_G} 可以减小回路中的振荡，但同时会使开关过程变慢，产生更大的开关损耗。

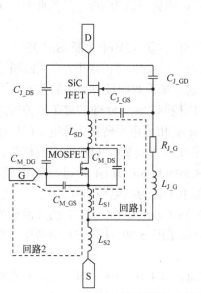

图 5.30　Cascode SiC JFET 基本栅极驱动等效电路图(TO-247-3L 封装)

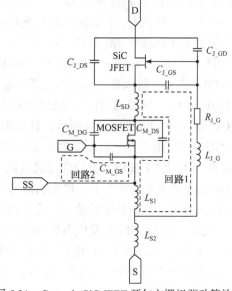

图 5.31　Cascode SiC JFET 开尔文栅极驱动等效电路图(TO-247-4L 封装)

3) 双栅极驱动电路

双栅极驱动是指 SiC JFET 和 Si MOSFET 均有驱动控制。如图 5.32 所示，在双栅极驱动中，输出 1(U_{IN_JG})和输出 2(U_{IN_MG})分别加在 SiC JFET 的栅极和 Si MOSFET 的栅极，使得 SiC JFET 和 Si MOSFET 能够分别驱动控制。由于双栅极驱动中多出一个 SiC JFET 栅极引脚，所以和开尔文栅极驱动电路类似，也需要 4 引脚封装。

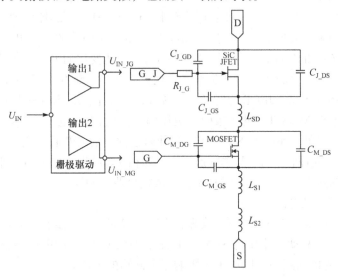

图 5.32　Cascode SiC JFET 双栅极驱动等效电路图(TO-247-4L 封装)

图 5.33 为双栅极驱动电路的控制逻辑图，在导通状态，两个驱动输出 U_{IN_JG} 和 U_{IN_MG} 均为高电平，其中 U_{IN_JG} 的典型值为 0V，U_{IN_MG} 可取+12～+15V，使得 SiC JFET 和 Si MOSFET 均保持导通状态；在关断状态，驱动输出 U_{IN_MG} 变为低电平，驱动输出 U_{IN_JG} 仍为高电平，其中 U_{IN_MG} 可取–5～0V 的电压值，U_{IN_JG} 的典型值为 0V。虽然此时 Cascode SiC JFET 为关断状态，但仍能允许反向电流流通。

为了使 Cascode SiC JFET 关断，先将 U_{IN_JG} 降至负压(–15V)来关断 SiC JFET。一旦 SiC JFET 关断，Cascode SiC JFET 也将处于关断状态。Cascode SiC JFET 在关断瞬态时，MOSFET 仍为导通状态，因此不会产生电压尖峰，这意味着双栅极驱动中的关断状态仅取决于 SiC JFET，可以通过调整 SiC JFET 的栅极电阻以控制 Cascode SiC JFET 的关断过程。在 Cascode SiC JFET 完全关断后，首先驱动输出 U_{IN_MG} 由高电平转换为低电平(–5～0V)将 Si MOSFET 关断，然后将驱动输出 U_{IN_JG} 升至高电平使常通型 SiC JFET 的沟道打开，以使 Cascode SiC JFET 能够允许反向电流流通。为了使 Cascode SiC JFET 开通，在保持驱动输出 U_{IN_JG} 为高电平的情况下，将驱动输出 U_{IN_MG} 由低电平转为高电平即可。

由此可见，双栅极驱动使用两路驱动输出分别控制 Cascode SiC JFET 的开通和关断过程，降低了 Si MOSFET 发生雪崩击穿的可能性，避免了图 5.30、图 5.31 中谐振回路的影响，使得 Cascode SiC JFET 的关断过程更加可控。

基本栅极驱动和开尔文栅极驱动通过调整 Si MOSFET 的栅极电阻 R_{G_M} 来控制经典 Cascode SiC JFET 的关断速度，而双栅极驱动通过调整 SiC JFET 的栅极电阻 R_{G_J} 来控制关断速度，可以更有效地控制关断时的 di/dt 和 du/dt，改善电路的 EMI 性能。

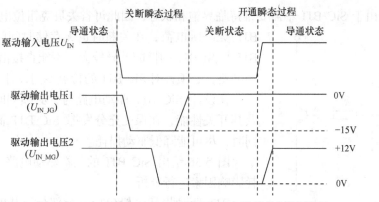

图 5.33 Cascode SiC JFET 双栅极驱动电路的控制逻辑图

4. 直接驱动 Cascode SiC JFET 的驱动电路原理

经典 Cascode SiC JFET 结构如图 5.34 所示，N 型 Si MOSFET 的漏极和常通型 SiC JFET 的源极相连，N 型 Si MOSFET 的源极和常通型 SiC JFET 的栅极相连。驱动信号加在 Si MOSFET 的栅源极之间，通过控制 Si MOSFET 的通断来间接控制 SiC JFET 的通断。这种间接驱动方法易于控制，但会导致 Si MOSFET 被周期性雪崩击穿，并且由于结构原因会在 SiC JFET 的栅极回路中引入较大的寄生电感。

为了克服以上缺陷，Infineon 公司推出了直接驱动 Cascode SiC JFET 结构。如图 5.35 所示，直接驱动 Cascode SiC JFET 采用 P 型 Si MOSFET 和常通型 SiC JFET 级联而成，Si MOSFET 的源极和 SiC JFET 的源极相连，SiC JFET 的栅极通过二极管连到 Si MOSFET 的漏极。顾名思义，该结构中的 SiC JEFT 由驱动电路直接驱动，正常工作时 Si MOSFET 处于导通状态，SiC JFET 可由其驱动电路控制其通断。因此正常工作时 Si MOSFET 仅开关一次，只有导通损耗。P 型 Si MOSFET 确保 SiC JFET 在电路启动、关机和驱动电路电源故障时均能处于安全工作状态。与经典 Cascode 结构相比，该结构易于单片集成。

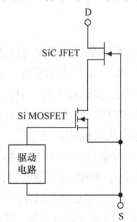

图 5.34 经典 Cascode SiC JFET 结构示意图

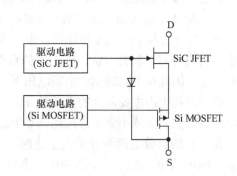

图 5.35 直接驱动 Cascode SiC JFET 结构示意图

5.2.3 SiC BJT 的驱动电路原理与设计

1. SiC BJT 的损耗分析及对驱动电路的要求

BJT 是电流型器件，在导通时，驱动电路必须给基极提供持续电流以保证其处于饱和导通状态。由于 SiC BJT 不需要维持临界饱和状态，因此可省去贝克钳位电路。此外，SiC BJT 无陷阱电荷，在关断时也无存储时间问题。由于 SiC BJT 与 Si BJT 的性能差异较大，不能直接沿用 Si BJT 的驱动电路，必须针对 SiC BJT 的特点专门设计其驱动电路。

在设计 SiC BJT 驱动电路时，必须同时兼顾驱动损耗及其开关性能，在保证充分发挥 SiC BJT 高速开关优势的同时，尽可能降低驱动损耗。

图 5.36 给出 SiC BJT 的基本驱动电路，用其对驱动损耗影响因素进行分析。

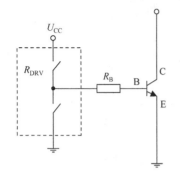

图 5.36　SiC BJT 的基本驱动电路

BJT 驱动损耗一般包括三个部分：基射极压降引起的损耗、基极电容充电引起的损耗、驱动源电路内阻和基极驱动电阻的损耗。忽略瞬态，基射极压降引起的损耗为

$$P_{BE} = I_{B(av)} \cdot U_{BE(sat)} \tag{5.19}$$

式中，$I_{B(av)}$ 为基极平均电流，与 BJT 工作的占空比有关；$U_{BE(sat)}$ 为基射极压降，SiC BJT 的 $U_{BE(sat)}$ 与 Si BJT 相差较大，前者一般为 3～4V，后者为 0.7V 左右。

基极电容充电引起的损耗为

$$P_{SB} = U_{BE(sat)} \cdot Q_B \cdot f_S \tag{5.20}$$

式中，Q_B 为基极电荷；f_S 为开关频率。SiC BJT 基极电容一般较小，相应的 P_{SB} 也较小。

驱动源电路内阻 R_{DRV} 和基极驱动电阻 R_B 的损耗为

$$P_R = I_{B(rms)}^2 \cdot (R_{DRV} + R_B) \tag{5.21}$$

式中，$I_{B(rms)}$ 为基极电流有效值，与 SiC BJT 工作的占空比有关。

驱动总损耗为

$$P_{DRV} = P_{BE} + P_{SB} + P_R \tag{5.22}$$

在这三部分损耗中，P_{SB} 只与基射极饱和电压、基极电荷和频率有关，与基极电流大小无关。因此 P_{SB} 与驱动电路的结构和参数无关。由于 SiC BJT 基极电容很小，在频率为几百 kHz 时，P_{SB} 与 P_{BE}、P_R 相比仍较小，故在工程设计中可近似忽略不计。P_{BE}、P_R 均与基极电流有关。对于损耗 P_{BE}，在一定的负载电流时，相应的基极电流可调节驱动电阻使其保持不变，因此在不同的驱动电源电压下，这部分损耗可以认为固定不变。

驱动损耗中占主要部分的损耗是 P_R，其不仅与驱动电源电压大小有关，而且与基极驱动电阻值有关。为减小驱动总损耗，必须最大限度地降低 P_R，对驱动电路进行优化设计。

在一定的负载电流和开关占空比时，可认为 I_B 固定不变，从式(5.21)可得 P_R 取决于 R_{DRV}、R_B 的大小。R_{DRV} 是驱动芯片电路的内阻，无法改变。因此要减小 P_R，就必须最大限度地减小驱动电阻 R_B。因

$$U_{CC} = I_B(R_{DRV} + R_B) + U_{BE(sat)} \tag{5.23}$$

式中，I_B 为维持 SiC BJT 导通时的基极电流值。所以驱动电阻 R_B 取值尽可能小意味着驱动电源电压也必须尽量取小值，即驱动电压和驱动电阻同时取最小值才可能使 P_R 最小。

2. 驱动电路结构对 SiC BJT 开关性能的影响分析

对于 SiC BJT 开关动作而言，其较为理想的驱动电流波形应如图 5.37 所示。在开通瞬间，驱动电路应能够提供足够大的脉冲电流，迅速给 SiC BJT 基极电容充电，在 SiC BJT 导通期间须提供合适的稳态基极电流，通常稍微加大稳态基极电流值 ($I_B>I_C/\beta$)，形成"过驱动"状态，尽可能降低 SiC BJT 的通态压降 U_{CE}。但 I_B 也不能过大，过大的 I_B 对 U_{CE} 影响很小，却会使驱动损耗大为增加。驱动电源电压越高越利于提供瞬间脉冲电流，有利于 SiC BJT 快速开关。

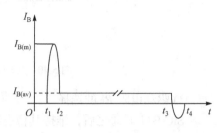

图 5.37　SiC BJT 的理想驱动电流波形

图 5.36 所示驱动电路若提高驱动电源电压，则必然要相应增大驱动电阻值，才能满足稳态基极驱动电流要求，但这会使驱动损耗明显增加。即图 5.36 的基本驱动电路无法同时满足低驱动损耗与高开关速度的要求。通常采用两种思路来解决基本驱动电路面临的矛盾。

(1) 带加速电容的单电源驱动电路。

在图 5.36 所示基本驱动电路中的驱动电阻两端并接电容 C_B，以加快 SiC BJT 的开关速度，如图 5.38 所示。

(2) 双电源驱动电路。

图 5.39 所示为双电源基极驱动电路，在 SiC BJT 开关动作期间，高压电源 U_{CCH} 及其 R_{CB}-C_B 支路起作用；在维持 SiC BJT 基极电流期间，低压电源 U_{CCL} 及 R_B 支路起作用。

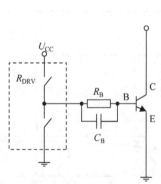

图 5.38　带加速电容的单电源驱动电路原理示意图

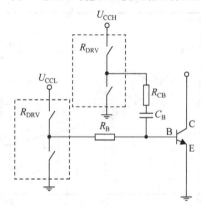

图 5.39　双电源基极驱动电路

3. 带加速电容的单电源驱动电路

以 GeneSiC 公司定额为 1200V/6A 的 SiC BJT 器件为例，阐述其驱动电路结构设计和参数选择方法。如图 5.40 所示，为带加速电容的单电源驱动电路结构示意图。

驱动控制信号经过信号隔离后，输送给驱动芯片。驱动芯片应能提供一定幅值的连续电流，以保证 SiC BJT 稳态导通且具有较小的 U_{CE} 压降。可调整驱动电阻使其满足稳态基极电流的要求。合理选择 U_O 和 C_B 的值可获得合适的脉冲电流以保证较快的开关速度。

图 5.40   带加速电容的单电源驱动电路结构示意图

1) 驱动电阻 R_B 的选择

SiC BJT 开通之后，维持其稳态导通的电流 I_B 为

$$I_B = \frac{U_O - U_{BE(sat)}}{R_B} \tag{5.24}$$

由式(5.24)可见，通过协调选择 U_O 和 R_B 可设置 I_B。稍微"过驱动"SiC BJT 可使其导通压降 U_{CE} 更小，因此在设置 I_B 时，通常会略微减小计算电流增益 β，使 I_B 稍大些。对于 GeneSiC 公司 SiC BJT 器件，所取的电流增益通常为 $12<\beta<15$，图 5.41 给出 $U_O=15V$ 时，驱动电阻 R_B 与 SiC BJT 额定电流 I_C 的关系曲线。对于定额为 1200V/6A 的 SiC BJT，$U_O=15V$ 时，$R_B=22\Omega$ 是一个较优值。

2) 驱动电容 C_B 的选择

增加驱动电容 C_B 可调整 SiC BJT 的开关速度。当 U_O 固定不变时，C_B 容值越大，驱动电流脉冲峰值越大。图 5.42 给出基极驱动电流峰值 $I_{B(m)}$ 与基极驱动电容 C_B 的关系曲线，电容从零(不加电容)增大到 100nF 时，开通时的电流峰值随之增加，关断时的电流峰值在 $C_B>9nF$ 时便基本不再增加。

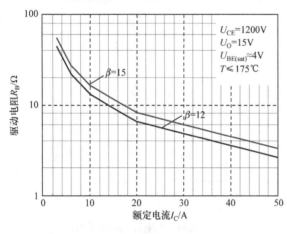

图 5.41   驱动电阻 R_B 与 SiC BJT 额定电流 I_C 的关系 ($U_O=15V$)

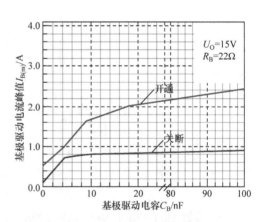

图 5.42   基极驱动电流峰值与基极驱动电容的关系

图 5.43 为 SiC BJT 集电极电流 i_C 上升、下降时间与基极驱动电容 C_B 的关系曲线。上升、下降时间先随容值增大而快速下降，当 $C_B>18nF$ 后，电流下降时间基本不变，电流上升时间会略有变长。

图 5.44 为 SiC BJT 开关能量损耗与基极驱动电容 C_B 的关系曲线。当 $C_B<9nF$ 时，开关能量损耗随容值增加而迅速减小；当 $C_B>9nF$ 后，开关能量损耗又随容值增加而略为增

加；当 C_B=9nF 时，开关能量损耗最低。

基极驱动电容也会引入额外驱动损耗，即

$$P_{CB} = f_S \cdot C_B \cdot \left(U_O - U_{BE(sat)}\right)^2 \tag{5.25}$$

由式(5.25)可知，C_B 越小，引起的额外驱动损耗 P_{CB} 越低。结合开关损耗考虑，C_B 取为 9nF。

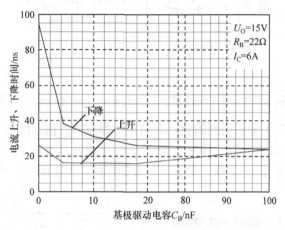

图 5.43 集电极电流上升、下降时间与基极驱动电容的关系

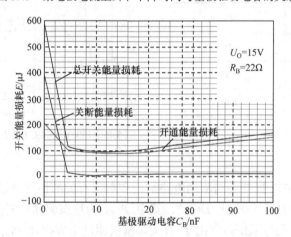

图 5.44 开关能量损耗与基极驱动电容 C_B 的关系

3) 驱动电压 U_O 的选择

驱动电压 U_O 必须足够高，保证 SiC BJT 的基射极正向偏置及快速导通，同时必须提供稳态驱动电流 I_B。图 5.45 给出总开关能量损耗 E_t、集电极电流上升时间 t_r、下降时间 t_f 与 U_O 的关系曲线，在 C_B 和 R_B 保持不变时，E_t、t_r、t_f 均随 U_O 的增加呈单调下降趋势，因此从开关性能和开关损耗角度看，U_O 无须折中考虑，越大越好。然而由式(5.25)可知，U_O 越大，在开关转换期间引入的额外驱动损耗 P_{CB} 就会增加。电路设计时必须折中考虑开关速度和驱动损耗。对于 1200V 电压定额的 SiC BJT，U_O=15V 较为合适。

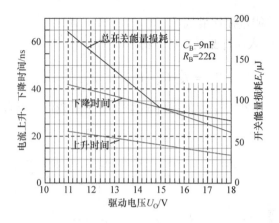

图 5.45   总开关能量损耗 E_t、上升时间 t_r、下降时间 t_f 与 U_O 的关系

表 5.6 给出基于以上分析得到的驱动电路主要参数推荐值。图 5.46 为在该推荐值下测试的驱动电流波形。实际电路工作过程中，基极驱动电容可能会与线路寄生电感发生谐振，产生振荡，此时可与 C_B 串联一个小电阻抑制振荡，但电阻值不宜大，应根据实际情况调整。

表 5.6   1200V/6A SiC BJT 的驱动电路主要参数推荐值

参量	取值
U_O	15V
R_B	22Ω
C_B	9nF

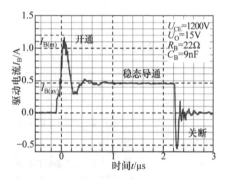

图 5.46   1200V/6A SiC BJT 的驱动电流波形

4) 损耗分析

表 5.7 列出 SiC BJT 损耗中与驱动电路结构和参数有关的损耗分量，表 5.7 中损耗计算基于开关频率 f=500kHz，占空比 D=0.7，其中 P_{DRV} 为稳态驱动损耗(忽略了基极电容充电引起的损耗 P_{SB})，主要与工作占空比 D 有关。基极驱动电容损耗 P_{CB}、开关损耗 P_{SW} 与开关频率和驱动电路结构均有关。图 5.47 给出和驱动相关的功耗 P_t($=P_{DRV}+P_{CB}+P_{SW}$)与开关频率的关系曲线。当 f<70kHz 时，驱动损耗($P_{DRV}+P_{CB}$)和开关损耗 P_{SW} 在同一个数量级上。当 f>70kHz 后，SiC BJT 的开关损耗 P_{SW} 开始远大于驱动损耗，几乎随频率的升高呈线性规律上升。

由此可见，带加速电容的驱动电路结构简单，并在一定程度上改善了 SiC BJT 的开关特性，但从本质上看，该方案并不能同时使驱动损耗最低(需要 U_O 值比较低)和开关速度最快(需要 U_O 值比较高)，因此为进一步优化 SiC BJT 性能，需要寻求更优的驱动方案。双电源驱动电路是一种较为可行的优化驱动方案，下面将详细阐述。

表 5.7　SiC BJT 损耗分布情况

损耗分量	损耗值/W
P_{DRV}	3.85
P_{CB}	0.54
P_{SW}	45.6
P_t	50.0

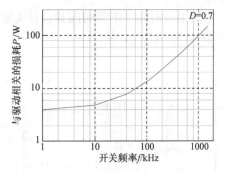

图 5.47　和 SiC BJT 驱动相关的损耗与开关频率的关系

4. 双电源驱动电路

双电源是指 SiC BJT 开关瞬间采用电压值较高的电源，以加快其开关速度，稳态导通期间采用电压值相对较低的电源，同时使驱动电阻相应减小，以使得驱动损耗足够低，从而使得开关速度和驱动损耗"解耦"，分别得到了优化设计。同样以 GeneSiC 公司定额为 1200V/6A 的 SiC BJT 器件为例，讨论其驱动电路结构设计和参数选择方法。图 5.48 为双电源驱动电路结构示意图。

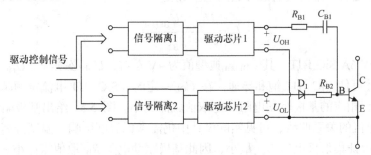

图 5.48　双电源驱动电路示意图

驱动信号经信号隔离后分别供给驱动芯片 1 和驱动芯片 2。驱动芯片 1 输出高电压，通过电容 C_{B1} 提供驱动峰值电流，加快其开关速度。R_{B1} 为小阻值电阻，用于抑制寄生电感与 C_{B1} 引起的振荡。驱动芯片 2 输出低电压，通过电阻 R_{B2} 向基极提供稳态驱动电流，使其维持导通。D_1 为肖特基二极管，用于防止 SiC BJT 开通瞬间 C_{B1} 支路电流进入驱动芯片 2 回路。

1) 驱动电容 C_{B1} 和电阻 R_{B1} 的选择

SiC BJT 开通瞬间，驱动电流峰值由 U_{OH} 和 C_{B1} 决定，当 C_{B1} 完全充电后，C_{B1} 支路无电流。图 5.49 给出电流上升、下降时间和总开关能量损耗随 C_{B1} 变化的关系曲线。当 $C_{B1}=9nF$ 时，电流上升时间、下降时间和总开关能量损耗最小。

C_{B1} 支路串联电阻 R_{B1} 用于抑制电路寄生电感与 C_{B1} 谐振所产生的振荡，在满足抑制振荡的前提下，其取值越小越好，通常取 1Ω 左右的无感电阻。

2) 驱动电压 U_{OH} 的选择

图 5.50 给出电流上升、下降时间和总开关能量损耗随 U_{OH} 变化的关系曲线。当 $U_{OH}=20V$

时，电流上升时间、下降时间和总开关能量损耗最小。

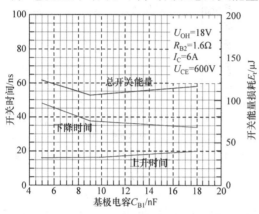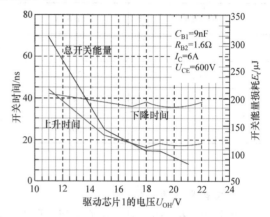

图 5.49　电流上升、下降时间和总开关能量损耗随 C_{B1} 变化的关系　　　图 5.50　电流上升、下降时间和总开关能量损耗随 U_{OH} 变化的关系

3) 驱动电压 U_{OL} 和驱动电阻 R_{B2} 的选择

SiC BJT 开通后，维持其稳态导通的电流 I_B 为

$$I_{B} = \frac{U_{OL} - U_{BE(sat)}}{R_{B2}} \qquad (5.26)$$

对于 1200V/6A SiC BJT，其 $U_{BE(sat)}$ 典型值为 4V 左右，U_{OL} 必须满足 $U_{OL} \geqslant 5.5V$，并取合适的 R_{B2}，才可使 SiC BJT 饱和导通。在 U_{OL} 一定时，SiC BJT 电流定额越高，所需基极驱动电流越大，相应的基极驱动电阻 R_{B2} 取值就需越小。图 5.51 给出基极驱动电阻 R_{B2} 与 SiC BJT 额定电流的关系曲线，可见实际设计中仍需考虑温度影响。温度升高后，需要更大的基极电流以保证集射极电压 U_{CE} 最小，因此基极驱动电阻 R_{B2} 取值需更小。

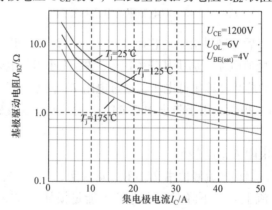

图 5.51　基极驱动电阻 R_{B2} 与 SiC BJT 额定电流的关系

4) 损耗分析对比

表 5.8 针对 1200V/6A SiC BJT 给出单电源驱动方案与双电源驱动方案的最优驱动参数。表 5.9 给出开关频率 f=500kHz，占空比 D=0.7 时的损耗对比结果，双电源驱动因大大降低了驱动电阻损耗 P_R，从而使与驱动电路相关的总损耗明显减小。若占空比进一步增

加，损耗减小程度会更加明显。

表 5.8　单电源驱动方案与双电源驱动方案的最优驱动参数

参数	单电源	双电源
U_{OH}/V	15	20
U_{OL}/V	15	5.5～6.0
C_{B1}/nF	9	9
R_{B2}/Ω	22	1.6

表 5.9　单电源驱动方案与双电源驱动方案的损耗对比

损耗分量	单电源驱动	双电源驱动
P_{DRV}/W	3.85	0.45
P_{CB}/W	0.54	1.15
P_{SW}/W	45.6	46.0
P_t/W	54.7	52.38

以上两种驱动电路均未考虑负载变化情况，若采用自适应方案用于 SiC BJT 的驱动，使得基极电流能够跟随集电极电流的变化而及时调整，则可进一步降低轻载时基极稳态驱动损耗。

5.3　GaN 器件的驱动电路原理与设计

5.3.1　Cascode GaN HEMT 的驱动电路原理与设计

1. Cascode GaN HEMT 的驱动电路设计挑战

Cascode GaN HEMT 是由低压 Si MOSFET 和高压常通型 GaN HEMT 级联而成的高压常断型 GaN 器件，通过控制 Si MOSFET 的开关状态来控制整个器件的通/断。Cascode GaN HEMT 的驱动电路设计除了要考虑低压 Si MOSFET 器件要满足的基本驱动要求，还要注意高速开关应用中的电压振荡问题。

表 5.10 列出了典型 Cascode GaN HEMT 器件与 Si CoolMOS 的主要参数对比。对比可见，两者导通电阻大小相当，但开关特性和体二极管反向恢复特性相差较大。

表 5.10　Cascode GaN HEMT 与 Si CoolMOS 的主要参数对比

	参数	Cascode GaN HEMT	Si CoolMOS
通态	U_{DS}	600V	600V
	R_{DS}	0.15Ω[*1]	0.14Ω[*1]
开关	C_{ISS}	815pF[*2]	1660pF[*2]
	C_{OSS}	71pF[*3]	314pF[*3]
	C_{RSS}	2.1pF[*2]	5pF[*2]
体二极管反向恢复	Q_{RR}	42nC[*5]	8200nC[*4]

[*1] 测试条件：$T_j=25℃$。

[*2] 测试条件：$U_{GS}=0V$，$U_{DS}=100V$，$f=1MHz$。

[*3] 测试条件：$U_{GS}=0V$，$U_{DS}=0～480V$。

[*4] 测试条件：$U_{DS}=400V$，$I_{DS}=11.3A$，$di/dt=100A/\mu s$。

[*5] 测试条件：$U_{DS}=480V$，$I_{DS}=9A$，$di/dt=450A/\mu s$。

Cascode GaN HEMT 的漏源电压变化率 du_{DS}/dt 和漏极电流变化率 di_D/dt 均明显高于 Si CoolMOS，du_{DS}/dt 可达 150V/ns，约是 Si CoolMOS 的 3 倍；di_D/dt 达到 10A/ns，也数倍于 Si CoolMOS。虽然高速开关有利于降低开关损耗，但却会引起电路的波形振荡，在一定条件下可能发生持续振荡现象。此外还会引发共模电流问题，导致控制电路不能正常工作。

在高速开关工作的桥臂电路的下管开通过程中，上管栅极电压波形可能发生持续振荡；反之亦然。

波形持续振荡的原因包括以下几种。

(1) 由高电压变化率导致的 U_{GS} 变化。

如图 5.52 所示，以桥臂电路下管开通瞬间为例分析上管高电压变化率导致的 U_{GS} 变化。为简化图形，这里的 Cascode GaN HEMT 未采用常通型 GaN HEMT 与 Si MOSFET 级联的形式，而直接采用了一般 GaN 器件的符号。下管开通时，桥臂中点电压迅速从 U_{DC} 下降到 0，相应的上管两端电压从 0 上升至 U_{DC}，其速率为 du_{DS}/dt。上管高 du_{DS}/dt 与其密勒电容 C_{GD} 作用产生位移电流，给上管栅极电容充电，使得本应关断的上管的栅极电压明显上升，很可能接近或超过栅极阈值电压。

(2) 由大电流变化率引起的上管 U_{GS} 变化。

如图 5.53 所示，以下管开通瞬间为例分析大电流变化率引起的上管 U_{GS} 变化。下管开通时，上管漏极电流下降，其速率为 di_D/dt。di_D/dt 与 PCB 布线中的杂散电感 L_s 作用，会产生感应电压 U_{LS}。这会降低 Cascode GaN HEMT 的栅极关断电压裕量。

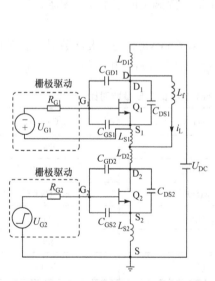

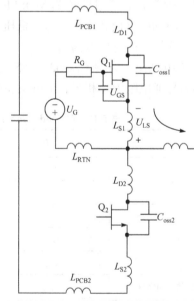

图 5.52 桥臂电路下管开通瞬间上管高电压变化率导致的 U_{GS} 变化示意图

图 5.53 下管开通时上管杂散电感和较高的 di_D/dt 引起的上管 U_{GS} 变化示意图

上面两种原因对 u_{GS} 的影响可表示为

$$U_{GS} = U_{G(off)} + FU_{DS} + U_{LS} = U_{G(off)} + FU_{DS} + (-L_s\, di_D/dt) \tag{5.27}$$

式中，F 是 u_{DS} 对 u_{GS} 影响的反馈因子。

(3) 由外部寄生电容引起的振荡。

由于 Cascode GaN HEMT 器件的 C_{GD} 比 C_{GS} 小得多，因此密勒效应的影响可以降至最低。如果 U_{GS} 不接近栅极阈值电压 $U_{GS(th)}$，则振荡不会持续发生。但是，如果栅极电压达到 $U_{GS(th)}$，器件将工作在线性区，满足：

$$I_D = \left(U_{GS} - U_{GS(th)}\right) \cdot g_m \tag{5.28}$$

考虑外部寄生电容 $C_{GD(ext)}$ 后，反馈回路如图 5.54 所示，具有高增益，加上 u_{GS} 和 u_{DS} 的 180° 相移，很可能会引起持续振荡。

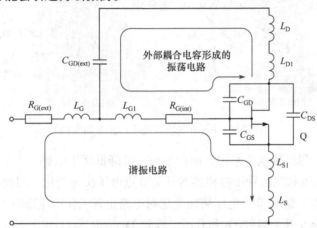

图 5.54　包括外部电容 $C_{GD(ext)}$ 的反馈回路

2. Cascode GaN HEMT 电压振荡抑制方法

为了抑制栅极电压振荡，保证 Cascode GaN HEMT 可靠工作，可采取以下措施。

1) 优化 PCB 布局

Cascode GaN HEMT 开关速度很快，寄生参数的影响突出，因此电路布局要求比 Si 器件高得多。这里以 Boost 变换器为例，给出布局分析。

(1) 功率回路布局。

图 5.55 为标示寄生参数的 Boost 变换器主电路。尽管理想 Boost 变换器拓扑并未出现寄生参数，但由于布线会引入寄生电感和寄生电容，这些寄生元件在一起形成高频谐振网络，对

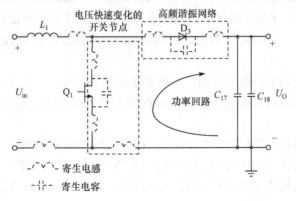

图 5.55　标示寄生参数的 Boost 变换器主电路

变换器正常工作产生不利影响。再加上 Cascode GaN HETM 器件的上升和下降时间很短，典型值小于 10ns，使得寄生参数的影响更为明显。因此在设计 GaN 基功率电路时要特别注意减小 PCB 布线引入的寄生参数，防止电路出现严重振荡。

图 5.56 为 Boost 变换器功率回路布局实例，图(a)、图(b)分别为 PCB 的正面和反面。布局的主要要求如下。

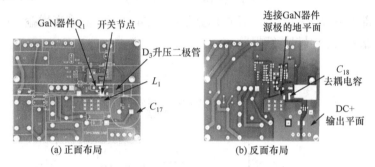

图 5.56　Boost 变换器功率回路布局实例

① GaN 器件 Q_1 源极接地要采用大面积平面，以降低寄生电感。

② GaN 器件漏极和二极管阳极相连的开关节点电压快速变化，因此节点面积应尽可能小，以减小寄生电容，防止节点电压快速变化对电路正常工作产生影响。

③ 功率器件(GaN 开关器件 Q_1 和升压二极管 D_3)、电感(L_1)和去耦电容(C_{18})应尽可能靠近开关位置放置，以尽量减小寄生电感。

④ 输出正压端(DC+)采用大面积布线，同时用作升压二极管(D_3)的散热。

⑤ 去耦输出电容(C_{17})以最短的引线连接在输出正压端(DC+)布线平面和接地平面之间。

⑥ 将高频去耦电容(C_{18})放置在升压二极管的阴极和 GaN 开关器件的源极之间，以吸收由输出走线寄生电感引起的噪声。

(2) 驱动回路布局。

图 5.57 为标示寄生参数的栅极驱动回路。在所有的寄生电感中，共源极电感 L_1 因同时包括在驱动回路和功率回路中，最为关键。开通、关断期间功率器件的电流快速变化，与寄生电感 L_1 相互作用产生感应电压 U_L，改变真正施加在栅源极间的电压 U_{GS}。如果 L_1 太大，很可能导致功率开关管不能正常开通或关断。因此，需要尽可能减小源极电感 L_1。在布线时，宜将驱动芯片的地端直接连接到 Cascode GaN HEMT 的源极引脚上，而不要引入额外的布线。

图 5.58 为栅极驱动电路布局示例，布局要注意以下几点。

① 驱动芯片的地端(COM)直接连接到 GaN 器件的源极引脚，采用宽布线，并与功率回路分开。

② 驱动芯片的输出端(OUT)采用短粗线直接连接到 GaN 器件的栅极引脚(节点 2)上。

③ 去耦电容 C_1 以最短引线连接在驱动芯片的 VCC 和 COM 引脚之间。

④ 大面积铺地直接连接到驱动芯片的地端(COM)，有效降低地线阻抗。

2) 栅极采用磁珠

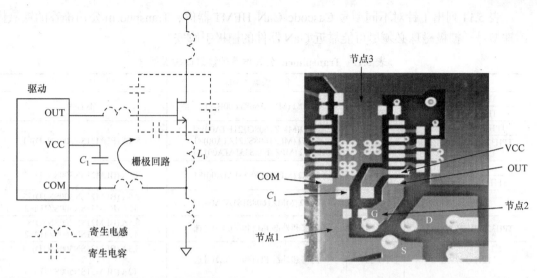

图 5.57　标示寄生参数的栅极驱动回路　　　　图 5.58　栅极驱动电路布局示例

　　磁珠有利于抑制振荡和降低电压尖峰，但磁珠阻抗过大，会导致开关时间变长，增大开关损耗。图 5.59 是以 Transphorm 公司型号为 TPH3206PS 的 Cascode GaN HEMT 为被测器件，采用不同磁珠测试得到的波形对比。直流母线电压设置为 400V，负载电流为 15A。不加磁珠时漏源电压和漏极电流的交叠时间为 10ns。随着磁珠阻值的增大，漏源电压和漏极电流的交叠时间从 12ns 增加到 28ns。综合考虑振荡衰减效果和电压电流交叠时间，采用 120Ω 的 TDK 磁珠 MMZ2012D121B 最为合适。

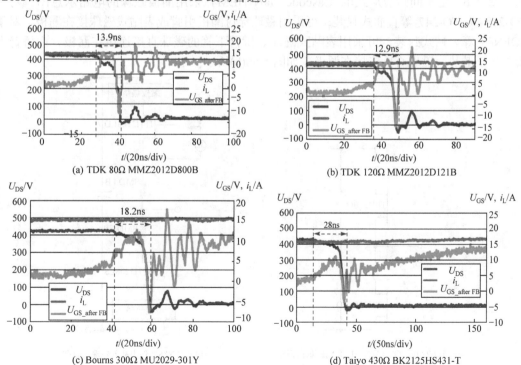

(a) TDK 80Ω MMZ2012D800B　　　　　(b) TDK 120Ω MMZ2012D121B

(c) Bourns 300Ω MU2029-301Y　　　　　(d) Taiyo 430Ω BK2125HS431-T

图5.59

图 5.59　使用不同磁珠时的开通、关断交叠时间

　　表 5.11 列出了针对不同型号 Cascode GaN HEMT 器件，Transphorm 公司推荐的铁氧体磁珠型号。栅极磁珠必须尽可能靠近 GaN 器件的栅极引脚安装。

表 5.11　Transphorm 公司推荐的铁氧体磁珠型号

器件	封装	栅极铁氧体磁珠	漏极铁氧体磁珠
TPH3202PD/PS	TO-220	60Ω (MMZ1608Y600B)×1	不需要
TPH3202LD/LS	PQFN88		
TPH3206PD/PS/PSB	TO-220	120Ω(MMZ1608Q121BTA00)×1	
TPH3206LD/LDG/LDB/ LDGB/LS/LSB	PQFN88	220Ω (MPZ1608S221ATA00)×1 330Ω (MPZ1608S331ATA00) ×1	8.5A (BLM21SN300SN1D)×1
TPH3208PS	TO-220	330Ω (MPZ1608S331ATA00)×1	8.5A (BLM21SN300SN1D)×2
TPH3208LD/LDG/LS	PQFN88		
TPH3212PS	TO-220	180Ω (MMZ1608S181ATA00)×1	8.5A (BLM21SN300SN1D)×3 12A (BLM31SN500SZ1L)×2
TPH3205WSB/WSBQA*	TO-247	内部和外部 FB (40~60Ω)可选	8.5A (BLM21SN300SN1D)×3 12A (BLM31SN500SZ1L)×2
TPH3207WS*	TO-247	内部和外部 FB (40~60Ω)可选	8.5A (BLM21SN300SN1D)×4 12A (BLM31SN500SZ1L)×4

*推荐的漏极磁珠直流阻值小于 100mΩ ，交流阻值在 100MHz 时小于 15Ω。

3) 漏极采用磁珠

　　Cascode GaN HEMT 的输出电容 C_{oss} 与功率回路寄生电感(包括漏极、源极寄生电感，PCB 布线寄生电感)会形成高频谐振电路。根据不同的 PCB 布局，其典型的谐振频率范围为 50~200MHz。在漏极加入磁珠，相当于在高频下引入阻尼，有助于衰减振荡。在选择漏极磁珠时，100MHz 下的磁珠阻值是其重要考核指标。

　　图 5.60 是不同封装形式的 Cascode GaN HEMT 采用漏极磁珠的电路示意图，对于 TO-220 或 TO-247 等直插式封装，可采用磁珠穿过漏极引脚或表贴式磁珠接在漏极。对于 PQFN88 等表贴式封装，可采用表贴式磁珠。桥臂下管的磁珠直接连接在漏极，而桥臂上管为便于散热，磁珠直接连接在源极，如图 5.60(b)所示。

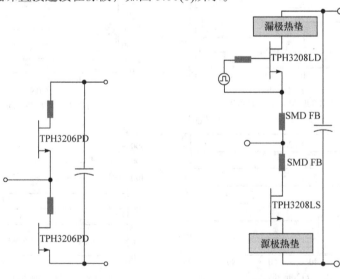

(a) TO-220或TO-247器件中插入磁珠示意图　　　　(b) PQFN88器件中插入磁珠示意图

图 5.60　不同封装形式的 Cascode GaN HEMT 采用漏极磁珠的电路示意图

图 5.61 为采用漏极磁珠前后的多脉冲测试波形对比，采用漏极磁珠后，GaN 器件关断时的漏源电压振荡得到了明显抑制。对于不同的 Cascode GaN HEMT 器件，Transphorm 公司在表 5.11 中列出了推荐采用的漏极磁珠。

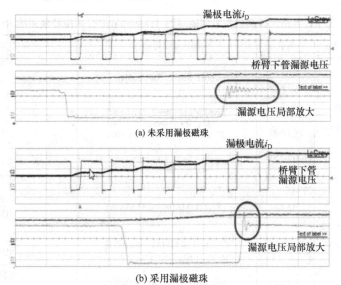

图5.61

(a) 未采用漏极磁珠

(b) 采用漏极磁珠

图 5.61　采用漏极磁珠前后的多脉冲测试波形对比

4) 其他方法

除了以上方法，还可以考虑采用以下辅助方法抑制 Cascode GaN HEMT 的电压振荡问题。

(1) 驱动电路采用负压关断。

$U_{\text{G\_OFF}}$ 一般取–5～–2V。图 5.62 为交流耦合负压驱动电路示例，合理选择稳压管 Z_1、Z_2 和电容 C_1 的数值，可保证 GaN 器件可靠负压关断。

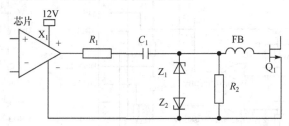

图 5.62　交流耦合负压驱动电路示例

(2) 降低开通 du/dt。

在桥臂电路中可通过降低功率开关管的 du/dt，防止桥臂另一只开关管误导通。可采用适当降低驱动电压，选择驱动电流能力相对低些的驱动芯片，或增大驱动电阻等方法来具体实现。

(3) 增加 RC 电路。

漏极磁珠可以在不影响电路效率的情况下有效防止振荡，但同时也会产生一些电压过冲，因此在有些情况下漏极磁珠并不适合采用。这时可以考虑采用吸收电路，例如，在

GaN 器件漏源极间加 *RC* 吸收电路可防止持续振荡。表 5.12 列出了使用外部 *RC* 电路代替漏极铁氧体磁珠时 Transphorm 公司推荐使用的 *RC* 吸收电路参数，由表 5.11 和表 5.12 可知，无论采用漏极磁珠还是 *RC* 吸收电路，栅极磁珠都必须使用。

表 5.12　使用外部 *RC* 电路代替漏极铁氧体磁珠时 Transphorm 公司推荐使用的 *RC* 吸收电路参数

器件	封装	栅极铁氧体磁珠	*RC* 吸收电路
TPH3202PD/PS	TO-220	60Ω (MMZ1608Y600B)	不需要
TPH3202LD/LS	PQFN88		
TPH3206PD/PS/PSB	TO-220	120Ω(MMZ1608Q121BTA00) 220Ω (MPZ1608S221ATA00) 330Ω (MPZ1608S331ATA00)	不需要
TPH3206LD/LDG/LDB/LDGB/LS/LSB	PQFN88		
TPH3208PS	TO-220	330Ω (MPZ1608S331ATA00)	电容：47pF 电阻：7.5Ω
TPH3208LD/LDG/LS	PQFN88		
TPH3212PS	TO-220	180Ω (MMZ1608S181ATA00)	电容：47pF 电阻：7.5Ω
TPH3205WSB/WSBQA	TO-247	内部和外部 FB (40~60Ω)可选	电容：47pF/100pF 电阻：7.5Ω
TPH3207WS	TO-247	内部和外部 FB (40~60Ω)可选	电容：100pF 电阻：10Ω

图 5.63 给出了 Transphorm 公司推荐的基于 Si8230 芯片构成的 Cascode GaN HEMT 桥臂驱动电路。

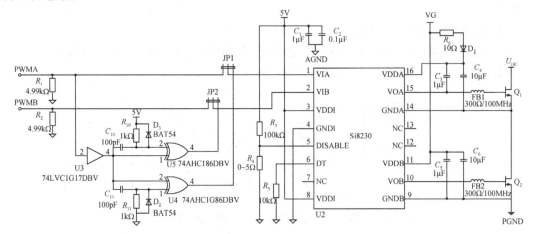

图 5.63　基于 Si8230 芯片构成的 Cascode GaN HEMT 桥臂驱动电路

5.3.2　eGaN HEMT 的驱动电路原理与设计

低压 eGaN HEMT 的驱动电路需要满足以下要求。

(1) 驱动电路要能够提供较大的峰值电流，以满足低压 eGaN HEMT 的高开关速度。

(2) 低压 eGaN HEMT 的栅源电压大于+4V 时，在其额定电流范围内，导通电阻几乎不发生改变，而该器件最大栅源电压仅为+6V，因此驱动电压可设置的范围为+4~+5.5V。

(3) 低压 eGaN HEMT 栅源阈值电压较低，在常温下仅为 1.4V 左右，因此需要考虑误导通问题。由于低压 eGaN HEMT 的最大栅源负压为–4V 左右，若采用负压关断，在栅源电压振荡或桥臂串扰情况下，栅源电压很可能会超出该负压值，因此需谨慎使用负压关断。

低压 eGaN HEMT 最常用的驱动电路为图腾柱型驱动电路，如图 5.64 所示，由于低压 eGaN HEMT 不宜采用负压驱动，因此驱动芯片只采用正压 U_{CC} 供电，$R_{G(on)}$ 和 $R_{G(off)}$ 分别为开通驱动电阻和关断驱动电阻。开通速度由 U_{CC} 和 $R_{G(on)}$ 决定，关断速度由 $R_{G(off)}$ 决定。该电路结构简单，可以分别设定开通和关断速度，但是由于不能引入负压关断，桥臂应用中可能会受到桥臂串扰现象的影响，引发误导通问题，因此应考虑采取相关桥臂串扰抑制措施。

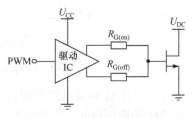

图 5.64　图腾柱型驱动电路

高压 eGaN HEMT 的驱动电路需要满足以下要求。

(1) 驱动电路要能够提供较大的峰值电流，以满足高压 eGaN HEMT 的高开关速度。

(2) 由高压 eGaN HEMT 的典型输出特性可知，当驱动电压高于 5V 后，在其额定电流范围内继续增大栅源驱动电压几乎不会影响导通电阻的大小，而高压 eGaN HEMT 的最大栅源电压仅有+7V，因此其栅源驱动电压可取的范围为+5～+6.5V。

(3) 高压 eGaN HEMT 的栅源阈值电压 $U_{GS(th)}$ 较低，常温下典型值为 1.3V 左右，且基本不受温度变化的影响，需采用相关方法防止关断误导通。在单管驱动电路中可采用负压关断方法，在桥臂电路中需要考虑负压关断会影响 eGaN HEMT 的第三象限导通特性。

图 5.65 是由 Si8271GB-IS 芯片构成的高压 eGaN HEMT 单管驱动电路典型接线示意图。Si8271GB-IS 是 Silicon Labs 公司一款隔离单通道驱动芯片，最大输出电流为 4A，内置电容隔离技术，瞬态共模抑制能力达到 150kV/μs 以上，耐压可达 2.5kV，满足 eGaN HEMT 高速开关对驱动芯片的要求。如图 5.65 所示，驱动开通支路和驱动关断支路分开，经磁珠连至 eGaN HEMT 的栅极。Q_1 开通时，VO+端通过 $R_{G(on)}$ 和磁珠 FB 为 Q_1 的输入电容充电；Q_1 关断时，VO–端通过 $R_{G(off)}$ 和磁珠 FB 为输入电容放电。

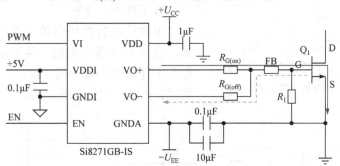

图 5.65　由 Si8271GB-IS 芯片构成的高压 eGaN HEMT 单管驱动电路典型接线示意图

栅极驱动电阻 $R_{G(on)}$ 和 $R_{G(off)}$ 不仅可以抑制漏源电压 U_{DS} 的峰值，还可以抑制由寄生电感和寄生电容造成的栅极电压振荡，同时也会降低开关过程中的 $\mathrm{d}u/\mathrm{d}t$、$\mathrm{d}i/\mathrm{d}t$。此外驱动电阻还会影响 eGaN HEMT 的开关损耗，进而影响变换器的效率。因此需合理选择驱动电阻。

在 eGaN HEMT 桥臂电路中，为了抑制桥臂串扰影响，在图 5.65 的基础上，加入了桥臂串扰抑制电路。图 5.66 为加入桥臂串扰抑制电路的核心驱动电路原理示意图。

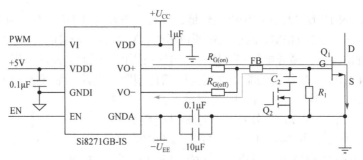

图 5.66　加入桥臂串扰抑制电路的核心驱动电路原理示意图

桥臂串扰抑制电路在桥臂串扰现象发生时，通过控制 Q_2 导通，使 C_2 并联至 eGaN HEMT 的栅源极间，为栅极回路中的电流提供低阻抗路径，因此电容 C_2 的取值非常关键，需要考虑在最恶劣情况下能够保证栅源干扰电压不超过阈值电压进行初步取值，并在实际电路调试中进行适当调整。

5.3.3　GaN GIT 的驱动电路原理与设计

1. GaN GIT 的栅极驱动电路要求

GaN GIT 的栅极驱动电路要满足以下要求。

(1) 在 GaN GIT 开通和关断时，驱动电路需要提供足够高的峰值电流使其输入电容快速充、放电，保证 GaN GIT 快速开关，降低开关损耗。

(2) 在 GaN GIT 稳态导通时，栅极驱动电路应能提供一定的稳态栅极电流，降低 GaN GIT 的稳态导通损耗。

(3) 驱动电路的线路形式和参数选择会影响 GaN GIT 的开关性能与驱动损耗，因此需合理选择线路形式和优化参数设计。

GaN GIT 栅极驱动电流典型波形如图 5.67 所示。目前 GaN GIT 的驱动电路通常采用带加速电容的单电源驱动电路。

2. 带加速电容的单电源驱动电路

1) 工作原理分析

带加速电容的单电源驱动电路如图 5.68 所示，表 5.13 为驱动电路主要元件的作用。驱动电路的工作过程可分为四个阶段：开通过程；导通期间；关断过程；关断期间。

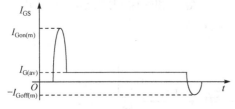

图 5.67　GaN GIT 栅极驱动电流典型波形

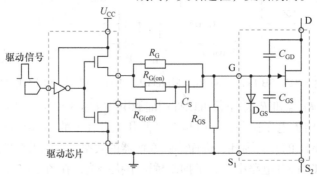

图 5.68　GaN GIT 的驱动电路

表 5.13　GaN GIT 驱动电路主要元件的作用

主要元件	作用
驱动芯片	用于驱动 GaN GIT，建议选择 TI 公司 UCC27511
$R_{G(on)}$	用于调节 GaN GIT 开通过程中的栅极峰值电流
R_G	用于调节 GaN GIT 处于导通状态时的栅极电流
C_S	开通与关断过程中的加速电容
$R_{G(off)}$	用于调节关断速度
R_{GS}	栅源并联电阻

(1) GaN GIT 开通过程。

GaN GIT 开通过程中电流在驱动电路中的流通路径如图 5.69 所示，开通过程驱动电路可细分为以下 5 个工作模态，各模态的栅极电流流通路径的变化过程如图 5.70 所示。对应的电压、电流波形如图 5.71 所示。

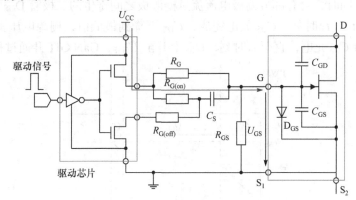

图 5.69　GaN GIT 开通过程中的驱动电流流通路径

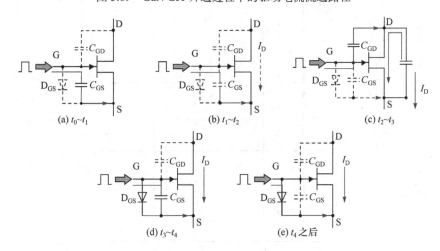

(a) $t_0 \sim t_1$　　(b) $t_1 \sim t_2$　　(c) $t_2 \sim t_3$

(d) $t_3 \sim t_4$　　(e) t_4 之后

图 5.70　开通过程中栅极电流流通路径的变化过程示意图

开通过程各模态工作情况如下。

模态 1(t_0，t_1)：当驱动信号由低电平变为高电平时，驱动电流通过加速电容 C_S 给栅源极寄生电容 C_{GS} 充电，栅源极电压 U_{GS} 逐渐上升，由于 $U_{GS}<U_{GS(th)}$，GaN GIT 仍处于关断状态。

模态 2(t_1，t_2)：栅极电压超过阈值电压 $U_{GS(th)}$，GaN GIT 的沟道开始导通，漏极电流逐渐增加。t_2 时刻，栅极电压上升至密勒平台电压 $U_{plateau}$，漏极电流达到负载电流。此阶段栅源电压上升速度由输入电容 C_{ISS} 决定。

模态 3(t_2，t_3)：t_2 时刻，漏极电流达到负载电流，漏源电压 U_{DS} 开始下降，栅极电流出现电流尖峰 $I_{Gon(m)}$：

$$I_{Gon(m)} \approx U_{CC} / R_{Gon(m)} \tag{5.29}$$

式中，U_{CC} 为驱动电源电压；$R_{Gon(m)}$ 为栅极驱动峰值电流调节电阻，$R_{Gon(m)} = 1/(1/R_{G(on)} + 1/R_G)$。

式(5.29)为近似表达式，$I_{Gon(m)}$ 的实际值要比式(5.29)的计算值略低；此外，还应注意 $I_{Gon(m)}$ 的实际值还受到驱动芯片所能提供的峰值电流的限制。

由于寄生电容 C_{GD} 的存在，栅漏极电压也在下降，栅极电流大部分流过 C_{GD}，使栅源电压基本不变。同时，会有部分栅极电流流过栅源极之间寄生的二极管 D_{GS}。

模态 4(t_3，t_4)：t_3 时刻，C_{DS} 放电完成，U_{DS} 下降到最低值，栅源电压密勒平台结束。驱动电压继续给 C_{GS} 充电，直至 t_4 时刻，U_{GS} 上升至 U_{GSF}，GaN GIT 开通过程结束。

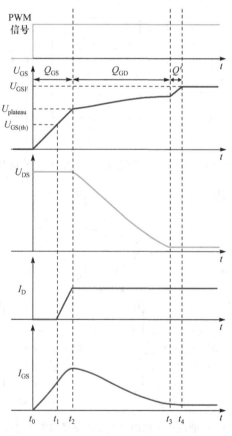

图 5.71　GaN GIT 开通过程中的主要原理波形

模态 5(t_4 之后)：栅源电压不再变化，保持为 U_{GSF} 基本不变。为了维持 GaN GIT 的导通状态，栅极需要有持续的电流，以维持寄生二极管 D_{GS} 的导通。

(2) GaN GIT 导通期间。

GaN GIT 导通期间电流在驱动电路中的流通路径如图 5.72 所示，栅极电流 I_{GS} 和栅源电压 U_{GS} 的波形如图 5.71 中 t_4 之后阶段所示。

GaN GIT 导通期间，栅极电流为

$$I_{GS} = (U_{CC} - U_{GSF}) / R_G \tag{5.30}$$

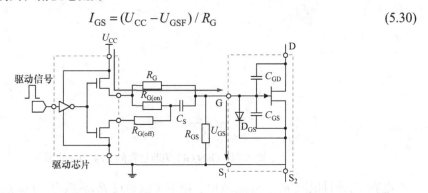

图 5.72　GaN GIT 导通期间的驱动电流流通路径

(3) GaN GIT 关断过程。

当驱动信号由高电平变为低电平时，GaN GIT 开始关断。GaN GIT 关断过程中电流在驱动电路中的流通路径如图 5.73 所示，栅源极寄生电容 C_{GS} 开始放电，电流流经加速电容 C_S 与关断电阻 $R_{G(off)}$，GaN GIT 栅源极电压 U_{GS} 迅速降低。栅极电流 I_{GS} 和栅源电压 U_{GS} 的波形如图 5.74 中 A 阶段所示。当 U_{GS} 降至零时，由于 C_S 上仍存有大量电荷，C_S 继续给 C_{GS} 反向充电，U_{GS} 反向增大，栅源极之间呈现负压。负压峰值为

$$U_{neg1} = -\left(U_{CC} \cdot \frac{C_S}{C_S + C_{GS}} - U_{GSF} \right) \tag{5.31}$$

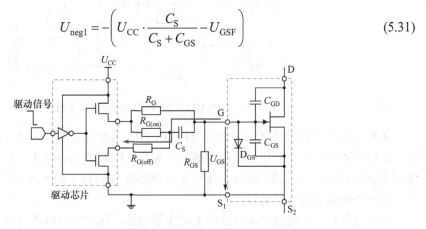

图 5.73　GaN GIT 关断过程中的驱动电流流通路径

(4) GaN GIT 关断期间。

GaN GIT 关断期间电流在驱动电路中的流通路径如图 5.75 所示，栅极电流 I_{GS} 和栅源电压 U_{GS} 的波形如图 5.74 中 B 阶段所示。

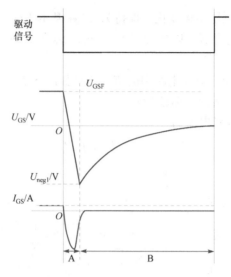

图 5.74　GaN GIT 关断过程的 U_{GS}、I_{GS} 波形

电容 C_S 通过电阻 R_G、$R_{G(on)}$ 放电，电容 C_{GS} 通过 $R_{G(off)}$ 放电，U_{GS} 逐渐降低至 0V。GaN GIT 关断期间，栅源电压为

$$U_{GS}(T_{off}) = U_{neg1}e^{-T_{off}/\tau} \tag{5.32}$$

式中，T_{off} 为单个开关周期 GaN GIT 关断时间；$\tau = (R_{G(on)} + R_G)(C_S + C_{GS})$。

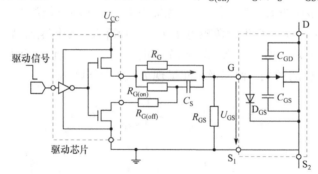

图 5.75　GaN GIT 关断期间的驱动电流流通路径

如果关断期间 C_S 上仍存在电压，当 GaN GIT 再次开通时，流过 C_S 的加速电流就会减小，导致开通时间变长，开通损耗增加。因此，一周期中 GaN GIT 导通时间不宜过长，要保证 T_{off} 时段至少为 5 倍的 R_GC_S，这样才不会影响 GaN GIT 的下次开通过程。

2) 驱动电路关键参数选择

带加速电容的单电源驱动电路中关键参数包括：驱动电源电压 U_{CC}、加速电容 C_S、开通驱动电阻 $R_{G(on)}$、导通驱动电阻 R_G、关断驱动电阻 $R_{G(off)}$ 和栅源并联电阻 R_{GS} 等，各参数的选择依据分析如下。

(1) 驱动电源电压 U_{CC}。

U_{CC} 是驱动芯片供电电源，同时也是驱动正压。选择较高的驱动电压值有利于加快 GaN GIT 的开通过程。但 U_{CC} 要小于 GaN GIT 栅源极间的极限电压 $U_{GS(max)}$。

(2) 加速电容 C_S。

加速电容 C_S 用于加速 GaN GIT 的开通过程。另外，在关断过程中，C_S 可使 GaN GIT 栅源电压为负值，以保证其不会误导通。C_S 大小应满足：C_S 中电荷量要大于 Q_{GD} 与 Q_{GS} 之和，即

$$Q_{C_S} = C_S(U_{CC} - U_{GSF}) > Q_{GD} + Q_{GS} \tag{5.33}$$

另外，C_S 的取值也不能过大，根据 GaN GIT 关断期间驱动电路的工作状态，C_S 的值要满足在关断期间 U_{GS} 能下降到零。

(3) 开通驱动电阻 $R_{G(on)}$。

开通驱动电阻 $R_{G(on)}$ 是 GaN GIT 开通过程中的限流电阻，用于调节 GaN GIT 开通时的栅极电流峰值。由 GaN GIT 的开通过程可知，栅极电流峰值 $I_{Gon(m)}$ 由式(5.29)决定。另外，开通时间 $t_r \approx Q_G / I_{Gon(m)}$，$\mathrm{d}u/\mathrm{d}t \approx U_{DC}/t_r$，在选择 $R_{G(on)}$ 时，要考虑其对开关时间和漏源电压变化率的影响。

(4) 导通驱动电阻 R_G。

导通驱动电阻 R_G 用于调节 GaN GIT 导通期间的栅极电流。为维持 GaN GIT 的导通状态，保证 GaN GIT 完全导通，栅极持续电流需要满足：

$$I_{G(av)} = (U_{CC} - U_{GSF}) / R_G \geqslant I_{G(crit)} \tag{5.34}$$

式中，$I_{G(crit)}$ 是为了保证 GaN GIT 完全导通的最小栅极电流。

在选择 R_G 取值时，除了保证 GaN GIT 完全导通，还应考虑尽量减小驱动电路损耗，因此在满足 GaN GIT 完全导通的情况下，I_{GS} 应尽可能小。

(5) 关断驱动电阻 $R_{G(off)}$。

关断驱动电阻 $R_{G(off)}$ 用于抑制关断过程中的栅极电压尖峰。在电路设计时，$R_{G(off)}$ 可先与 $R_{G(on)}$ 取相同值，再根据实际工作情况进行适当调整。

(6) 栅源并联电阻 R_{GS}。

为防止静电荷导致的栅源电压超过正常工作范围，需并联栅源电阻 R_{GS} 及时泄放静电荷。栅源电阻 R_{GS} 不宜过大，例如，当未加驱动电源时，栅漏极的漏电流有可能导致栅极电压升高。因此，R_{GS} 的取值应满足：

$$I_{leak} R_{GS} << U_{GS(th)} \tag{5.35}$$

5.4　宽禁带电力电子器件的短路保护

电力电子装置除了必须在正常工作情况下可靠工作、具有一定过载能力，仍需在短路故障下及时动作实施保护，保证可靠工作。功率器件作为电力电子装置的关键部件，相应地，必须经受正常工作电流、过载和短路等典型工作模式。

5.4.1　宽禁带电力电子器件短路保护要求

为确保宽禁带电力电子器件能够安全可靠工作，其短路保护方法应满足以下要求。

(1) 短路故障发生时，必须在宽禁带器件安全工作区范围内关断器件，以避免器件损坏。

(2) 动态响应快，尽可能快地检测并关断故障回路。

(3) 具有抗干扰能力，避免保护电路误触发。

(4) 短路保护动作值可任意设置，具有一定的灵活性。

(5) 保护电路对宽禁带器件的性能无明显影响。

(6) 具有限流功能，以降低宽禁带器件及电路中其他器件的电流应力。

(7) 短路检测电路易于与常用的驱动电路兼容。

(8) 电路结构应尽可能简单，具有较好的性价比。

5.4.2　短路检测方法

对短路故障进行快速可靠的检测是保护电路的关键。目前，短路检测的方法主要有以下几种。

1) 电阻检测方法

电阻检测方法是一种最为常见的短路故障检测方法，使用时在负载电流回路中串入检测电阻，通过检测该电阻两端电压来判断电路是否发生短路故障。该方法的优点：①简单，适用于过流、短路等故障检测；②检测信号可用于模拟信号反馈。但是，这种方法也存在一定的缺点：①损耗大；②由于检测电阻本身存在电感，动态响应慢；③不具有电气隔离功能。

2) 电流互感器检测方法

电流互感器检测方法是另一种较为常见的电流检测方法，使用时令流过负载电流的导线或走线穿过电流互感器，进而在电流互感器输出端输出与负载电流成一定比例关系的感应电流。该方法的优点：①可精确检测交流电流；②具有电气隔离功能；③检测电路具有电流源性质，抗噪声干扰能力强。但是，该方法也存在以下缺陷：①检测直流电流困难，若采用霍尔电流传感器，则成本较高，且需额外的电源；②为实现快速响应，互感器必须具有很宽的带宽，设计较为复杂。

3) 去饱和检测方法

与上述两种方法不同，去饱和(Desat)检测方法的核心思想是利用宽禁带器件的输出特性，其电路原理示意图如图 5.76 所示。当电路正常工作时，由于 SiC 器件或 GaN 器件的导通压降很小，二极管 D_1 正向偏置，电容 C_1 上的电压被钳位到一个较低的值。一旦发生短路故障，SiC 器件或 GaN 器件的端电压快速升高，由于二极管 D_1 仍处于正向偏置，故其阳极电位也随之升高，导致电容 C_1 上的电压升高。因此，通过实时检测 SiC 器件或 GaN 器件的端电压即可达到短路检测的目的。该方法的优点：①不需要电流检测元件，损耗小；②动态响应速度快；③适用性强，既适用于交流场合，又可用于直流场合；④成本低，易于集成。但是，该方法也存在一定的缺点：①检测精度较低；②不具有电气隔离功能；③为避免开关管开通时保护电路误触发，电路必须具有一定的消隐时间。

4) 寄生电感电压检测方法

与去饱和检测方法相似，寄生电感电压检测方法通过检测 SiC 器件或 GaN 器件源极寄生电感的端电压来获取电流信息，其电路原理图如图 5.77 所示。当电路正常工作时，寄生电感的端电压很小。一旦发生短路故障，寄生电感的端电压会快速升高，通过实时检测寄

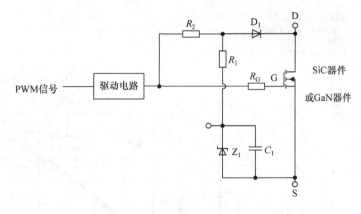

图 5.76　去饱和检测方法原理示意图

生电感的端电压即可达到短路检测的目的。与去饱和检测方法相比，该方法的优点：①动态响应更快；②抗干扰能力强。但是，与去饱和检测方法相似，该方法也存在如下缺点：①检测精度较低；②不具有电气隔离功能。

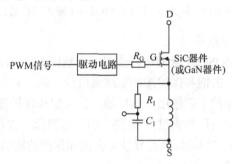

图 5.77　寄生电感电压检测方法原理图

5.4.3　SiC 模块驱动保护方法

1. SiC 模块短路保护的难点

在 SiC MOSFET 单管的过流/短路保护电路设计中，目前较多采用的方法是去饱和检测方法。该方法是从 Si IGBT 保护电路设计中移植而来的，但由于 SiC MOSFET 的特性与 Si IGBT 有所不同，SiC MOSFET 采用去饱和检测保护方法不如 Si IGBT 有效。主要表现如下。

1) 器件工作区的差异

如图 5.78 所示，当 Si IGBT 发生短路时，器件会偏离饱和区，进入电流上升斜率变小的线性区。即使 Si IGBT 发生稳态短路，承受整个输入直流电压时，其集电极电流仍然是有限的。因此即使出现检测延迟和检测错误的情况，也因为电流不会很快增加，而能及时关断 Si IGBT 予以保护。然而，SiC MOSFET 在发生短路时仍处于线性区，其电流上升速度比 Si IGBT 快得多。在稳态短路状态下，当 SiC MOSFET 阻断整个输入直流电压时，漏极电流将上升到极高的值。因此，若出现检测延时或导通电压检测错误将很可能因为未能及时关断 SiC MOSFET 模块而使其损坏。

图5.78

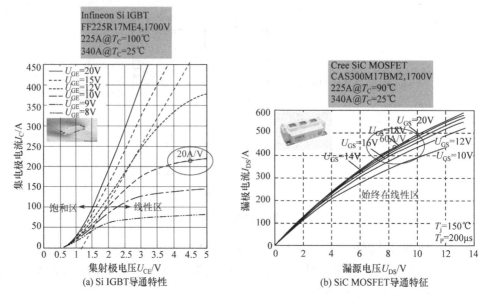

图 5.78　Si IGBT 与 SiC MOSFET 输出特性对比

2) 导通压降温度系数的差异

如图 5.79 所示，SiC MOSFET 导通压降受温度影响比 Si IGBT 大得多，这就使去饱和检测的门限电压很难设置。若去饱和保护按额定结温设计，则一旦变换器在开机时发生短路，因为器件温度较低，此时保护不起作用。相反地，若去饱和保护按低结温设计，则当器件温度达到额定结温时，很可能被误判为过流/短路，引起短路保护误动作。因此，SiC MOSFET 在不同温度下输出特性曲线之间的较大差异使得去饱和保护的阈值电压选择非常困难。

图5.79

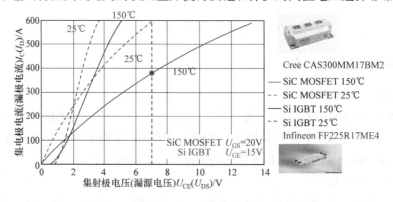

图 5.79　Si IGBT 与 SiC MOSFET 输出特性与结温的关系

目前，相同定额的 SiC MOSFET 单管比 Si IGBT 短路承受时间短，而对于 SiC MOSFET 模块，其短路承受时间比 SiC MOSFET 单管还短。以三菱电机公司的 SiC MOSFET 模块 FMF800DX-24A 为例，其短路电流承受时间与栅极阈值电压的关系如图 5.80 所示，测试条件设置为：$U_{GS}=+15V$，$U_{DD}=850V$，$T_j=150℃$。短路电流承受时间 t_{SC} 随着阈值电压 $U_{GS(th)}$ 的降低而缩短。实测的最大短路电流承受时间为 3～4μs，最大短路能量约为 18.4J。厂家给出的器件手册中考虑了一定裕量，规定该模块短路电流承受时间不超过 2μs。

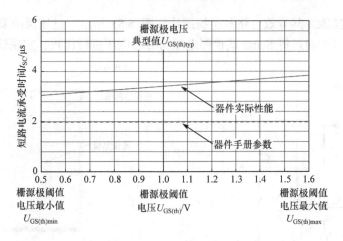

图 5.80　SiC MOSFET 模块 FMF800DX-24A 的短路承受能力

SiC MOSFET 模块的短路电流承受时间很短，使得传统的过流检测保护方法，如去饱和检测保护方法难以安全可靠关断 SiC MOSFET 模块。

与此同时，我们还需注意到 SiC MOSFET 的比导通电阻与其短路承受能力之间的关系。如图 5.81 所示，SiC MOSFET 的比导通电阻与其短路能力之间有相互制约关系，比导通电阻越小，其短路承受能力越低，因此从模块驱动电压设置角度看，仍需在导通损耗和短路承受能力之间进行合理折中考虑。

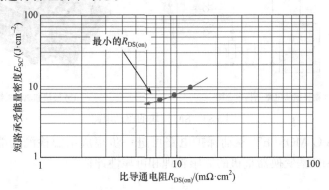

图 5.81　SiC MOSFET 的短路承受能量密度与比导通电阻大小的关系曲线

综上可见，必须采用更加快速有效的电流检测保护方法才能保证 SiC MOSFET 模块的可靠工作。

2. SiC 模块短路电流检测方法

为了有效检测电流，可在内部芯片上提供一个单独的源极区域，如图 5.82 所示，该独立源极区域作为辅助支路分流 SiC MOSFET 的源极电流，这个电流 I_{Sense} 与源极电流 I_D 成正比。对外引出端子 Sense，在 Sense 和 Source 端子之间接入电阻 R_S 获得被测电流的值。参照 Si IGBT 的术语定义，集成电流测量功能的 SiC MOSFET 也称为"电流检测 SiC MOSFET"。

三菱公司在其 SiC MOSFET 模块 FMF800DX-24A 的设计中，把 Sense 端子引出的电流与主源极电流之比设定为 1∶61500。基于三菱公司的电流检测 SiC MOSFET，采用 Power Integrations 公司提供的栅极驱动核 2SC0435T 开发了配套驱动板，该驱动板具有过压保护和过流检测保护功能，其等效电路和实物照片如图 5.83 所示。过压保护采用有源钳位方法实现。过流检测保护通过将 Sense 端检测电压与参考电压进行比较，实现软关断功能。

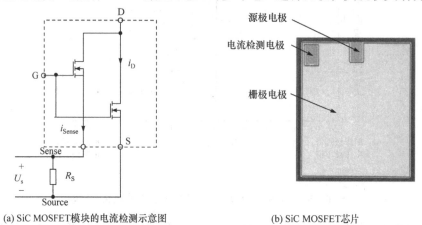

(a) SiC MOSFET模块的电流检测示意图　　　　　(b) SiC MOSFET芯片

图 5.82　带电流检测端子的 SiC MOSFET 芯片

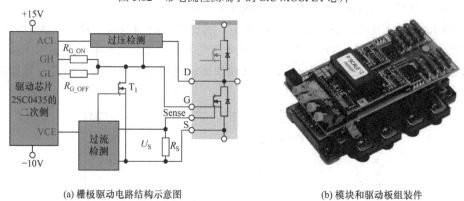

(a) 栅极驱动电路结构示意图　　　　　(b) 模块和驱动板组装件

图 5.83　SiC 模块的驱动电路

除此之外，SiC MOSFET 驱动保护电路可进一步集成结温检测功能，使其更加智能化，从而有利于 SiC 基变换器整机的健康管理和可靠性评估。

5.5　高温驱动技术

为了满足 SiC 器件在高温环境下应用的需要，驱动电路同样需要具备能在高温环境下工作的能力。对高温工作无要求时，高速大电流的集成驱动电路可以从多家集成电路供应商处获取，而不必要进行定制设计，门极驱动电路实现相对比较容易。然而高温(这里特指温度在 150℃以上)情况下，寻找合适的集成驱动电路非常具有挑战性，鲜有基于硅工艺的芯片具有 150℃以上的最高结温。目前高温驱动的备选方案包括分立元件高温驱动、绝缘衬底硅(silicon on insulator, SOI)高温驱动以及全 SiC 高温驱动方案。

5.5.1　分立元件高温驱动技术

基于硅工艺的芯片在结温超过 150℃时，漏电流会显著增加，因此不适合用作高温驱动电路芯片。然而分立器件天然地分离在不同的衬底上，不同器件之间衬底上的漏电流就不会存在，因此采用军品级和宇航级的耐高温分立器件构成耐高温驱动电路不失为现阶段可行的一种方案。

目前有研究人员针对 SiC MOSFET 提出如图 5.84 所示的典型耐高温栅极驱动电路原理图。图 5.84(a)所示电路包括驱动电路、去饱和检测电路、欠压检测电路、逻辑处理电路等组成部分，为尽可能做到低功耗、体积紧凑，此电路仅使用了 29 个高温双极性晶体管。图 5.84(b)所示电路采用单电源供电即可获得–5V/+18V 的驱动电平。电路针对 Si 基 BJT 的温度漂移提出了优化的补偿策略，使其在 200℃高温时仍能稳定工作。图 5.84(c)所示电路是用分立元件搭建的带电流保护和欠压锁定保护功能的高温驱动电路。为了减小电路体积和传输延迟时间，在保护电路设计时尽可能地减少高温双极性晶体管和二极管的数量，并采用了脉冲变压器来实现电气隔离。具体电路由驱动电路、过流保护电路、欠压锁定电路和故障检测电路组成。

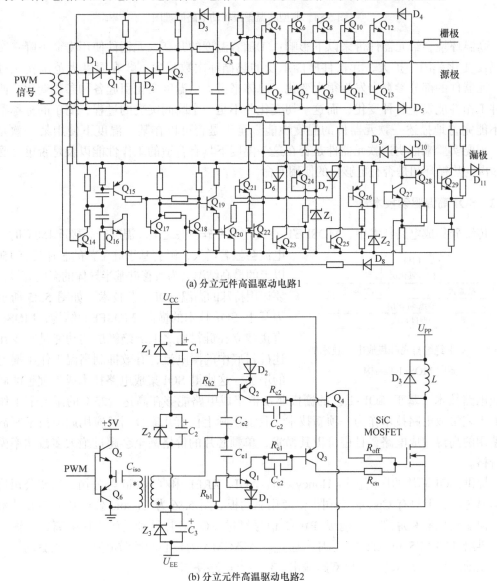

(a) 分立元件高温驱动电路1

(b) 分立元件高温驱动电路2

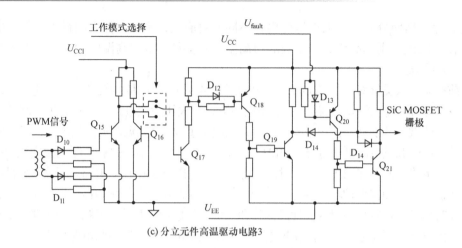

(c) 分立元件高温驱动电路3

图 5.84　典型高温栅极驱动电路原理图

高温环境会给元器件带来以下影响：①随着温度的升高，元器件使用寿命下降；②随着温度变化范围的扩大，元器件所能承受的热循环次数减少；③在温度大范围变化过程中，元器件的部分参数会发生很大变化。总体来讲，由温度变化引起各种参数变化会使元器件工作性能发生各种变化，而这一切变化并不是一个瞬间突变的过程，简单的标称温度并不能完善地描述一款元器件的温度性能。至于是否可以在某一温度下使用某一款元器件，需要实验来证明这款元器件是否在这一温度下具有合适的工作性能以及是否可经受足够多次的热循环和是否有足够长的使用寿命。

5.5.2　SOI 高温驱动技术

传统硅集成电路技术中，MOSFET 直接建立在硅衬底之上。温度升高接近 150℃时，漏

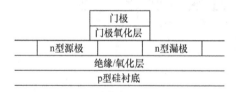

图 5.85　基于绝缘衬底硅集成电路技术的横向 MOSFET 结构

电流会显著增大，鲜有基于硅工艺的芯片具有 150℃以上的最高结温。为改善硅基半导体的温度等级，需要运用特殊的高温 SOI 工艺技术。如图 5.85 所示，为基于 SOI 技术的横向 MOSFET 结构，MOSFET 直接建立在硅衬底之上。绝缘层的功能是减少在所述硅衬底中的漏电流，有效抑制高温工作中漏电流的增加，这使得 SOI 集成电路技术成为理想的硅基集成电路技术。基于 SOI 工艺的栅极驱动器集成电路能够在高达 225℃的温度下工作。SOI 工艺集成电路技术作为一项新技术，目前国际上仅有几家公司可应用此项技术制造出可使用的高温集成电路，且售价极其昂贵，单颗芯片的价格甚至会超过绝大多数功率模块的价格。

提供 SOI 芯片的厂商包括 Honeywell、ADI、XREL 和 Cissoid 等公司，这些公司均提供高温芯片，但只有 Cissoid 公司提供商用驱动板。图 5.86 为 Cissoid 公司基于 SOI 技术的耐高温驱动电路板原理图。前级 PWM 信号经过 SOI 芯片处理后经磁耦隔离，传输至副边，供给 THEMIS 和 ATLAS 芯片。通过以 MAGMA 为核心的反激电路，生成驱动板上所需的驱动电源。该驱动板提供双路输出，供桥臂电路使用。

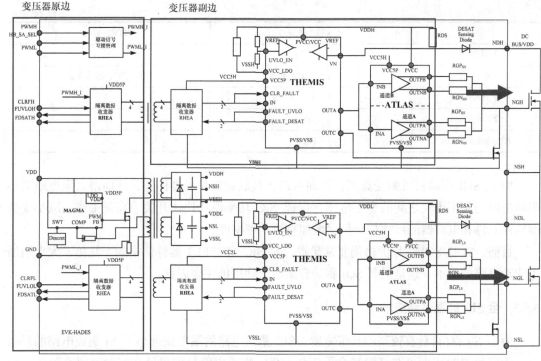

图 5.86　Cissoid 公司基于 SOI 技术的耐高温驱动电路板原理图

该 SOI 耐高温驱动电路板的主要特点如下。

(1) 可驱动额定电压为 1200V、1700V 的 SiC MOSFET 桥臂电路。

(2) 每通道在 225℃时可提供的最大驱动电流为 8A(对应于额定电流为 300A 的模块)。

(3) 具有高达 50kV/μs 的瞬态共模抑制比。

(4) 开关频率可达 200kHz。

(5) 内嵌入多种保护电路：有源密勒钳位；去饱和过流保护；过温保护；欠压锁存。

(6) 功耗典型值为 2W。

(7) 连续工作温度可达 175℃。

(8) 驱动及保护功能的延迟时间典型值为：栅极电压延迟 600ns，去饱和保护延迟 600ns，欠压锁定保护延迟 680ns，最小消隐时间 500ns。

除了 Cissoid 公司，XREL 公司也提供 SOI 高温驱动芯片。目前 XTR26020 与 XTR25020 这两款驱动芯片也已商业化使用，其性能指标如表 5.14 所示。

表 5.14　XREL 公司 SOI 高温驱动芯片性能指标

性能指标	XTR26020	XTR25020
是否隔离	是	否
温度范围/℃	−60～+230	−60～+230
供电电压/V	4.5～40	4.5～40
最大占空比	100%	100%
上拉电流/A	4(峰值) 1(连续)	3(峰值) 1(连续)

续表

性能指标	XTR26020	XTR25020
下灌电流/A	2.4(峰值)	3(峰值)
保护功能	欠压保护，过流保护	欠压保护，过流保护
上升时间/ns	11	15
下降时间/ns	16	15
传输延迟时间/ns	115	200

由于 SOI 驱动板可耐受高温，因而可以将其放置在功率器件旁，从而最大限度地减小驱动电路与功率模块之间的寄生电感，保证 SiC 功率模块快速开关、高频工作，减小变换器磁性元件和电容器的尺寸与重量，增加整机功率密度。

目前，Si 基 SOI 芯片价格仍非常昂贵，是 SiC MOSFET 器件价格的十几倍，大大增加了驱动电路的成本。这是限制 SOI 驱动方案广泛使用的主要因素。

5.5.3　全 SiC 高温驱动技术

由于 SiC 材料具有较高的禁带宽度，SiC 集成电路的漏电流远小于 Si 集成电路的漏电流，无需绝缘衬底即可在高温场合下工作。SiC 集成电路目前仍处在实验室研究阶段，尚未有商用产品。这里以阿肯色大学设计的 SiC CMOS 驱动芯片为例进行说明。

该驱动芯片的基本设计目标为：可在 400℃ 以上的高温环境工作，开关频率可达500kHz。可提供的驱动电流最大值不小于 4A，并易于集成到 SiC MOSFET 模块中，以减小寄生电感。

SiC 驱动芯片制造工艺采用最小沟道长度为 1.2 μm 的 P 阱 CMOS 工艺，具有两个多晶硅层和一个高温顶部金属层。该芯片的供电电源额定电压为 15 V，无须添加 LDMOS 型输出级即可产生足够高的电压直接驱动 SiC 功率 MOSFET。

SiC 驱动芯片内部结构示意图如图 5.87 所示。该芯片主要由 CMOS 逻辑控制单元、多级门电路以及推挽放大输出级构成。内部尺寸为 4.5mm×5.0mm，在工作温度范围内，最大可输出 4A 电流和吸收 8A 电流。

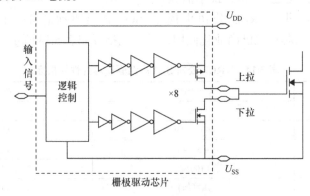

图 5.87　SiC 驱动芯片内部结构示意图

图 5.88 为 SiC 驱动芯片传输延迟时间随温度变化的关系曲线。温度由 25℃升高到 200℃时，传输延迟时间逐渐缩短，高电平转低电平的信号下降沿传输延迟时间降低 30%，低电平转高电平的上升沿传输延迟时间降低 25%。温度高于 200℃时信号上升沿延时相对稳定，但下降沿延时明显变长。

图 5.89 为 SiC 驱动芯片输出电压上升和下降时间随温度变化的关系曲线。上升时间随温度升高而一直变长；下降时间在温度约为 200℃时达到低谷，之后随温度升高而逐渐变长。

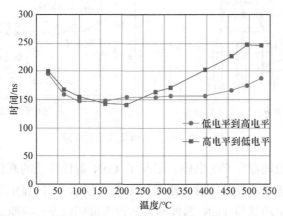

图 5.88　SiC 驱动芯片传输延迟时间随温度变化的关系

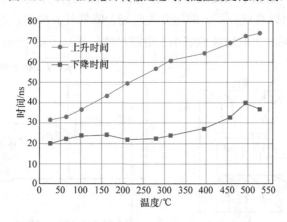

图 5.89　栅极驱动电路输出电压上升和下降时间随温度变化的关系

初步实验研究表明，该 SiC CMOS 驱动芯片可在高达 500℃的高温下工作，在该温度下驱动 SiC MOSFET 时驱动芯片仍具有较强的驱动能力和快速开关工作能力，驱动性能并无大幅退化。该驱动芯片电路简洁，易于集成，有很好的应用前景。但实际应用仍需进行更加全面严苛的实验验证。

5.6　集成驱动技术

采用独立封装形式的 GaN 器件需要通过外部的驱动芯片进行驱动，这种分立驱动及其等效电路图如图 5.90 所示。GaN 器件和驱动芯片封装中的键合线与引脚均会引入寄生电感，同时 GaN 器件和驱动芯片之间的连线也会引入寄生电感。当 GaN 器件高速开关工作时，这些寄生电感会导致开关损耗明显增大、电压电流振荡加剧，影响电路可靠工作。在紧凑布局无法再降低寄生电感时，为保证可靠工作，往往不得不限制 GaN 器件的开关速度。

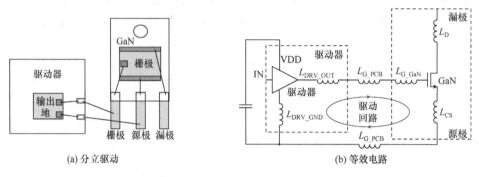

(a) 分立驱动   (b) 等效电路

图 5.90   分立驱动及其等效电路

分立驱动不可避免地存在寄生电感，限制了 GaN 器件性能的充分发挥，因此 GaN 集成驱动应运而生。集成驱动及其等效电路图如图 5.91 所示，将 GaN 器件与驱动器集成在同一个封装内，消除了驱动器与 GaN 器件的封装寄生电感以及连接驱动器输出与 GaN 器件栅极的连线寄生电感。寄生电感的减小有效抑制了 GaN 器件开关工作时的电压电流振荡问题，确保 GaN 器件可以高速开关，缩短开关时间，降低开关损耗，对优化 GaN 器件开关性能具有重要意义。同时集成封装也缩小了电路尺寸，提高了功率密度。

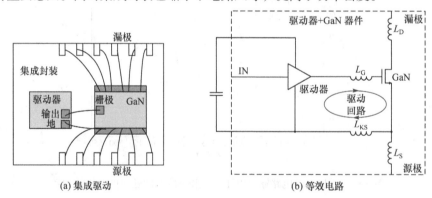

(a) 集成驱动   (b) 等效电路

图 5.91   集成驱动及其等效电路

将 GaN 器件和驱动器集成在同一个引线框架内，GaN 器件的栅极直接与驱动器输出端键合，因此栅极环路寄生电感可减小至 1nH 甚至更低。同时驱动器的接地端直接与 GaN 器件的源极引线键合连接，这种开尔文结构极大地减小了共源极寄生电感，封装集成同样能够有效减小驱动器接地寄生电感。虽然开尔文结构也可以应用于分立式封装中，但增加的开尔文源极引脚必须通过 PCB 走线与驱动器连接，引入了额外的栅极环路寄生电感。

由于引线框架的导热性极好，因此将驱动器和 GaN 器件安装在同一个引线框架中可使两者的温度基本接近。此时若将温度检测和过温保护功能集成在驱动器中，则可以实现对 GaN 器件的温度检测和保护。在 GaN 器件温度过高时，温度保护动作，关断功率管实施保护。

对于分立驱动来说，驱动器和 GaN 器件独立封装，两者的连接引入了较大的寄生电感，导致电流振荡较为严重，因此往往需要一段较长的消隐时间来防止过流保护误动作。而集成驱动可以显著降低电流检测电路和 GaN 器件之间的连接寄生电感，从而使得过流保护迅速动作以实现 GaN 器件的快速保护。

5.7　本章小结

宽禁带电力电子器件的特性与 Si 器件的特性有较大不同，不能用 Si 器件的驱动电路来直接驱动宽禁带器件。

本章首先以 SiC MOSFET 为例，详细阐述了宽禁带电力电子器件驱动电路的设计要求。从驱动电压设置、栅极回路寄生电感、栅极寄生内阻、驱动电路输出电压上升/下降时间、桥臂串扰抑制、驱动电路元件的 du/dt 限制、外部驱动电阻对开关特性的影响以及可靠保护等方面进行了讨论。

接着对典型 SiC 器件和 GaN 器件的驱动电路原理与设计进行了阐述。对于 SiC MOSFET、常通型 SiC JFET 和 Cascode SiC JFET，一般采用电压型驱动；对于增强型 SiC JFET 和 SiC BJT，驱动电路除了在开关器件开通/关断期间要提供足够大的电流保证其快速开关，在器件导通期间也需提供一定的稳态驱动电流。对于 SiC 模块，其驱动电路除了完成基本的功率放大和驱动开关管完成开通/关断功能，仍需结合实际应用场合的需要，集成过流/短路保护、过压保护和过温保护等功能，确保功率模块和整机安全可靠工作。

对于 Cascode GaN HEMT 和 eGaN HEMT，一般采用电压型驱动；对于 GaN GIT，其驱动电路除了在开关器件开通/关断期间要提供足够大的电流保证其快速开关，在器件导通期间也需提供一定的稳态驱动电流。

为了充分发挥 SiC 器件耐高温的优势，需要相应地开发高温驱动技术。本章对分立元件高温驱动技术、SOI 高温驱动技术和全 SiC 高温驱动技术进行了介绍。为了保证 GaN 器件高速开关优势，需要最大限度地缩短连线长度。本章最后扼要介绍了 GaN 集成驱动技术的概念和特点。

思考题和习题

5-1　列举说明不同公司(至少三家)SiC MOSFET 驱动电压设置的异同点。

5-2　分析说明栅极寄生电感对 SiC MOSFET 工作的影响。

5-3　什么是桥臂串扰？串扰电压大小与开关速度之间的关系如何？

5-4　分析直接驱动 Cascode SiC JFET 与经典 Cascode SiC JFET 驱动方式的异同点。

5-5　分析说明 SiC BJT 器件的基本驱动要求。

5-6　根据自适应驱动思路，给出一种基极电流能够跟随集电极电流变化的 SiC BJT 驱动电路方案，画图并简要说明其工作过程。

5-7　分析说明 Cascode GaN HEMT 器件发生持续振荡的原因。

5-8　结合磁珠的阻抗特性阐述磁珠抑制高频振荡的原理。

5-9　比较说明低压 eGaN 和高压 eGaN 驱动电压设置的异同点。

5-10　分析说明 GaN GIT 器件的基本驱动要求。

5-11　从伏安特性角度分析说明 SiC MOSFET 模块短路保护的难点。

5-12　说明"电流检测 SiC MOSFET"检测源极电流的基本原理。

5-13　从发挥宽禁带电力电子器件性能优势角度出发，阐述开发高温驱动技术的必要性。

5-14　从发挥 GaN 器件高速开关优势角度出发，阐述应用集成驱动技术的必要性。

第6章 宽禁带电力电子器件的特性测试与应用挑战

在器件特性上，宽禁带器件比 Si 器件具有明显的优势，采用宽禁带器件制作的电力电子变换器(简称"宽禁带变换器")可望获得比 Si 基变换器更高的效率、功率密度、电磁兼容性、环境适应性和可靠性。然而要真正用好宽禁带器件，使其充分发挥器件优势，仍需克服一些制约因素和解决关键问题。本章首先对宽禁带器件特性的基本测试方法进行介绍，阐述器件特性测试存在的挑战。接着对高速开关限制因素、封装设计挑战、散热设计挑战、高温变换器设计挑战以及参数优化设计等问题逐一进行阐述。

6.1 宽禁带器件的特性测试

6.1.1 静态特性测试方法

宽禁带电力电子器件的静态特性表征的是其在稳态工作时的电压电流情况，其中电压包括栅源电压 U_{GS} 和漏源电压 U_{DS}，电流包括栅极电流 I_G 和漏极电流 I_D。对应的特性曲线包括输出特性(I_D-U_{DS})、转移特性(I_D-U_{GS})、栅极电流特性(I_G-U_{GS})以及关断漏极漏电流特性($I_{D(off)}$-U_{DS})等。这些特性曲线中的物理量会受到工作结温的影响，因此在测试其静态特性时，需要能对结温进行调整，以便测试不同温度下的特性曲线。

下面对静态特性测试的具体要求和参数设置进行说明。

1) 电压电流测试

静态特性曲线描述的是开关管的电压电流特性，因此在测试过程中主要工作是在不同的工况下，记录开关管在稳定工作状态下的电压电流值，绘制曲线。电压可以采用示波器检测，电流可以采用电流检测电阻、电流互感器、同轴分流器或者罗氏线圈等进行检测。也可采用专用设备，如功率器件分析仪/曲线追踪仪进行测试。

2) 温度控制

静态特性曲线中的物理量随着温度变化会发生参数变化。因此在测试时需要调整温度测试不同温度下的静态特性参数。具体温度变化范围要根据开关管的耐受温度和测试要求来确定。温度可通过温控箱或加热平台来加以控制，对于低温测试要采用专门的低温设备。

3) 脉冲设置

在静态特性测试时，为避免长时间通电致使宽禁带电力电子器件产生温升，影响测试结果，故通常采用单脉冲测试法测试静态特性。在设置时，需注意五个基本设置量，包括栅压 U_{GS} 脉冲宽度、漏源电压 U_{DS} 脉冲宽度、漏源电压脉冲延时、测试延时和脉冲频率的合理设置。其基本要求如下。

(1) U_{DS} 脉冲比 U_{GS} 脉冲要延时一段时间，以确保器件已完全导通。

(2) 脉冲频率设置应确保器件不会产生自发热现象致使温度升高，使实际温度偏离设置的测试温度。

(3) 测试延时的选择要同时考虑是否真正稳定工作以及避免自发热，折中考虑。

(4) 电压脉冲幅值范围的选取要根据待测器件的耐压极限来确定。

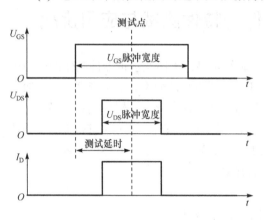

图 6.1　单脉冲测试时序关系示意图

单脉冲测试时序关系示意图如图 6.1 所示。以下以功率器件分析仪/曲线追踪仪为例，介绍其对 Cree 公司型号为 C2M0080120D 的 SiC MOSFET 单管的静态特性测试过程。静态特性测试电路连接示意图如图 6.2 所示，在 SiC MOSFET 的漏极和源极之间连接大电流模块(HCSMU)，栅极连接高功率模块(HPSMU1)。在测量时，高功率模块在栅极施加相应的电压，大电流模块根据需要在漏源极之间施加一定的电压并提供足够的电流，同时测量对应的栅极电压(U_{GS})、栅极电流(I_G)、漏源电压(U_{DS})和漏极电流(I_D)。各个参数的定义如下：

阈值电压　　　$U_{GS(th)} = U_{GS}|(U_{DS}=10V,\ I_D=10mA)$

栅极电流　　　I_G-U_{GS} 曲线$|(U_{DS}=5,\ 10,\ 15,\ 20V)$

导通电阻　　　$R_{DS(on)} = U_{DS}/I_D|(U_{GS}=20V,\ I_D=20A)$

跨导　　　　　$g_m = \Delta I_D/\Delta U_{GS}|(U_{DS}=20V,\ I_D=10A)$

转移特性　　　I_D-U_{GS} 曲线

输出特性　　　I_D-U_{DS} 曲线$|(U_{GS}=2,\ 4,\ 6,\ 8,\ 10,\ 12,\ 14,\ 16,\ 18,\ 20V)$

根据以上定义式，可以在不同温度下测量出阈值电压、栅极电流、导通电阻、跨导、转移特性曲线和输出特性曲线等主要静态特性与参数。此外，导通电阻也可取不同的 U_{GS} 进行测试。

关断漏极漏电流表示的是当栅极短路时，漏极和源极之间的漏电流。它标志着 SiC MOSFET 器件关断的有效性，是衡量 SiC MOSFET 性能的一个重要参数。如图 6.3 所示，当栅源短接关断器件时，漏源极之间施加不同的电压，记录漏源电压与漏极漏电流的值。

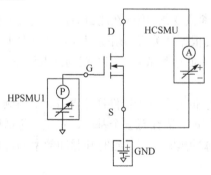

图 6.2　静态特性测试电路连接示意图

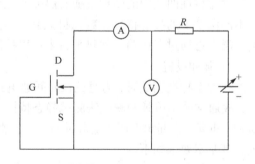

图 6.3　关断漏极漏电流测试原理图

6.1.2 开关特性测试方法

开关特性也称动态特性，表征的是电力电子器件在开关瞬态的性能，主要包括开通、关断时间，电压电流的上升下降速度、振荡以及尖峰值和跌落值，开通、关断能量损耗等。深入了解宽禁带电力电子器件的开关特性，可以为宽禁带变换器的设计提供指导，有利于变换器的优化设计。双脉冲测试(double pulse test，DPT)方法是一种常用的开关特性测试方法，为了探究宽禁带器件的开关特性，本节扼要介绍了双脉冲测试的基本原理、双脉冲测试平台的基本配置和双脉冲测试平台关键元件参数的设置原则。

1. 双脉冲测试的基本原理

双脉冲测试通过仅提供给开关管两个规定时间宽度的驱动脉冲，能够测量出被测器件(device under test，DUT)在承受一定电压和负载电流下的开通与关断波形，模拟了功率器件在实际电力电子变换器中的动态工作过程。该测试电路结构简单，避免了功率器件长期连续工作可能存在的温升等问题，因而成为测试功率器件动态性能的常用方法。

双脉冲测试电路原理图如图 6.4 所示，其原理波形如图 6.5 所示。当下管 Q_L 开通时，电感电流 i_L 线性上升；当下管 Q_L 关断时，电感通过上管 D_H 续流，电感电流 i_L 几乎保持不变(实际上会缓慢下降)。在第一个脉冲的下降沿和第二个脉冲的上升沿，能得到所关注的开通和关断波形。续流二极管还可以用开关管代替，构成桥臂电路。续流时电感电流流过开关管的

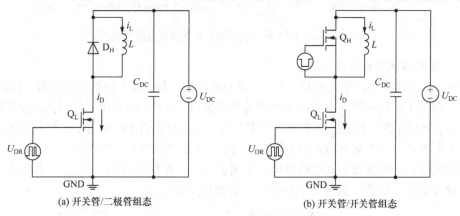

(a) 开关管/二极管组态　　　　　　　　　(b) 开关管/开关管组态

图 6.4　双脉冲测试电路原理图

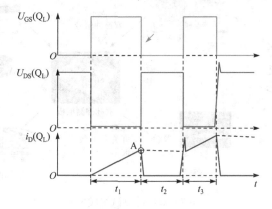

图 6.5　双脉冲测试电路原理波形图

体二极管或沟道，开关管反向导通。因此双脉冲测试有两种基本组态，一种是图 6.4(a) 中的开关管/二极管组态，另一种是图 6.4(b)中的开关管/开关管组态。前者针对单管进行测试，后者针对桥臂电路对功率器件进行测试。

双脉冲测试电路同样能对二极管的动态性能进行测试，如图 6.6 所示，被测二极管处于桥臂下端并接地，负载电感与被测二极管并联，桥臂上端开关管通过双脉冲控制产生开关动作。当下端被测器件采用功率开关管时，可测试其体二极管(如 SiC MOSFET 的体二极管) 或"类体二极管"(eGaN HEMT 第三象限)特性。

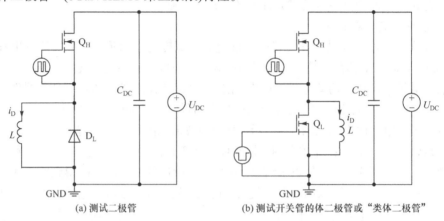

(a) 测试二极管   (b) 测试开关管的体二极管或"类体二极管"

图 6.6　基于 DPT 的二极管动态性能测试电路原理图

2. 双脉冲测试平台的基本配置

图 6.7 是双脉冲测试组成单元，其核心是双脉冲测试板，板上包括直流电容、驱动电路、功率器件和用于连接双脉冲发生器及电源的外围接口。此外，组成单元还包括测量套件、直流电压源、辅助电源、负载电感和温度控制器等。个人计算机(PC)通过编程控制微处理器或信号发生器发送可调节脉冲宽度的双脉冲信号，示波器和探头用于探测开关波形，辅助电源为双脉冲测试板上的栅极驱动电路供电。被测器件的工作状态(电压、电流、结温)由直流电压源、脉冲宽度、负载电感的大小和温度控制器共同决定。

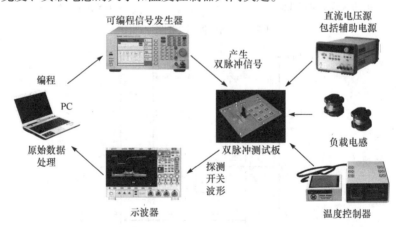

图 6.7　双脉冲测试组成单元

　　图 6.8 为双脉冲测试工作电路，其中的关键部件分别是功率器件 Q_L、二极管 D_H、负载电感 L、直流电压源 U_{DC}、直流电容(包括储能电容 C_{ES} 和去耦电容 C_{DEC})、泄放电阻 $R_{Bleeder}$ 和栅极驱动电路。在一些配置中，为保证双脉冲测试平台可靠工作，还会加入保护电路。

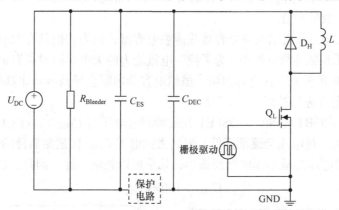

图 6.8　双脉冲测试工作电路

3. 双脉冲测试平台关键元件参数的设置原则

1) 负载电感

双脉冲测试电路中，电感电流的变化量 ΔI_L 与输入直流电压 U_{DC} 的关系可表示为

$$\Delta I_L = \frac{U_{DC}}{L} \cdot \Delta t_p \tag{6.1}$$

由上式可知，电感电流的初始值为零，电感电流的最终值由输入直流电压 U_{DC}、电感值 L 和两个脉冲的总时间 Δt_p 决定。先通过确定输入直流电压值和所需开关瞬态的电流值，同时限定大致的脉冲时间，确定所需的电感值，再根据实际电感值微调脉冲时间。以直流输入电压 U_{DC} 为 600V 为例，开关瞬态电流最大值达到 16A，两个脉冲的总时间 Δt_p 选为 5μs，则所需电感值为 190μH 左右。另外，为了防止电感发生饱和，通常采用空心电感或者将电感磁芯取较大的气隙。

　　电感器的寄生电容会使功率器件开通时的电流增大，导致测试不准确。为此，宜采用单层绕组电感器。电感量较大时，可采用多个单层绕组电感器串联或特制低寄生电容电感器。

2) 直流电压源

　　直流电压源用于建立直流母线电压，其额定电压应高于被测器件能够承受的最大直流电压。此外，由于双脉冲测试所需的大部分能量来自直流电容器组，因此直流电压源的电流额定值可以远低于被测器件的最大测试电流。

3) 直流电容

　　直流电容可以使直流母线电压保持稳定，最大测试电压决定了直流电容的额定电压。具有大电容值的储能电容会在第一个脉冲期间提供能量建立电感电流，而具有低寄生电感的去耦电容可以减轻寄生效应引起的过电压。在双脉冲测试第一个脉冲开通瞬间，能量从储能电容 C_{ES} 转移到负载电感 L 中，其容值应满足：

$$C_{ES} \geqslant \frac{LI_L{}^2}{(2U_{DC} - \Delta U_{DC})\Delta U_{DC}} = \frac{LI_L{}^2}{(2 - k_{\Delta u})k_{\Delta u}U_{DC}{}^2} \approx \frac{LI_L{}^2}{2k_{\Delta u}U_{DC}{}^2} \tag{6.2}$$

式中，$k_{\Delta u}$ 为开关瞬间直流电容电压变化的百分比，一般取 1%～5%。在计算 C_{ES} 取值时，U_{DC} 取最小值，I_L 取最大值。

一般而言，C_{ES} 会采用铝电解电容器或薄膜电容器，因为它们具有大电容值和高能量密度。在大电流高压双脉冲测试板中，为了使大电流能力的大电容同时具有足够高的电压耐受能力，可能需要并联多个串联电容器组。虽然电容器串联会导致等效串联电感(ESL)变大，但可以通过去耦电容进行补偿。

图 6.9 给出 Si IGBT 和 SiC MOSFET 开关瞬间过电压与 C_{DEC}/C_{OSS} 的关系曲线。随着去耦电容容值的增大，过电压会逐渐降低，但当去耦电容 C_{DEC} 比被测器件的输出电容 C_{OSS} 大100 倍以上时，过电压的减小幅度已经很小，几乎可以忽略不计。因此，C_{DEC} 取值应满足：

$$C_{DEC} \geqslant 100 \times C_{OSS} \tag{6.3}$$

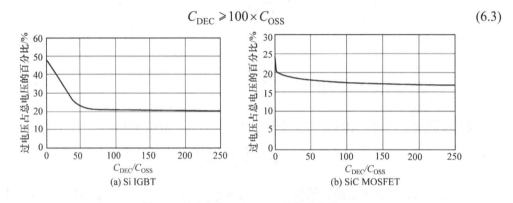

图 6.9　过电压与 C_{DEC}/C_{OSS} 的关系曲线

除了合理选择容值和耐压，去耦电容的 ESL 要越小越好。一般选择陶瓷电容作为去耦电容。从抑制寄生电感引起的过压角度出发，C_{DEC} 过大也无必要。而且在短路故障发生时，由于短路保护板切断的只是直流电压源和大储能电容，因此去耦电容中储存的能量要在被测器件中释放掉。若去耦电容容值过大，其储能过大，则会恶化被测器件工作情况。

4) 泄放电阻

泄放电阻需要在电路断电后的较短时间里快速泄放电容器中的残留电荷，以保证电路安全。泄放电阻的阻值小，放电时间常数就会小，使得放电迅速，但同时也会产生较大的功耗，因此应折中考虑。在实际电路中，泄放电阻产生几瓦的损耗和几十秒的放电时间都是可以接受的。双脉冲测试电路设计人员可根据这一原则综合考虑功率损耗和放电时间选择泄放电阻。

5) 控制信号设计原则

如图 6.10 所示，双脉冲测试的驱动信号需要确定三段时间间隔(t_1、t_2 和 t_3)。设置的间隔 t_1 要使得负载电流能在图 6.5 中的 A 点以给定的负载电感和直流母线电压达到预定值 I_{L0}；间隔 t_2 要使得在第二个脉冲上升之前器件已完成关断，因此它需要比器件的最大关断时间 $t_{off(max)}$ 长；同样地，间隔 t_3 要使得器件在第二个脉冲内能完成开通过程，它需要比器件的最大开通时间 $t_{on(max)}$ 长。三段时间间隔的设置分别满足：

$$t_1 = L \frac{I_{L0}}{U_{DC}} \tag{6.4}$$

$$t_2 > t_{off(max)} \tag{6.5}$$

$$t_3 > t_{on(max)} \tag{6.6}$$

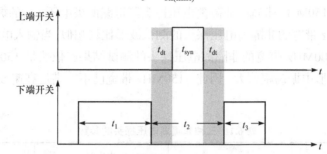

图 6.10　开关管/开关管组态驱动信号

此外，t_2 不宜过长以避免被测器件关断期间电感电流发生较大变化，t_3 应足够短以避免产生过多的导通损耗，影响器件结温。对于开关时间典型值为几 ns～几十 ns 的宽禁带器件，t_2 和 t_3 一般设置为 1～2μs。

上述讨论的是双脉冲测试常用的开关管/二极管组态，而对于开关管/开关管组态，上端开关管通常是常断状态，有时也会通过与下端开关管互补导通来观察其反向导通行为，如图 6.10 所示。其中 t_2 比开关管/二极管组态时要长一些，应满足：

$$t_2 = 2t_{dt} + t_{syn} \tag{6.7}$$

式中，t_{dt} 是死区时间，应比 $t_{off(max)}$ 长些；t_{syn} 是上端开关管的导通时间。

双脉冲信号通常是由可编程信号发生器或微处理器产生的。若条件许可，双脉冲测试平台可设置人机交互界面，如采用 LabVIEW 等工具实现，以便于操作。

6.1.3　宽禁带器件特性测试挑战

在对宽禁带器件特性进行测试的过程中，由于宽禁带器件开关速度快，电压变化率和电流变化率高，电压、电流波形中所包含的高频成分多，常规的电流探头和差分电压探头由于其带宽较低，无法准确测量波形中的高频成分，难以满足精确测量的要求，因而需要采用具有更高带宽的电压和电流检测手段进行测量。

1. 电压测量

这里以 SiC MOSFET 的特性测试为例分析其对电压测量的要求。为了精准地采集 SiC MOSFET 电压波形的上升沿和下降沿，电压探头需要具备高带宽，判断依据为

$$f_{bd} = \frac{0.25}{\min(t_r, t_f)} \tag{6.8}$$

式中，t_r 为开关波形的上升时间；t_f 为开关波形的下降时间。

SiC MOSFET 的电压开关波形上升、下降时间若小于 15ns，根据式(6.8)电压测试设备的

带宽要在 16.7MHz 以上，为了更精确测量，电压测试设备的实际带宽需高于 16.7MHz 的 10 倍。在电压测试设备中，隔离电压探头的带宽相对低，延迟时间长，而非隔离电压探头的带宽高，延迟时间短，更适用于测试高速 SiC MOSFET。表 6.1 为三种非隔离电压探头的参数，其带宽各不相同。图 6.11 为使用三种非隔离电压探头测得的漏源极电压 u_{DS} 波形。当输入电压 U_{DC}=250V 时，150MHz 带宽的非隔离电压探头测得漏源极电压 u_{DS} 的振荡幅值较大，而 300MHz 和 500MHz 带宽的非隔离电压探头的测试波形比较相似。当输入电压 U_{DC}=600V 时，对比 150MHz 和 300MHz 带宽的非隔离电压探头的测试结果，依然是 150MHz 带宽非隔离电压探头的测试波形中振荡幅值大。因此，150MHz 带宽已不能满足高速 SiC MOSFET 测试要求。

表 6.1　三种非隔离电压探头的参数

型号	厂商	电压/V	带宽/MHz
TekP6139A	Tektronix Inc.	300	500
CP3308R	Pintek Electronics Co. Ltd.	1500	300
TESTEC-LF312	Testec Ltd.	600	150

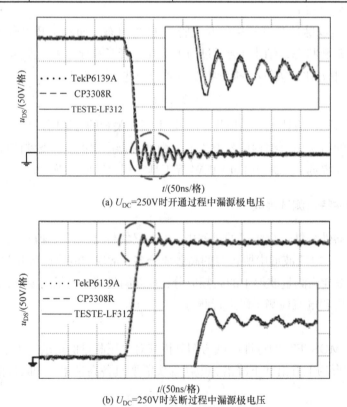

(a) U_{DC}=250V时开通过程中漏源极电压

(b) U_{DC}=250V时关断过程中漏源极电压

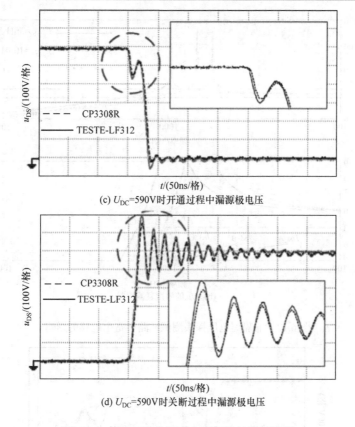

(c) U_{DC}=590V时开通过程中漏源极电压

(d) U_{DC}=590V时关断过程中漏源极电压

图 6.11　使用三种非隔离电压探头的测试波形

　　使用非隔离电压探头测试时，测试回路中存在寄生电感。图 6.12(a)为测试回路的等效电路，u_i 为测试点的待测信号，u_o 为示波器测得信号，L_{probe} 为测试回路的寄生电感，C 和 R 为电压探头的等效电容和电阻。图 6.12(b)为 u_o/u_i 的幅度衰减情况。相关文献指出 u_o/u_i 的幅度衰减超过 3dB 时测试结果误差大，幅度衰减等于 3dB 时对应频率为带宽。根据图 6.12(b)可知，测试回路的寄生电感越大，测试带宽越低。使用非隔离电压探头测试时常会使用自带地线夹，会引入较大寄生电感。而当使用 BNC 接头或者接地弹簧时，测试回路的寄生电感较小。图 6.13 给出了三种接地方式的测试波形。使用地线夹时漏源极电压 u_{DS} 的振荡幅值较大，使用 BNC 接头和接地弹簧时测试波形相似。因此，测试高速 SiC MOSFET 时，非隔离电压探头应配合 BNC 接头或者接地弹簧使用。

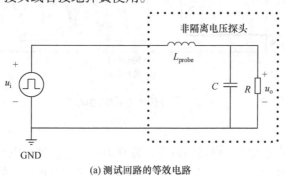

(a) 测试回路的等效电路

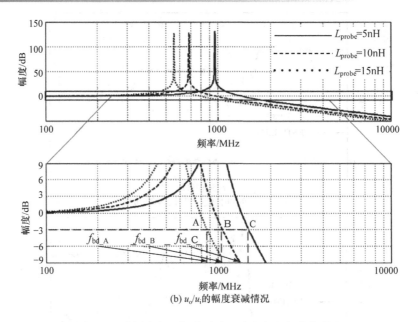

(b) u_o/u_i的幅度衰减情况

图 6.12　非隔离电压探头测试回路中寄生电感的影响

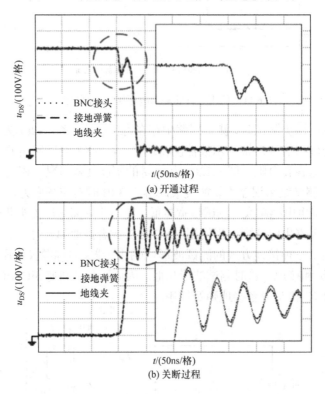

(a) 开通过程

(b) 关断过程

图 6.13　三种接地方式的测试波形

2. 电流测试

表 6.2 列举了四种电流测试设备的特性，分别为同轴分流器、电流采样电阻、磁芯分裂式电流探头和电流采样变压器。前两种测试方式均将 SiC MOSFET 的开关电流转化成电阻

上的电压，后两种测试方式均利用了变压器测试原理。

表 6.2　四种电流测试设备的特性

类型	公司	型号	带宽/MHz
同轴分流器	T&M Research Products Inc.	SSDN-10	2000
电流采样电阻(无感电阻)	Vishay Inc.	100mΩ	—
磁芯分裂式电流探头	Tektronix Inc.	TCP0030A	120
电流采样变压器	—	1:30	—

第一种测试设备是同轴分流器，测试带宽最高，其等效电路如图 6.14(a)所示，可等效成带有寄生电感的电阻，其中 A 端连入双脉冲测试电路的功率回路，B 端与示波器相连。同轴分流器 SSDN-10 的 A 端寄生电感为 2nH，而 B 端寄生电感为 5.2nH，其寄生电感值小，对测试结果的影响不明显。第二种测试设备是电流采样电阻，一般会采用无感电阻，但实际上其也存在寄生电感，图 6.14(b)为其等效电路。C 端既连入双脉冲测试电路的功率回路，又与示波器相连，这样测试结果中会包含寄生电感上的电压，无法还原真实的 SiC MOSFET 开关电流。第三种测试设备是磁芯分裂式电流探头，该设备的测试带宽较低，而使用该设备的缺点是因放置电流探头，功率回路寄生电感增大，SiC MOSFET 的开关特性会因此受到明显影响。第四种测试设备是电流采样变压器+同轴分流器 SSDN-10，其等效电路如图 6.14(c)所示。原理是将磁芯穿过 SiC MOSFET 封装的漏极引脚，漏极引脚成为一次绕组，电流采样变压器二次侧输出线连接同轴分流器 SSDN-10 的 A 端。图 6.14(c)中 L_1 和 L_2 为电流采样变压器一次侧电感、二次侧电感，R 为同轴分流器等效电阻，k 为耦合系数。将变压器二次侧参数折算到一次侧后如图 6.14(d)所示。当耦合系数 k 较高时，一次侧电感 L_1 和漏感 $(1-k^2)L_1$ 小。而电流采样变压器二次侧为多匝绕制，二次侧电感 L_2 大，折算到一次侧阻抗 k^2RL_1/L_2 较小。这种测试方法的缺点是电流采样变压器特性对测试结果有较大影响，而优点是电流采样变压器可以不占用 PCB 面积，可实现双脉冲测试电路 PCB 布局的最优设计。

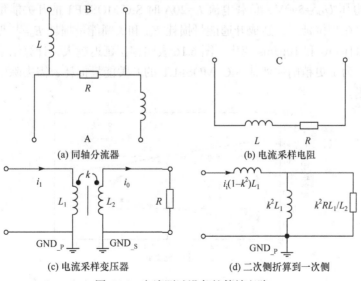

图 6.14　电流测试设备的等效电路

图 6.15 对比了使用四种电流测试设备对 SiC MOSFET 漏极电流 i_D 的测试波形。图 6.15 中四种测试设备的测试波形均有区别。同轴分流器的带宽高，寄生参数影响小，以使用此设备测得的波形作为对比对象。使用电流采样变压器的测试波形与使用同轴分流器 SSDN-10 的测试波形最相近。而使用电流采样电阻和磁芯分裂式电流探头的测试波形中开通过冲电流大，关断电流振荡幅值大。

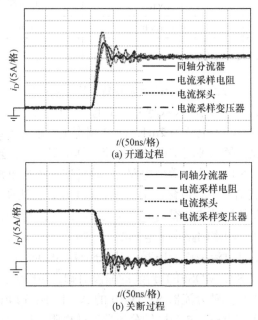

图 6.15   四种电流测试设备的测试结果

3.电压与电流波形之间相位延迟

由于测试设备存在延迟时间，且各设备之间的延迟时间不同，电压与电流波形之间会存在相位延迟。当利用实验测得的电压电流数据计算开关能量损耗时，会造成计算结果不精确。图 6.16 为输入电压 U_{DC}=590V、负载电流 I_o=20A 时 SiC MOSFET 的开关能量损耗。电压与电流波形之间存在相位延迟，造成开通能量损耗 E_{on} 和关断能量损耗 E_{off} 与无延迟时相比偏差大，分别以–11μJ/ns 和 10μJ/ns 变化。图 6.16 表明相位延迟越大，计算结果与实际结果之间的偏差越大。为了更精确地评估 SiC MOSFET 的开关能量损耗，需去除电压与电流波形之间的相位延迟。

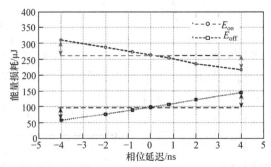

图 6.16   电压与电流波形的相位延迟对开关能量损耗的影响

由上述分析可见：150MHz 带宽非隔离电压探头已不能满足高速 SiC 器件的测试要求，需要更高的带宽设备。并且测试时应配合 BNC 接头或接地弹簧。而开关电流的测试设备中最适宜使用同轴分流器，其次是电流采样变压器。测试结果中电压与电流波形之间相位延迟会对开通能量损耗和关断能量损耗的计算结果产生较大影响，所以应先校准设备再进行测试。与 SiC MOSFET 类似，其他 SiC 器件以及 GaN 器件在特性测试时也存在类似挑战，因此均应注意测试设备和测量手段的合理选择，以便准确测试评估器件性能。

6.2 宽禁带器件应用分析

宽禁带半导体器件的优越性能有望给电力电子产业带来革新。根据目前商用宽禁带半导体器件的定额水平，宽禁带半导体器件主要的应用领域包括光伏发电系统、电机调速系统、汽车、家用电器和开关电源等场合(图 6.17)。

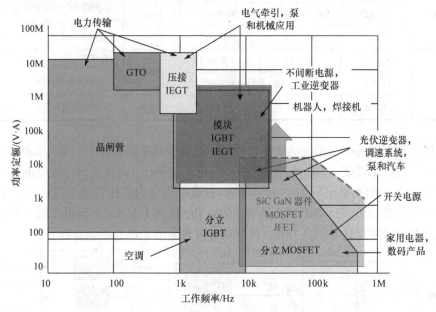

图 6.17　目前水平的商用宽禁带器件的主要应用领域

在应用 Si FRD 的高频开关电路中，若 Si FRD 的反向恢复问题较为突出，用 SiC 基或 GaN 基 SBD 取代 Si FRD，会得益于 SiC 基或 GaN 基 SBD 优越的反向恢复特性，使整机性能取得较为明显的改善。更进一步，电力电子变换器中的可控开关器件和二极管均可采用 SiC 器件或 GaN 器件，或采用多种宽禁带器件匹配组合，从而获得更明显的性能改善。这里以数据中心供电系统为例，分析说明多种宽禁带器件的匹配使用情况。

传统的数据中心供电系统如图 6.18 所示，主要包含不间断电源(UPS)、功率传输单元 (PDU)、电源单元(PSU)和电压调节器(VR)等多级转换单元，采用交流母线进行能量传输。由于存在多级功率转换且每一级功率转换的效率并不高，传统的数据中心供电系统的最高效率仅有 67%。表 6.3 列出传统数据中心供电系统各级功率变换的具体情况。

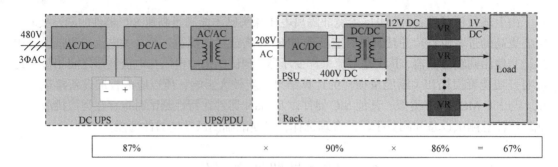

图 6.18   传统的数据中心供电系统

表 6.3   传统数据中心供电系统各级功率变换的具体情况

转换单元	类型	U_{in}	U_o	P_o	功能	效率
UPS/PDU	AC/DC	480V AC	380~410V DC	19kW	将480V AC输入交流电转为208V AC 交流母线电压，PSU能承受的交流电范围是 90~264V AC	87%
	DC/AC	380~410V DC	208V AC			
	AC/AC	208V AC	208V AC			
PSU	AC/DC	208V AC	380~410V DC	0.9kW	得到12V直流电压，为负载变换器供电	90%
	DC/DC	380~410V DC	12V DC			
POL	DC/DC	12V DC	1V DC	0.4kW	为电子负载供电	86%

为了提高数据中心供电系统的效率，可以考虑减少功率转换环节，采用如图 6.19 所示的高压直流母线供电系统。与传统的交流母线供电系统相比，高压直流母线供电有效地减少了功率转换环节，前端整流后的 380~400V 直流电压作为高压直流母线电压，直接接到 IBC(中间母线变换器)单元。IBC 单元再将 400V DC 降到 12V DC，给电压调节器供电。该供电系统的整体效率可达 73%~78%，比传统交流供电方案已有明显提高。

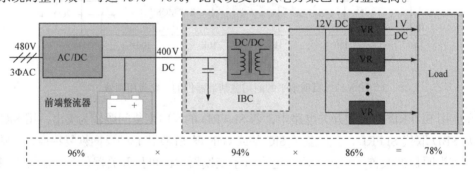

图 6.19   高压直流母线供电系统

为了进一步提高数据中心供电系统的效率，还需要提高每一级变换器的转换效率。宽禁带器件具有导通压降低、开关速度快的优势，在数据中心供电系统各级变换器中使用宽禁带器件，可以有效地提高变换器的转换效率。SiC 器件和 GaN 器件的耐压等级与适用场合有所不同，SiC 器件耐压相对高些，适用功率较大的场合，GaN 器件耐压相对低些，适用中小功率的场合。因此，在数据中心高压直流供电系统中，前级整流器(AC/DC)适合采用 SiC 器件，中间级和负载点变换器适合采用 GaN 器件。

下面以相关文献中的三级式数据中心供电电源系统样机为例，阐述宽禁带器件在数据中心供电系统中的应用情况。

1) 前级整流器

如图 6.20 所示，前级整流器采用三相 Buck 型 PWM 整流器。表 6.4 是该三相 Buck 型 PWM 整流器的主要技术规格。

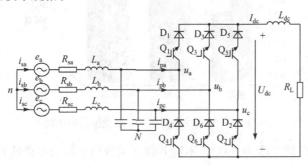

图 6.20　三相 Buck 型 PWM 整流器

表 6.4　三相 Buck 型 PWM 整流器的主要技术规格

参数	数值	参数	数值
额定输出功率/kW	7.5	额定输出电流/A	18.75
输入电压/VAC	480(±10%)	输入功率因数	>0.99
额定输入电流/A	9	电流谐波因数	<5%
额定输出电压/VDC	400	环境温度/℃	50

图 6.21 为三相 Buck 型 PWM 整流器的样机实物图，采用液冷式散热，冷却液由 50%的乙二醇和 50%的水混合而成。前端整流器分别采用 Si 器件(Si IGBT：IKW40N120T2 和 Si Diode：RHRG75120)和 SiC 器件(SiC MOSFET：CMF20120D 和 SiC SBD：SDP60S120D)进行了对比测试。Si 基变换器开关频率设置为 20kHz，SiC 基变换器开关频率设置为 28kHz。

图 6.21　三相 Buck 型 PWM 整流器的样机实物图

图 6.22 为 Si 基变换器和 SiC 基变换器的损耗、体积、重量对比。SiC 基变换器在开关

频率比 Si 基变换器提高 40%的情况下，损耗降为 Si 基变换器的 42%，无源元件的体积和重量分别降为 Si 基变换器的 72%、82%。

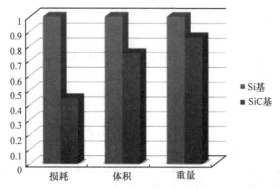

图 6.22　Si 基变换器和 SiC 基变换器的比较

图 6.23 给出了环境温度为 50℃，不同并联开关数目下的效率曲线对比。开关器件并联有利于降低等效导通电阻，从而降低导通损耗，在重载时优势较为明显。但在轻载时，多个开关器件并联会增大驱动损耗，可能会降低效率，因此要优化选择并联数目。使用 4 个 SiC MOSFET 和 2 个 SiC SBD 并联组成开关器件时，前端整流器效率最高，最高效率达 98.55%，满载效率为 98.54%。

图6.23

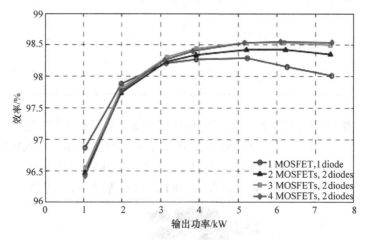

图 6.23　SiC 基三相 Buck 型 PWM 整流器样机效率曲线对比

2) 中间母线变换器

中间母线变换器要求具有高效率和高功率密度。LLC 谐振变换器在将 400V 直流母线电压降至 12V DC 的变换过程中，可同时实现原边功率管的零电压开通和副边功率管的零电流开通，所以目前一般选择如图 6.24 所示的半桥 LLC 谐振变换器作为 IBC 的主电路拓扑。表 6.5 为半桥 LLC 谐振变换器主要技术规格。GaN HEMT 器件由于具有较小的结电容、无反向恢复电荷等优点，非常适用于高频 LLC 谐振变换器。原边开关管采用 Transphorm 公司额定电压为 600V 的 Cascode GaN HEMT 器件，型号为 TPH3006；副边同步整流管采用 EPC 公司额定电压为 40V 的 eGaN FET 器件，型号为 EPC2015。为便于对比，同时制作了 Si 基 LLC

谐振变换器。所选用的 Si 器件：原边开关管采用 Infineon 公司的 Si CoolMOS，型号为
IPP60R165CP；副边同步整流管采用 Infineon 公司的 Si OptiMOS，型号为 BSC035N04LS。

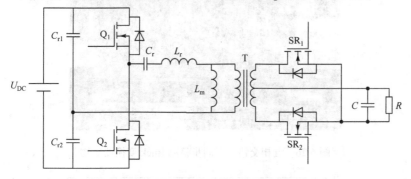

图 6.24 半桥 LLC 谐振变换器

图 6.25，为 GaN 基和 Si 基 LLC 谐振变换器的效率曲线对比。在半载以上，GaN 基变
换器的效率比 Si 基变换器的效率高 0.5%左右。在轻载时，GaN 基变换器效率优势更为明显，
当负载电流为 5A 时，GaN 基变换器的效率比 Si 基变换器的效率高 4%，其主要原因在于轻
载时，开关损耗是功率管的主要损耗，而 GaN 基变换器比 Si 基变换器具有更小的寄生电容，
开关时间缩短，因此开关损耗更低。

表 6.5 半桥 LLC 谐振变换器主要技术规格

参数	数值
输出功率/W	300
输入电压/V DC	400(±1%)
输出电压/V DC	12±0.5
开关频率/MHz	1
保持时间/ms	20

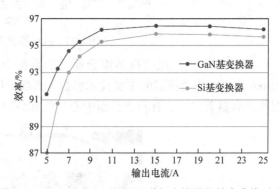

图 6.25 GaN 基和 Si 基 LLC 谐振变换器的效率曲线对比

3) 负载点变换器

负载点(POL)变换器是数据中心高压直流供电系统的最后一级，其主要作用是将 12V 直
流电压降为 1V 左右的直流电压，为计算机负载供电。POL 变换器的主电路拓扑一般采用多
相交错并联的同步整流 Buck 变换器。图 6.26 为五相交错并联同步整流 Buck 变换器实物，
拓扑中每个开关管采用两个 eGaN FET 器件并联以减小导通损耗。单路 Buck 变换器开关频
率为 170kHz，由于五相电路相互错开 72°，因此整个 POL 变换器的等效开关频率为 850kHz。
大大减小了输出电压的纹波。图 6.27 为 POL 变换器的效率曲线。当负载电流为 17~35A 时，
POL 变换器的效率均高于 96%。即使负载电流增大到 100A，POL 变换器的效率仍在 90%以
上。而目前市场上的 Si 基 POL 变换器的效率普遍为 78%~86%，因此，采用宽禁带器件可
明显提高 POL 变换器的效率。

图 6.26   五相交错并联同步整流 Buck 变换器实物

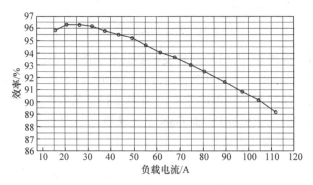

图 6.27   POL 变换器的效率曲线

图 6.28 为由三级变换器组合而成的数据中心高压直流供电系统典型样机实物照片。表 6.6 为每一级变换器的主要技术参数。满载工作时，样机总效率可达 85.6%，与 Si 基变换器相比有显著提升，有利于数据中心节能和减轻系统散热负担。

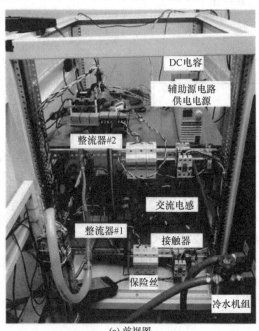

(a) 前视图

(b) 侧视图

图 6.28　数据中心高压直流供电系统典型样机实物照片

表 6.6　高压直流供电系统三级变换器的主要技术参数

主要技术参数	前端整流器	中间母线变换器	负载点变换器
拓扑	三相 Buck 型 PWM 整流器	半桥 LLC 谐振变换器	同步整流 Buck 变换器
输入电压	三相 480V AC	400V DC	12V DC
输出电压	400V DC	12V DC	1V DC
额定功率	7.5kW	300W	100W
效率	98.54%(满载)	96%(满载)	17～35A, >96%; 50A, 95%; 100A, 90.5%
开关频率	28kHz	1MHz	单相 170kHz; 五相交错并联等效 850kHz
功率器件	4×SiC MOSFET 2×SiC SBD	原边 Cascode GaN HEMT 副边整流 eGaN FET	2×eGaN FET

除了数据中心应用场合，已有报道的研究实例表明，宽禁带变换器的电气性能在电动汽车、光伏发电、照明、家电和航空航天等领域均比 Si 基变换器有明显优势。然而实际应用中，宽禁带器件高速开关却受到一些因素的制约。

6.3　宽禁带器件高速开关限制因素

从器件安全工作角度考虑，宽禁带器件在开关转换期间，栅极不宜出现较大的振荡和电压过冲，漏极不宜出现较大的电压尖峰，开通时的漏极电流不宜出现过大的电流过冲，器件关断时不宜出现误导通问题。且在桥臂电路中，上下管之间不能因相互影响造成直通问题。

从整机电磁兼容性角度看，宽禁带变换器要满足相应的 EMC 标准要求。对于高压系统，仍要考虑到局放问题。

因此，为保证宽禁带器件充分发挥其性能优势，必须明确这些制约因素的影响机理，加以分析研究，寻求较好的解决办法。这些限制因素主要包括：寄生电感的影响；寄生电容的影响；驱动电路驱动能力的影响；长电缆电压反射问题；电磁兼容问题；高压局放问题。

6.3.1 寄生电感的影响

这里以 SiC MOSFET 为例，分析寄生电感对开关特性的影响。考虑其极间电容和引脚寄生电感，建立单管双脉冲电路模型，如图 6.29(a)所示。为便于分析，将主功率开关回路的寄生电感进行简化，令开关回路寄生电感 $L_D=L_{D1}+L_{D2}+L_{S1}+L_{S2}$，简化后的电路模型如图 6.29(b)所示。

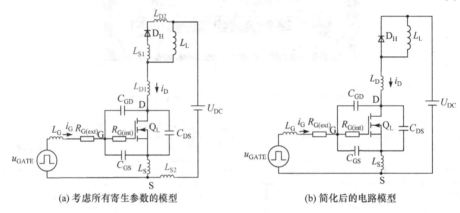

(a) 考虑所有寄生参数的模型　　　　　　　　(b) 简化后的电路模型

图 6.29　考虑 SiC MOSFET 极间电容和引脚寄生电感的单管双脉冲电路模型

1. 栅极寄生电感 L_G 的影响

栅极寄生电感 L_G 会与 SiC MOSFET 的输入电容 $C_{iss}(=C_{GS}+C_{GD})$ 谐振，引起栅源极电压 U_{GS} 波形的振荡。随着 L_G 的增大，U_{GS} 的振荡幅度越来越大，这一现象在关断期间的栅源电压波形中尤为明显。但是，L_G 对 U_{DS} 和 i_D 的影响却并不大。随着 L_G 的增大，U_{DS} 和 i_D 的开通波形几乎没有变化，只是关断波形略有变化。

图 6.30 给出了不同 L_G 下，栅源极电压 U_{GS}、漏源极电压 U_{DS} 和漏极电流 i_D 的波形。测

图6.30

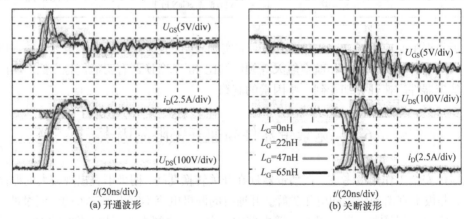

图 6.30　不同栅极寄生电感 L_G 下的开关波形

试条件设置为：U_{DC}=400V，I_L=10A，$R_{G(ext)}$=5Ω。当 L_G 从 0nH 增大到 65nH 时，U_{DS} 的超调电压仅从 460V 增大到 480V。由此可知，L_G 的影响仅限于栅极回路，其对 SiC MOSFET 开关波形影响很小，减小 L_G 主要是为了避免开关器件的误动作而引起的电路故障。

在实际电路设计时，驱动电路与功率器件之间的距离应尽可能短，构成的栅极回路面积应尽可能小。

2. 漏极寄生电感 L_D 的影响

SiC MOSFET 关断时，由于漏极寄生电感 L_D 的存在，会与 di/dt 相互作用，在漏极寄生电感上引起反向感应电动势，大小为 $U_{LD}=L_D \cdot \mathrm{d}i_D/\mathrm{d}t$，此感应电动势与直流输入电压叠加后，加在开关管漏源极上，产生电压尖峰。在开关瞬态，由于包括 MOSFET 的输出电容 $C_{oss}(=C_{GD}+C_{DS})$、二极管的结电容和电感器的寄生电容等在内的这些寄生电容会与主开关回路寄生电感 L_D 谐振，使得 U_{DS} 波形产生明显的振荡，如图 6.31 所示。而且漏源极电压振荡会通过密勒电容耦合到栅极回路，从而使得 U_{GS} 和 i_D 开关波形均产生明显振荡，振荡幅度和频率变化都较大。

图 6.32 给出不同 L_D 下栅源极电压 U_{GS}、漏源极电压 U_{DS} 和漏极电流 i_D 的关断波形。由图 6.32 可知，L_D 会与 SiC MOSFET 的输出电容一起产生剧烈振荡，使得漏源极电压 U_{DS} 和漏极电流 i_D 波形产生振铃，并影响栅源电压 U_{GS} 使其波形也出现相应振荡。随着漏极寄生电感 L_D 的增加，U_{DS} 和 i_D 的振荡都会加剧，关断瞬时功率也会加大。

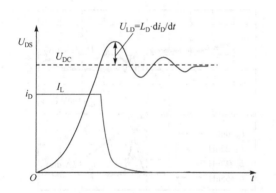
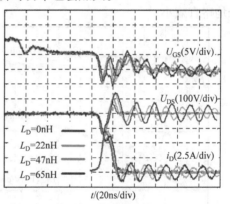

图 6.31　关断电压振荡和尖峰波形示意图　　　　图 6.32　不同漏极寄生电感 L_D 下的关断波形

为降低电压尖峰，避免损坏 SiC MOSFET，可以减小功率回路寄生电感，或者减慢开关速度，使得 di/dt 降低。但降低 di/dt 这种被动解决方法并没有充分发挥 SiC 器件的快速开关能力，使得开关时间延长，导致开关损耗增加。因此一般应从减小寄生电感角度考虑。

3. 共源极寄生电感 L_S 的影响

共源极寄生电感由于同时存在于功率回路与驱动回路中，因此对功率回路与驱动回路的工作均有较大影响。如图 6.33 所示，当功率管开通时，漏极电流 i_D 增大，在 L_S 上感应出上正下负的电压，限制了电流上升率 di_D/dt，阻碍了 i_D 的上升，使漏极电流上升时间变长，同时该感应电压也降低了功率管栅源电压的上升速度，并通过跨导进一步影响了 i_D 的上升速度，从而使得开通速度明显变慢，开通损耗明显增加。此外，共源极寄生电感与杂散电阻、寄生电容组成 RLC 谐振电路，加剧了漏极电流和栅源电压的振荡，进一步增大了开通损耗。当功率管关断时，漏极电流 i_D 减小，在 L_S 上感应出上负下正的电压，与开通过程类似，电感感应电压会造成功率管漏极电流下降时间变长，漏极电流和栅源电压的振荡加剧，进一步增大了关断损耗。此外，在 L_S 上感应的电压使得功率管源极电位变为负，从功率回路考虑，功率管漏源电压应力略有增加，从驱动回路考虑，功率管栅源电压有所提高，若超过其栅源阈值电压，则会发生误导通问题。

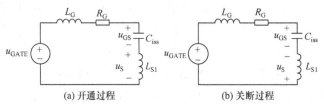

(a) 开通过程　　　　　　　　　　(b) 关断过程

图 6.33　共源极电感对栅极回路的影响分析示意图

图 6.34 为 L_S 取不同值时 SiC MOSFET 的主要开关波形。测试条件设置为：$U_{DC}=400V$，$I_L=10A$，$R_{G(ext)}=15\Omega$。L_S 对 SiC MOSFET 开通波形延时影响比较明显，并且在主回路和驱动回路之间起负反馈作用。在开通时，随着 L_S 的增大，SiC MOSFET 开通时间变长，如在 L_S 分别为 25 nH 和 75 nH 时，SiC MOSFET 开通时间分别对应 24ns 和 34ns 左右。关断时间也随着 L_S 的增大而变长。随着 L_S 的增大，SiC MOSFET 开通时的电流尖峰和关断时的电压尖峰均略有减小。

图6.34

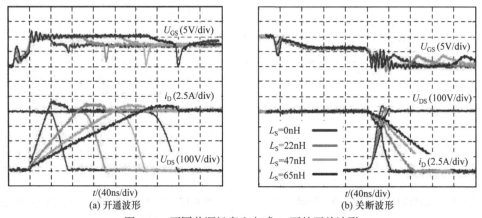

(a) 开通波形　　　　　　　　　　(b) 关断波形

图 6.34　不同共源极寄生电感 L_S 下的开关波形

图 6.35 为因共源极寄生电感较大引起的栅源电压超过栅极阈值电压的关断波形典型实例，在较大的负载电流下栅极电压振荡更为严重，振荡峰值明显超过栅极阈值电压。若在桥臂电路中，则会造成短时桥臂直通，轻则增大损耗，重则损坏功率器件。

解决共源极寄生电感问题的最直接办法就是减小甚至避免共源极寄生电感，以实现驱动回路和功率回路之间的解耦。为此，功率器件厂商纷纷推出具有开尔文结构封装的 SiC MOSFET，如 Infineon 公司的 TO-247-4 及 Cree 公司的 TO-263-7 等封装。

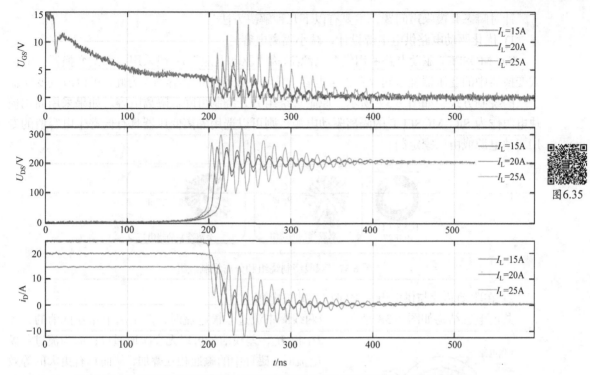

图 6.35　因共源极寄生电感较大引起的栅源电压超过栅极阈值电压的关断波形

6.3.2　寄生电容的影响

　　宽禁带电力电子器件开关速度快，使得寄生电容的影响凸显。在 Si 基变换器中可以忽略的一些寄生电容在宽禁带变换器中不能再忽略。这里以 SiC MOSFET 为例进行扼要分析。

　　1. 控制侧与功率侧耦合电容影响

　　随着桥臂电路中上下管的开通和关断，桥臂中点电位会在正母线电压和负母线电压之间摆动。由于 SiC MOSFET 开关速度快，将在桥臂中点形成极高的 $\mathrm{d}u/\mathrm{d}t$。$\mathrm{d}u/\mathrm{d}t$ 作用在控制侧与功率侧间的耦合电容上，将会产生干扰电流流入控制侧，引起瞬态共模噪声问题。图 6.36 为控制侧与功率侧之间的耦合电容示意图。

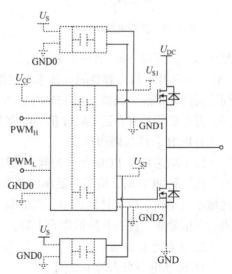

图 6.36　控制侧与功率侧之间的耦合电容示意图

　　瞬态共模噪声对控制侧弱电电路均有影响。对于驱动电路，可能会造成驱动信号出现振荡和尖峰，进而导致开关管误动作；对于控制电路，可能会造成复位问题；对于采样电路，将增大采样噪声，影响采样结果。因此，SiC 基桥臂电路设计必须解决瞬态共模噪声问题，否则电路难以正常运行。

针对瞬态共模噪声问题，主要有以下几种解决方法。

1) 优化驱动电路供电电源设计，减小隔离电容

SiC MOSFET 驱动电路所用供电电源(简称"驱动电源")一般采用隔离式变换器。隔离式变换器中的变压器绕组间存在寄生电容，需降低该寄生电容容值。为此，可以改变变压器绕组的绕制方式，如图 6.37 所示，原副边绕组分开绕制可降低隔离电容。如果采用商用模块电源作为 SiC MOSFET 的隔离驱动电源，则可以选用隔离变压器具有低寄生电容值的专用驱动电源或由厂家定制。

图 6.37 双股绕制绕组和分离绕制绕组

2) 在驱动芯片与供电电源之间加入共模电感

共模电感结构如图 6.38 所示。当两线圈中流过差模电流时，产生两个相互抵消的磁场 H_1 和 H_2，差模信号可以无衰减地通过；而当流过共模电流时，磁环中的磁通相互叠加，从而具有更大的等效电感量，产生很强的阻流效果，达到对共模电流的抑制作用。因此共模电感在平衡线路中能有效地抑制共模干扰信号，而对线路中正常传输的差模信号无影响。

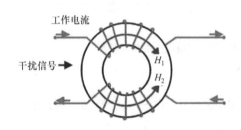

图 6.38 共模电感结构

3) 选择具有高共模瞬态抑制比的隔离芯片

随着高开关速度的 SiC 基半导体器件的推广，共模瞬态抑制比(CMTI)已经成为隔离芯片的一个重要选型指标。为应对 SiC 器件带来的瞬态共模电压问题的挑战，各隔离芯片厂商推出了具有高 CMTI 的芯片。目前容性隔离技术和磁耦隔离技术均已达到 CMTI 大于 100kV/μs 的水平，而传统的光耦隔离只能达到 35kV/μs。因此在用于 SiC 器件驱动和控制电路时，应针对应用场合需求选用具有合适 CMTI 值的隔离芯片。

4) PCB 合理布局和布线

以驱动芯片的 PCB 设计为例，低压侧和高压侧的走线及铺铜间不可避免地存在耦合电容。在绘制 PCB 时，应避免低压侧和高压侧在 PCB 的不同层间存在重叠。另外，芯片下方区域不宜走线，应保持隔离单元两侧具有最大的隔离范围。在需要时，对芯片下方的 PCB 进行开槽处理，进一步降低耦合电容。

2. 密勒电容影响

1) 密勒电容引入的串扰问题

SiC MOSFET 的开关速度快，栅源极结电容比 Si MOSFET 明显减小，但栅漏极结电容相对并没有减小，SiC MOSFET 的 C_{GD}/C_{GS} 比值比 Si MOSFET 的大。由于栅漏电容会引起密勒平台现象，栅漏极结电容又称作密勒电容。在第 4 章中已述及，桥臂电路中的某一开关管在快速开关瞬间引发的 du/dt 会干扰与其处于同一桥臂的互补开关管，引起桥臂串扰。尽

管该现象在 Si MOSFET 和 Si IGBT 的应用中已有出现，但并不明显。而在 SiC MOSFET 的应用中，由于其开关速度很快，串扰现象更为明显；另外，SiC MOSFET 的栅极阈值电压比一般类型的 Si MOSFET 低，栅极正向电压尖峰易达到阈值电压，致使开关管误导通，进而造成桥臂直通。如果负向串扰电压超过开关管的栅极负压承受范围，也会造成开关管损坏。

2) 串扰问题抑制方法

由于密勒电容是 SiC MOSFET 器件自身结构决定的固有寄生电容，无法通过减小密勒电容来解决问题，只能通过外部电路对串扰问题进行抑制。根据在驱动电路中是否加入有源器件，抑制的方法分为无源抑制方法和有源抑制方法。抑制的基本思路均为在 SiC MOSFET 关断时造就低阻抗回路，尽可能降低串扰电压幅值。

无源抑制方法主要如下。

(1) 减小关断电阻。

在驱动关断支路减小驱动电阻，使得发生串扰时驱动关断回路阻抗和压降尽可能小，低于栅极阈值电压。但该电阻同时起到抑制关断回路振荡的阻尼作用，因此也不宜过小，需折中选取。很多时候较难选到合适的阻值能同时兼顾串扰电压抑制和阻尼振荡。

(2) 负压关断。

驱动关断时将低电平设置为负压，在正向串扰发生时，使串扰电压峰值限制在栅极阈值电压以下，以避免误导通。但关断负压值也应保持在一定范围内，防止负向电压尖峰损坏栅极。

(3) 在栅源极间并联电容。

在栅源极间并联电容虽然会降低栅极关断回路的等效阻抗，但同时也会降低 SiC MOSFET 的开关速度，增加开关损耗，限制了 SiC MOSFET 性能优势的发挥，不推荐使用。

有源抑制方法是指增加有源器件，来构成有源钳位电路，使得开关管关断时辅助开关管打开，为其提供一条低阻抗回路，从而将栅源极电压钳位在合适的电压值的方法。该方法的具体工作过程分析可参见第 5 章相关论述。

3. 感性元件/负载的寄生电容影响

SiC 基变换器接感性元件/负载时，需要特别注意。感性元件/负载存在寄生电容，在 SiC 器件高速开关期间，由于频率较高，其寄生电容的影响凸显，使其阻抗特性与感性元件/负载发生偏离。

以双脉冲测试电路为例，如图 6.39(a)所示，负载电感与上管并联，下管作为待测器件。在开关过程中，上管不加驱动信号保持关断状态。在下管关断时，电感电流从上管体二极管续流，因此在下管开关换流时上管可等效为二极管，在下管开关电压变化时上管可等效为输出电容。从而双脉冲电路可以等效为图 6.39(b)所示电路，图中 Z_L 代表感性负载的阻抗。如果开关过程中，Z_L 总是远大于上管的等效阻抗，则感性负载对开关特性的影响可以忽略。否则，必须考虑 Z_L 的影响。

实际的电感器存在寄生参数。如图 6.39(c)所示，为电感器寄生参数模型，典型寄生参数包括并联寄生电容 C_p 和串联寄生电阻 R_s，其中寄生电容 C_p 在高频时对电感元件的阻抗特性存在着较大的影响。具体表现为当电感器的工作频率低于某一谐振频率时，表现为电感特性；当工作频率高于谐振频率时，由于线圈之间存在耦合电容，电感器表现出来的阻抗随着频率升高而降低，电感器表现为电容特性。

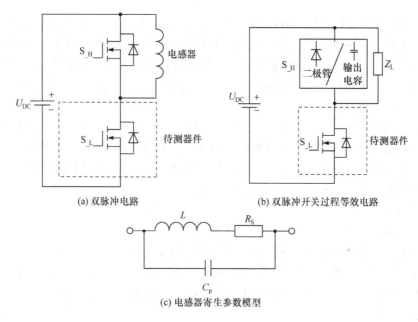

(a) 双脉冲电路   (b) 双脉冲开关过程等效电路

(c) 电感器寄生参数模型

图 6.39　双脉冲电路及其开关过程等效电路

图 6.40 为采用 SiC JFET 的直流 Boost 变换器主电路拓扑原理图，分别采用多层线圈和单层线圈制作电感器进行 SiC JFET 开通波形测试，测试结果如图 6.41 所示，图(a)对应多层线圈电感器，图(b)对应单层线圈电感器。可见，采用单层线圈电感器时，SiC JFET 的开通电流峰值明显小于采用多层线圈电感器时测试得到的结果，这验证了单层线圈电感器具有较小的寄生电容。图 6.41 中功率管的开通电流尖峰并非 SiC 基直流 Boost 变换器实际具

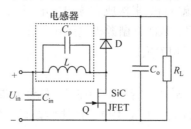

图 6.40　采用 SiC JFET 的直流 Boost 变换器主电路拓扑原理图

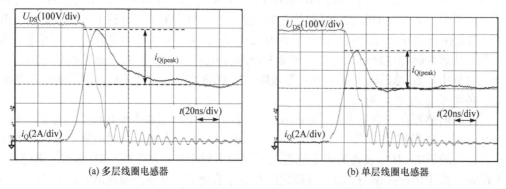

(a) 多层线圈电感器   (b) 单层线圈电感器

图 6.41　采用不同电感器时 SiC JEFT 的开通波形

有的，因此若不尽可能地降低电感器的寄生电容值，势必会影响测试结果，使其偏离实际情况。

在双脉冲测试电路中，电感器一般采用单层绕组结构，尽可能减小寄生电容。当电感量要求较大时，需要采用经过特殊设计的低寄生电容电感器结构，使电感器阻抗远大于上管输出电容的等效阻抗，从而使得电感器寄生电容对双脉冲电路开关特性的影响可以忽略。

但对于电机类负载来说，其寄生参数不易通过类似电感器优化设计方法减小。因此，电机类负载的寄生电容会影响 SiC 基电机驱动器中功率器件的高速开关性能。

电机的阻抗模型中除了寄生电阻、寄生电感，还含有寄生电容，当频率高于一定值时，其阻抗特性会发生变化。在很多工业应用中，PWM 逆变器与电机不在同一安装位置，通过较长电缆把逆变器和电机连接起来。传输电缆存在寄生电感和耦合电容，其高频特性也比较复杂。因电机和传输电缆的寄生电容不像电感器那样相对易于控制，所以其高频阻抗往往不能用电感器来模拟，因此通过传输电缆给电机供电的逆变器，其功率管开关特性往往与双脉冲测试电路的测试结果有较大出入。也就是说，为优化 SiC MOSFET 在电机驱动场合中的开关特性，往往要采取额外的措施抑制传输电缆和电机的寄生电容的影响。

这里以三相感应电机调速系统中功率管开关特性测试结果为例进行说明。采用阻抗分析仪对双脉冲电路中电感器的阻抗以及某一 7.5kW 感应电机的阻抗进行了测试，结果如图 6.42 所示，当频率小于 200kHz 时，双脉冲电路中电感器的阻抗比感应电机的等效阻抗小。当频率大于 200kHz 时，双脉冲电路中电感器的阻抗大于感应电机阻抗。当频率超过 700kHz 时，双脉冲电路中电感器的阻抗高于 SiC MOSFET 的输出电容阻抗。而感应电机的阻抗直至频率为 10MHz 时，还比 Cree 公司的 SiC MOSFET(型号为 CMF20120D)的输出电容(Datasheet 中输出电容典型值为 120pF)阻抗小。由于在高频时感应电机表现出来的阻抗较小，其对 SiC 器件开关性能的影响非常明显。

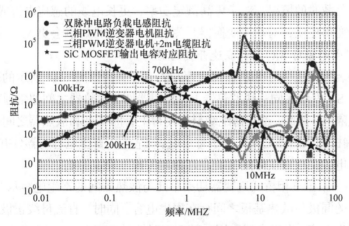

图 6.42　不同负载阻抗特性对比

图 6.42 同时给出了感应电机和加上长度为 2m 的传输电缆的感应电机的阻抗对比。在频率低于 100kHz 时，两者的阻抗基本相同，但在高频时阻抗出现较大的差异。特别是当频率高于 10MHz 时，带电缆的感应电机阻抗总是小于不带电缆的感应电机阻抗，甚至已经和 SiC MOSFET 的输出电容阻抗相近。根据上述分析可知带长电缆的感应电机对开关特性的影响更加严重。

图 6.43 为不同感性负载下的开关波形。与双脉冲电路中功率器件的开关特性测试结果相比，感应电机的寄生参数使得 SiC MOSFET 的开通时间从 26ns 增长为 29ns，关断时间从 32ns 增长为 38ns，总的开关能量损耗有所增加。在感应电机与逆变器之间加入 2m 长的传输电缆之后，功率器件的开关性能更加恶化，SiC MOSFET 的开通时间增加了 42%，关断时间增加了近 1 倍，开关能量损耗增加了 32%。

图6.43

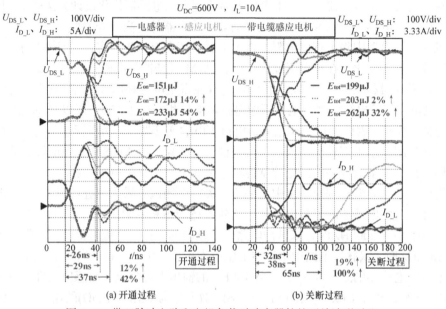

(a) 开通过程 (b) 关断过程

图 6.43 带双脉冲电路和电机负载时功率器件的开关波形对比

因此，在 SiC MOSFET 实际应用中，不可直接把双脉冲电路测试所得的开关特性结果用于分析带电机负载时的情况。对于更高额定功率、更长电缆的感应电机或其他类型电机，其高频阻抗将会变得更低，对功率变换器开关管的开关特性影响会更大，需要特别注意。

4. 散热器寄生电容对 SiC 器件高速开关的影响

散热器的安装方式也会对 SiC 器件高速开关有影响，以图 6.44 所示的桥臂电路为例，上管 S_H 和下管 S_L 安装在同一块散热器上，SiC 器件与散热器之间通常通过一层较薄的绝缘材料进行电气隔离。然而，这层薄绝缘材料使得上管的漏极和散热器之间产生了寄生电容 C_{DH_H}，下管的漏极和散热器之间产生了寄生电容 C_{DH_L}。寄生电容与器件并联，增加了 SiC 器件的等效输出电容，这对实际运行所允许的开关速度产生影响。

图 6.45 进一步给出三相桥式逆变器功率单元与散热器间的寄生电容示意图。可以看出，三相桥臂上下管的漏极与散热基板之间存在寄生电容。同时，直流母线正极、负极与散热器之间也会形成寄生电容。当逆变器采用高频 SiC 器件时，较高的开关频率使得寄生电容阻抗更小，形成低阻抗共模回路，产生共模 EMI 电流，影响逆变器的性能。

因此，在 SiC 基变换器设计时，要考虑到功率器件和散热器之间寄生电容的影响，采取相关措施，避免其致使变换器的噪声水平超标。

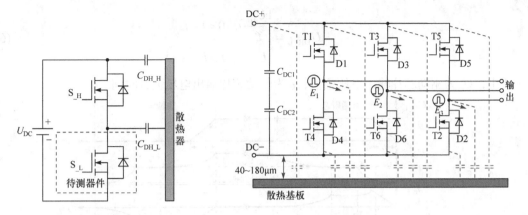

图 6.44　SiC 器件与散热器间的寄生电容示意图　　图 6.45　三相桥式逆变器功率单元与散热器间的寄生电容

6.3.3　驱动电路驱动能力的影响

驱动电路的组成元件主要包括驱动芯片、信号隔离电路、驱动供电电源和相关无源元件。

驱动芯片直接与功率器件引脚相连，是决定其开关性能的主要元件。根据驱动芯片的功能，可以把其简化为一个 PWM 控制电压源与一个内部电阻串联，图 6.46 给出考虑驱动芯片等效电路的桥臂结构驱动电路的结构框图。其中，PWM 控制电压源可由上升时间 t_r、下降时间 t_f 和输出电压幅值 U_p 等特征参数来表示；内部电阻表示为驱动的上拉、下拉电阻，主要由开关管 S_1、S_2 的导通电阻构成。

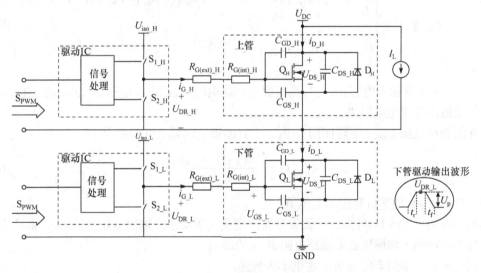

图 6.46　桥臂结构驱动电路结构框图

图 6.47 给出了下管开关瞬态的主要原理波形。功率管开通时间 t_{on} 由漏极电流上升时间 t_{ir} 和漏源极电压下降时间 t_{uf} 共同决定，其中，t_{ir} 取决于栅源极电压 U_{GS_L} 的变化率，t_{uf} 与栅极电流 i_{G_L} 线性相关。

下管开通期间，其驱动芯片输出电压 U_{DR_L} 可表示为

$$U_{\mathrm{DR\_L}} = \begin{cases} \dfrac{U_{\mathrm{p}}}{t_{\mathrm{r}}} \cdot t, & 0 < t < t_{\mathrm{r}} \\[2mm] U_{\mathrm{p}}, & t > t_{\mathrm{r}} \end{cases} \tag{6.9}$$

式中，U_{p} 为驱动芯片输出电压幅值；t_{r} 为驱动芯片输出电压上升时间。

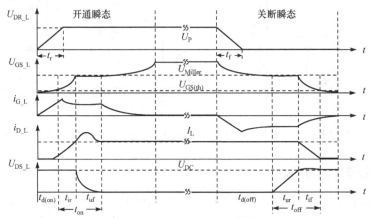

图 6.47　下管开关瞬态的主要原理波形

在漏极电流 $i_{\mathrm{D\_L}}$ 上升区间 t_{ir} 内，下管栅源极电压 $U_{\mathrm{GS\_L}}$ 可表示为

$$U_{\mathrm{GS\_L}}(t) = \begin{cases} \dfrac{U_{\mathrm{p}}}{t_{\mathrm{r}}} \cdot R_{\mathrm{G\_L}} \cdot C_{\mathrm{iss\_L}} \cdot \mathrm{e}^{-\frac{t}{R_{\mathrm{G\_L}} \cdot C_{\mathrm{iss\_L}}}} + \dfrac{U_{\mathrm{p}}}{t_{\mathrm{r}}} \cdot \left(t - R_{\mathrm{G\_L}} \cdot C_{\mathrm{iss\_L}} \right), & t < t_{\mathrm{r}} \\[4mm] U_{\mathrm{p}} + \dfrac{U_{\mathrm{p}}}{t_{\mathrm{r}}} \cdot R_{\mathrm{G\_L}} \cdot C_{\mathrm{iss\_L}} \left(\mathrm{e}^{-\frac{t_{\mathrm{r}}}{R_{\mathrm{G\_L}} \cdot C_{\mathrm{iss\_L}}}} - 1 \right) \cdot \mathrm{e}^{-\frac{t-t_{\mathrm{r}}}{R_{\mathrm{G\_L}} \cdot C_{\mathrm{iss\_L}}}}, & t > t_{\mathrm{r}} \end{cases} \tag{6.10}$$

式中，$C_{\mathrm{iss\_L}}$ 为下管输入电容；$R_{\mathrm{G\_L}}$ 为栅极驱动回路电阻，包括上拉电阻、外部驱动电阻 $R_{\mathrm{G(ext)\_L}}$ 和下管栅极内部寄生电阻 $R_{\mathrm{G(int)\_L}}$。

在漏源极电压 $U_{\mathrm{DR\_L}}$ 下降区间 t_{uf} 内，下管栅极电流 $i_{\mathrm{G\_L}}$ 可表示为

$$i_{\mathrm{G\_L}}(t) = \frac{U_{\mathrm{DR\_L}}(t) - U_{\mathrm{Miller}}}{R_{\mathrm{G\_L}}} \tag{6.11}$$

式中，U_{Miller} 为密勒平台对应的电压值。

由式(6.9)~式(6.11)可知，开关管开通速度受到驱动芯片输出电压幅值 U_{p}、驱动芯片输出电压上升时间 t_{r} 和栅极驱动回路电阻 $R_{\mathrm{G\_L}}$ 的影响。

同理可得关断瞬态的分析，这里不再赘述。

不同工作状态下，这些参数对功率器件开关速度的影响也不相同。在功率管开通期间，当 t_{r} 大于延时时间 $t_{\mathrm{d(on)}}$ 时，栅源极电压 $U_{\mathrm{GS\_L}}$ 和栅极电流 $i_{\mathrm{G\_L}}$ 主要取决于 t_{r}，相反则取决于 U_{p} 和 $R_{\mathrm{G\_L}}$。同理，在功率管关断期间，当 t_{f} 大于延时时间 $t_{\mathrm{d(off)}}$ 时，栅源极电压 $U_{\mathrm{GS\_L}}$ 和栅极电流 $i_{\mathrm{G\_L}}$ 主要取决于 t_{f}，相反则取决于 U_{p} 和 $R_{\mathrm{G\_L}}$。表 6.7 给出不同工作情况下，限制开关速度的关键因素。

表 6.7　不同工作情况下，限制开关速度的关键因素

	工作状态	$t_r < t_{d(on)}$	$t_{d(on)} < t_r$
开通瞬态	关键因素	U_p，R_{G_L}	t_r
关断瞬态	工作状态	$t_f < t_{d(off)}$	$t_{d(off)} < t_f$
	关键因素	U_p，R_{G_L}	t_f

除以上限制因素外，信号隔离电路和隔离驱动电源也会限制 SiC 器件实际可取的开关速度。这些信号隔离电路和隔离驱动电源一般都会有 du/dt 承受能力上限，其必须能够耐受功率器件工作时的最高 du/dt。例如，一般信号隔离电路最大 du/dt 承受能力仅为 35～50kV/μs，而 SiC 功率器件开关转换期间的 du/dt 高达 80kV/μs，甚至更高，已超过信号隔离电路所能承受的 du/dt 上限。因此，应根据需要合理选取信号隔离电路和隔离驱动电源，并折中考虑 SiC 器件开关速度，确保电路可靠工作。

6.3.4　长电缆电压反射问题

在很多工业应用中，PWM 逆变器与电动机不在同一安装位置，因此需要较长的电缆线把 PWM 逆变器输出的脉冲信号传输到电动机接线端。

在长线电缆运用环境下，PWM 脉冲的高频分量在逆变器输出端和电机之间电缆上的传输可看作传输线上的行波在传播，PWM 脉冲波(可看作入射波)到达电机端后，在电动机端反射产生反向行波(反射波)传向逆变器，传至逆变器输出端后的反射波又产生第 2 个入射波再次由逆变器端传向电动机端，如图 6.48 所示。电机阻抗在高频下经过长线电缆之后呈现出开路状态，PWM 脉冲波在电机端形成的反射波幅值大小决定电缆与电机特性阻抗之间的不匹配程度。

PWM 逆变器在传输线起端的等效电路如图 6.48(a) 所示。由于高频时电动机阻抗很大，可认为开路。当开关器件接通后入射波电压向右传输，如图 6.48(b) 所示。当入射波到达传输线终端后将产生反射，如图 6.48(c) 所示。入射电压会形成 1 个正电压的反射波，向左传输至起端(虚线所示)。反射波与入射波相加，使电动机端电压加倍(实线所示)。在反射波到达起端之前，传输线的电压为 $2U$。但若起端逆变器的输出电压为 U，则应有一个电压为 $-U$ 的负反射波，由逆变器向电动机传输，如图 6.48(d) 所示。这个负反射波作为第 2 个入射波很快到达终端，并被反射，如图 6.48(e) 所示。第 3 个入射波的情况与第 1 个入射波相同，不再赘述。

反射机理可看成一面镜子对正向行波 u^+ 反射产生 1 个反射波 u^-，u^- 作为 u 的镜像，等于 u^+ 乘以电压反射系数。终端(负载)反射系数 N_2 为

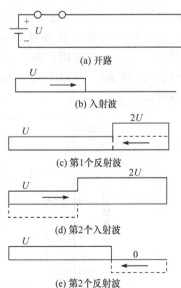

图 6.48　电机驱动系统电压反射过程分析

$$N_2=(Z_L-Z_c)/(Z_L+Z_c) \tag{6.12}$$

式中，Z_L 为负载(电动机)阻抗；Z_c 为电缆特性阻抗(或波阻抗)，可表示为

$$Z_c = \sqrt{L_0 / C_0} \tag{6.13}$$

式中，L_0 为电缆单位长度电感；C_0 为电缆单位长度电容。

而起端电压反射系数 N_1 为

$$N_1=(Z_S-Z_c)/(Z_S+Z_c) \tag{6.14}$$

式中，Z_S 为起端阻抗。一般 $Z_S \approx 0$，$N_1 \approx -1$。

在逆变器端，反射后得到的正向行波与传输来的反向行波波形相同，但幅值变化为反向行波的 N_1 倍。而入射波被反射后得到的反射波传向逆变器，反射波的值等于其值乘以负载反射系数 N_2，由于电动机的绕组电感很大，其阻抗 Z_L 比电缆特性阻抗 Z_c 大很多，即 $Z_L>>Z_c$，由式(6.12)可知，$N_2 \approx 1$，发生全反射，入射波与反射波叠加使电动机端电压近似加倍。

由于长线电缆的分布特性，即存在杂散电感和耦合电容，PWM 逆变器的输出脉冲经过长线电缆传至电动机时会产生电压反射现象，从而导致在电动机端产生过电压、高频阻尼振荡，加剧电动机绕组的绝缘压力，缩短电机寿命。在电机驱动系统中采用宽禁带半导体器件作为功率器件时，由于其开关速度比一般 Si 器件快得多，因此电压反射问题较为严重。此时，可考虑两种基本方案：一是让逆变器和电机的安装位置尽量靠近，缩短电缆长度；二是安装位置已确定无法缩短时，可考虑加入适当的滤波器，改善电压反射造成的问题。

6.3.5 电磁兼容问题

随着电磁兼容问题的日益突出，各种电磁兼容标准规范逐渐被强制实行。电力电子装置具有良好的电磁兼容性能是其能够"生存"的必要条件之一。宽禁带电力电子器件在更短的时间内开通/关断，电压和电流的变化速度非常快，EMI 相关问题更为突出。这里以三相逆变器为例简要说明电力电子装置中的典型电磁兼容问题。

图 6.49 为三相逆变器共模电压和共模电流的典型波形。在共模电压发生跃变的瞬态过程中，均会在对地耦合电容中感应出共模电流，并伴随着明显振荡。共模电流主要受功率器件开关瞬态过程中的 du/dt 以及开关频率的影响，du/dt 越大，开关频率越高，共模噪声越严重。

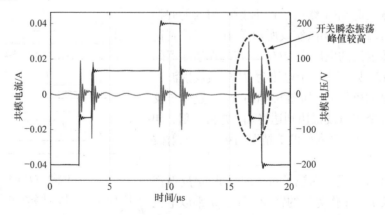

图 6.49 三相逆变器共模电压和共模电流的典型波形

图 6.50 为不同 du/dt 下的共模电压和共模电流波形。当 du/dt 为 66V/μs 时，共模电流峰值可达 0.3A 左右，而当 du/dt 降为 13.32V/μs 时，共模电流峰值仅为 0.1A 左右，即共模电流峰值会随着 du/dt 的增大而增大。

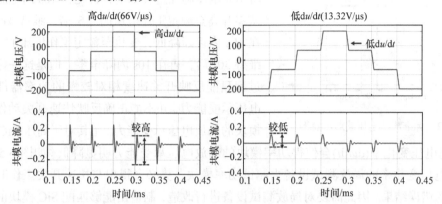

图 6.50　不同 du/dt 下的共模电压和共模电流波形

图 6.51 为不同开关频率下的共模电压和共模电流波形。当开关频率升高时，由于 du/dt 瞬态变化次数增加，共模电流频率变快，造成更严重的共模噪声问题。

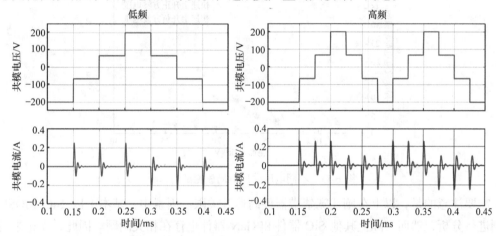

图 6.51　不同开关频率下的共模电压和共模电流波形

由上分析可见，相比于 Si 基变换器，SiC 基变换器中更高的 du/dt 和开关频率导致其 EMI 问题更为严重。因此在研制 SiC 基变换器时，要特别注意需要采取一些有效方法使其满足相关 EMC 标准要求。例如，可以考虑采取改进 PWM 调制方式，如有源零状态 PWM (active zero state PWM，AZSPWM)或相邻状态 PWM(near state PWM，NSPWM)等 PWM 调制方式回避零矢量，从而有效降低共模电压幅值。除此之外，还可以通过优化拓扑结构，增加更多的控制自由度，从数学上来实现零共模电压的可能，如采用多电平变换器增加每相输出电压或者并联普通的两电平逆变器，使桥臂数量变为偶数等方法。

6.3.6　高压局放问题

高压功率模块要进行局放相关测试。参照国际 IEC 1287 和 IEC 60270 测试标准，功率模块局部放电测试过程如下：在待测功率模块上施加 60Hz 正弦交流电压，施加过程中测量

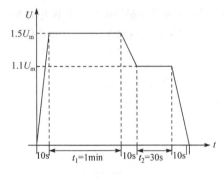

图 6.52　标准测试电压波形示意图

功率模块中的漏电流或者漏电压水平是否满足要求。标准局部放电测试施加电压的波形示意图如图 6.52 所示，电压施加过程如下：首先在 10s 内把施加电压从零升高至额定工作电压的 1.5 倍，维持 1min 后，在 10s 内逐渐降低，变化至额定工作电压的 1.1 倍，维持 30s 后，再在 10s 内降至零。但是这一标准测试过程只能反映开关速度相对较慢的功率器件的局放电压承受能力，并不能正确反映快速开关动作的功率模块的局放电压承受能力。尤其对于高压 SiC 功率模块，其高电压变化率(du/dt)会使得功率模块的局放电压承受能力明显降低。如图 6.53 所示，若用低电压变化率的局放测试设备去测试功率模块，势必会得出与快速开关工作时真实情况不同的错误结果。因此需要对局放测试设备进行改造，制造出能够匹配 SiC 模块的高电压变化率的局放测试设备，使得测试结果尽可能准确。

图6.53

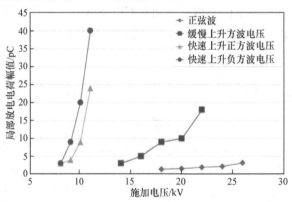

图 6.53　不同电压波形对局放测试的影响

需要注意的是，以上在阐述宽禁带器件高速开关限制因素中，基本上以 SiC MOSFET 为例进行分析，然而实际上其他 SiC 器件和 GaN 器件也存在相关问题。因此，无论采用哪一种宽禁带器件，要发挥其高速开关性能，就必须对以上问题有充分认识并合理应对。

6.4　封装设计挑战

尽管宽禁带器件本身已取得长足的进步，已有多种宽禁带器件实现商业化生产和应用，但封装技术却限制了其性能优势的充分发挥。

目前商用 SiC 器件沿用了 Si 器件的封装技术，受限于封装结构和封装材料等因素，SiC 器件/模块的温度承受能力受限，寄生参数偏大，散热效率不高。

1) 封装材料的温度限制

功率器件典型封装示意图如图 6.54 所示，主要包括衬底、芯片/衬底金属化、芯片连接、引线键合和绝缘/气密密封等。虽然 SiC 芯片的最高结温理论上可达 600℃左右，但由于封装材料能承受的温度受限，以及不同材料之间存在物理特性匹配问题，商用 SiC 功率器件/模块仍不能在高于 175℃的温度下长期可靠运行。为此需要针对底板、衬底、焊接材料、引线互联及封装外壳研究新型高温封装材料的物理特性和匹配问题，以便合理选择 SiC 功率模块各部件的封装材料。

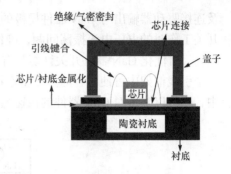

图 6.54　功率器件典型封装示意图

2) 寄生参数过大，影响安全工作区

除了封装材料耐受温度有限，器件封装引入的寄生参数也会使 SiC 功率器件快速开关时产生电压尖峰、桥臂寄生直通、高频振荡、器件并联时动态不均流以及差模和共模噪声等问题。

对于桥臂结构中上下管均采用多管并联的情况，主要的寄生电感和其对器件开关特性的影响以及抑制措施分析如下。

(1) 换流回路杂散电感 L_σ。L_σ 主要由直流母线电容的等效串联电感(ESL)、直流母排/PCB 走线的寄生电感以及正负极端子连接件的寄生电感组成。L_σ 造成的影响主要包括：①关断时与 di/dt 相互作用造成功率管漏源极关断电压尖峰；②使开关速度变慢，开关损耗增大；③杂散电感和功率管结电容谐振导致 EMI 噪声加剧。

(2) 栅极回路寄生电感 L_G。L_G 是连接驱动板和半导体器件栅极所围成的回路的寄生电感。L_G 造成的影响主要包括：①降低功率管栅源极电压上升、下降速度，限制最大开关频率；②并联功率管若 L_G 不对称会导致开关过程中的瞬态电流不均衡；③L_G 和功率管栅源电容谐振导致栅源电压振荡。

(3) 共源极寄生电感 L_S。L_S 是功率回路和栅极回路共同的寄生电感。开关瞬间，其在栅极电路中表现为一个与驱动电压相反的电压源，阻碍栅极电压的变化。由于 SiC 器件开关瞬间 di/dt 很大，因此即使很小的共源极寄生电感也会严重扭曲栅极信号并使功率管开关速度变慢，增大开关损耗。

除了寄生电感，还需要考虑寄生电容的影响。寄生电容的影响主要包括：①降低电压上升、下降速度；②在功率管开关过程中造成电流过冲；③和杂散电感谐振导致 EMI 噪声加剧；④通过散热器形成电磁干扰耦合路径。

对于功率器件来说，栅漏(密勒)电容是最主要的寄生电容之一，该电容与器件的寄生误导通有关，而寄生误导通这一问题是限制 SiC 功率模块实际开关速度的重要因素之一。

由上可见，要实现 SiC 功率模块的快速开关，必须尽可能减小模块封装寄生参数。

3) 散热能力有限

随着功率模块向高功率、高密度的方向快速发展，为保证模块安全工作和长期可靠运行，必须提高其散热效率。

传统引线键合模块只能实现单面散热，难以满足 SiC 模块对高效散热的要求。为使 SiC 模块提高散热能力，需要采用直接液冷、双面冷却散热和平面封装结构等新技术。

在两类典型宽禁带器件中，GaN 器件比 SiC 器件对寄生参数更为敏感。为了减小 GaN 器件封装和驱动回路的寄生电感，研究人员提出"GaN 集成驱动"的思路，如图 6.55 所示，将 GaN 器件和驱动电路集成在同一个封装内，消除了驱动器与 GaN 器件的封装寄生电感以及连接驱动器输出与 GaN 器件栅极的连线寄生电感。寄生电感的减小有效抑制了 GaN 器件开关工作时的电压电流振荡问题，确保 GaN 器件可以高速开关，缩短开关时间，降低开关损耗，对优化 GaN 器件开关性能具有重要意义。与此同时，将驱动器和 GaN 器件安装在同一个引线框架中可使两者的温度基本接近，此时若将温度检测和过温保护功能集成在驱动器中，则可以实现对 GaN 器件的快速温度检测和可靠保护。

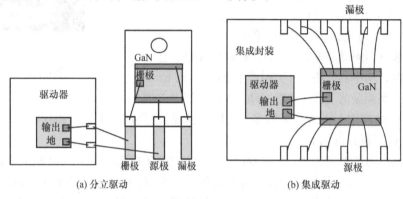

图 6.55　分立驱动与集成驱动对比示意图

随着集成技术的不断发展，从单管集成驱动到桥臂集成驱动，再到无源器件、驱动电路和功率管集成为一个完整换流单元，集成化程度越来越高，功能越来越强大，极大地推动电力电子变换器的高频化和高功率密度化，使得电力电子工业进入了快速发展的新时期。

6.5　散热设计挑战

在宽禁带器件中，SiC 器件单管和模块的封装形式与 Si 器件没有很大的改变，因此一些散热设计方法可以借鉴 Si 器件的设计经验。但由于 GaN 器件的封装形式比较特别，并且其功率密度较大，因此需要特别考虑其散热设计，防止器件过热损坏。本节以 GaN Systems 公司的 eGaN HEMT 为例介绍贴片式封装 GaN 器件的散热设计挑战。

图 6.56 为 GaN Systems 公司 eGaN HEMT 的封装示意图。GaN Systems 公司运用了层压结构，采用电镀工艺取代了传统引线键合的封装技术，通过印刷电路板电镀形成源极和漏极母线，

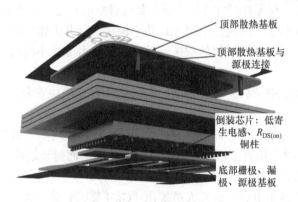

图 6.56　GaN Systems 公司 eGaN HEMT 的封装示意图

显著增加了传统金属衬底的载流能力。这种新型封装结构大大降低了封装寄生电感，提高了开关速度和载流能力，实现了低导通电阻、高开关速度、低寄生电感和高功率密度等优越性能。

　　GaN Systems 公司的 eGaN HEMT 具有两种封装形式，分别为 P 型封装(如 GS66508B)和 T 型封装(如 GS66508T)，如图 6.57 所示。P 型封装的散热基板与栅、漏、源极基板均处于器件的底面，直接与 PCB 相连接；而 T 型封装的散热基板处于器件的顶部，直接与空气相接触。由图 6.56 可见，散热基板通过高密度微型铺铜过孔与器件内部衬底相连，从而提供低热阻散热路径。

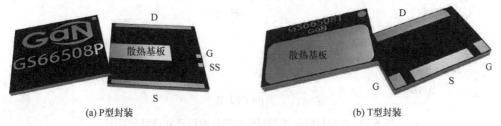

| (a) P型封装 | (b) T型封装 |

图 6.57　GaN Systems 公司 eGaN HEMT 封装实物图

　　需要注意的是，散热基板必须始终与源极相连接，如图 6.58 所示。与其他引脚相连或者悬空均会影响器件的性能。

　　图 6.59 给出了 P 型封装和 T 型封装的热传输路径和热阻示意图。由图 6.59(a)可见，对于 P 型封装的器件而言，GaN 衬底产生的热量通过散热基板传输到 PCB 上，一部分热量通过 PCB 的铺铜表面散发到空气中，另一部分热量通过 PCB 内部的低热阻热孔传输至 PCB 底部。散热器通过导热材料(TIM)与 PCB 底部连接，并将热量传输到空气中。

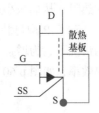

图 6.58　热基板连接图

由图 6.59(b)可见，对于 T 型封装的器件而言，GaN 衬底产生的热量直接通过其顶部传输至导热材料中，并通过安装在导热材料上的散热器散发至空气中。对比两种封装形式的 GaN 器件可见，相较于 P 型封装，T 型封装的热传输路径中并没有通过 PCB 传输，因此也不存在 PCB

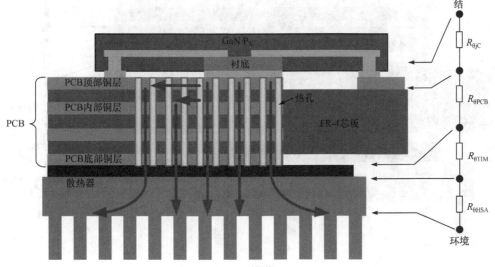

(a) P型封装

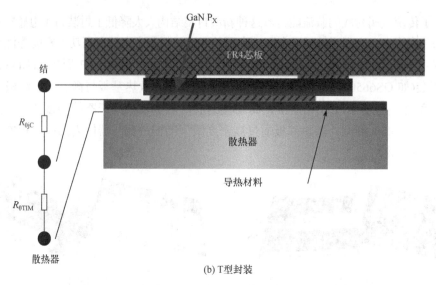

(b) T 型封装

图 6.59   P 型封装和 T 型封装的热传输路径和热阻示意图

的热阻，从而减小了整个结到环境的热阻，提高了散热性能。

对于 P 型封装而言，其顶部的热阻通常是结到壳的热阻的几倍，尽管如此，在损耗较大的情况下，为增强散热效果，仍需同时在器件顶部安装散热器，形成双面冷却方式以提高散热效率，如图 6.60 所示。P 型封装器件的顶部铺上了一层铜和阻焊剂，由于该层表面凹凸不

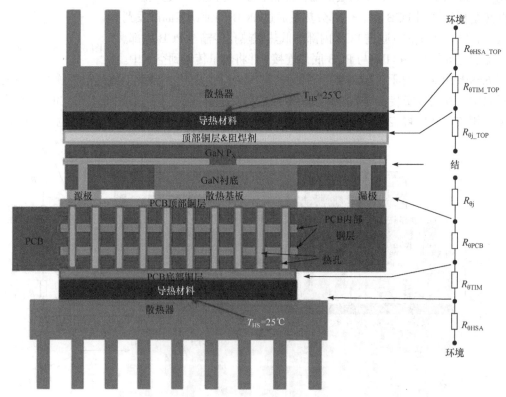

图 6.60   双面冷却示意图

平，并且不具备耐高压以及绝缘能力，因此需要先在该层上方添加一层导热材料以确保其安全工作，然后将散热器安装在导热材料上。

对于贴片式封装的器件来说，PCB 是热传输的重要通道，因此如何合理设计 PCB，减小 PCB 热阻，提高其散热能力是 GaN 器件散热设计需要重点考虑的内容。影响 PCB 散热性能的因素主要有两个：热扩散铜板和热孔。

在 GaN 器件工作时，产生的热量由 GaN 器件的小面积散热基板传输到 PCB 顶部的大面积铜层上，并通过铜层发散到空气中，因此 PCB 顶部铜层需要有足够的厚度来确保有效的散热，通常需要 2 盎司或者更厚。PCB 底部的铜层主要和导热材料或者散热器连接，因此需要有足够的面积确保覆盖导热材料和散热器的表面。

由于 FR-4 材料 PCB 的导热性能较差，因此器件产生的热量不能有效地从 PCB 顶部传输到底部，而在 PCB 内部添加热孔能够减小 PCB 的热阻，提高导热性能，增强散热能力。在设计热孔时，需要考虑焊料芯吸问题：向焊盘添加开放式热孔时，在回流过程中，焊锡会浸入通孔中，并在焊盘上产生焊料空隙。为了解决这一问题，通过减小热孔直径，从而有效减少浸入通孔的焊锡量，除此之外，在通孔中添加导热材料能够限制焊锡的浸入并且提高导热性能，但是会增加工艺成本。

可见，对于 GaN 器件，要使其长时间稳定可靠工作，必须对其散热进行精心设计。同时由图 6.60 可知，虽然 GaN 器件具有较小的封装外形，但为了确保其有效散热，所设置的散热器和 PCB 面积增加了不少尺寸与空间，因此，要真正发挥 GaN 器件的优势，实现更高的功率密度，必须寻求更为有效的散热措施。

6.6　高温变换器设计挑战

电力电子变换器广泛应用于国民经济的各个领域中，在一些典型应用场合，如多电飞机、电动汽车和石油钻井等恶劣环境中的最高工作温度超过 200℃。在地热能开发领域的工作温度高达 300℃以上，而在太空探测领域的温度更高，并伴随极宽温度范围变化。这些场合迫切需要耐高温变换器。

相比于传统的 Si 器件，采用先进封装技术的 SiC 模块是一个较大的技术进步，但要实现真正意义上的耐高温变换器，这仍不够。在一个典型变换器中，除了功率开关器件，还需有驱动电路、控制电路、无源元件、PCB、焊接材料及连接件等部件。因此，要真正实现高温变换器，不仅需要开发耐高温封装材料，使得 SiC 模块能够在更高环境温度下工作，而且需要耐高温的驱动电路、控制电路、检测保护电路、无源元件(包括磁性元件、电容和电阻)、PCB 及连接件等，以保障整机能够满足高温恶劣环境的工作要求。

对于驱动芯片和控制芯片，高温工作时 Si 基 PN 结的漏电流会导致电路损坏，这是 CMOS 工艺的主要问题。虽然基于 SiC 材料的器件理论上能在 600℃的高温环境下工作，但目前，还没有制造出基于 SiC 材料的集成电路产品。对于高温集成电路的应用要求，目前主要采用 SOI 技术，从而使得高温工作时的漏电流明显降低。如图 6.61 所示，在 SOI 结构中嵌入了绝缘层，显著削弱了 PN 结的漏电流通路。此外，SOI 器件阈值电压随温度变化的幅度小于 Si 器件。SOI 还改善了闭锁干扰，增加了电路高温工作的可靠性。这些特性使得基于 SOI

技术的集成电路能在 200～300℃正常工作。

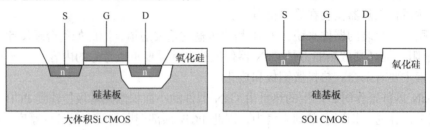

图 6.61   大体积 Si CMOS 和 SOI CMOS 结构比较

对于电阻器，温度升高会对电阻元件的散热能力和阻值漂移产生影响。阻值漂移会对电路运行造成一定影响，但在留有一定余量的情况下，不会造成电路无法工作。在高温工作情况下，加之电阻本身就是发热元件，散热能力是需要考虑的重点。一般来讲，适当选择大封装的电阻可以有效改善散热能力。然而需要注意的是，为了获得良好的高频性能和较理想的电路体积，电阻选择以小封装贴片电阻为主。表 6.8 列出耐高温电阻的典型材料和主要生产厂商。

表 6.8   耐高温电阻的典型材料和主要生产厂商

材料	生产商	温度/℃
碳	KOA Speer Electronics 公司	−55～200
陶瓷	Ohmite 公司	−40～220
	KOA Speer Electronics 公司	−40～200
金属条纹	Vishay 公司	−65～275
贵金属	KOA Speer Electronics 公司	−55～200
	Vishay 公司	−65～225
金属氧化物	IRC 公司	−55～200
薄膜	Ohmite 公司	−55～200
绕线	Bourns 公司	−55～275
	Vishay 公司	−65～275
厚膜	IRC 公司	−55～200
	Ohmite 公司	−55～200

对于电容器，温度升高会降低电容容值、耐压值、绝缘电阻、可靠性与使用寿命，但其显著程度对于不同结构、不同材料的电容来说具有很大不同。标称温度最高的电解电容、薄膜电容的最高使用温度均在 150℃以下，无法用于 175℃以上的高温应用。陶瓷电容与其他类型的电容相比具有更高的工作温度，然而其电容值远低于电解电容和薄膜电容。不同材料的陶瓷电容可达到的容值、耐压值与绝缘电阻以及随温度变化的特性各不相同。

图 6.62 列出可以工作于 200℃以上高温环境的电容。一般而言，三种类型的电容具有高

温工作能力：陶瓷电容、钽电容和云母电容。由图 6.62 可见，在三种类型电容中，钽电容一般容值很高，但电压定额较低；云母电容电压定额很高，但电容值较低；陶瓷电容处于钽电容和云母电容之间。表 6.9 列出高温电容的典型材料和主要生产厂商。

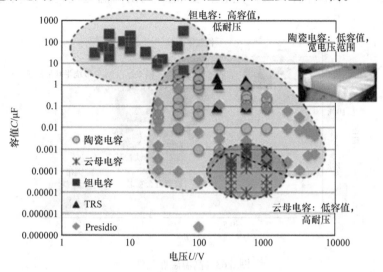

图 6.62　高温电容

表 6.9　高温电容的典型材料和主要生产厂商

	材料	生产商	容值	温度/℃
陶瓷	NP0	Kemet 公司	1.0pF～0.12μF	−55～200
	X7R	Novacap 公司 Johanson 公司 Dielectric 公司 Eurofarad 公司	100pF～3.3μF	−55～200
Teflon		Eurofarad 公司	470pF～2.2μF	−55～200
钽		Kemet 公司	0.15～150μF	−55～175
云母		CDE 公司	1.0～1500pF	200

对于电感器或者变压器元件，需要从两方面进行考虑：一方面是绕线在高温下的绝缘，另一方面是磁芯的温度特性。对于绕线的高温绝缘，耐高温漆包线与 Kapton 胶带的最高使用温度可在 200℃以上，较易满足要求。对于磁芯的选择，铁粉磁芯最高温度受到涂层材料限制而非居里温度限制，铁氧体磁芯则受到涂层材料与居里温度的双重限制。另外，功率损耗也影响磁芯高温性能，大多数材料的最高效工作温度约为 100℃，当温度高于此点之后，随温度上升，磁芯效率降低。虽然功率损耗在信号隔离应用中并不敏感，但它严重影响功率应用的效率。一般来说，铁粉磁芯的效率低于铁氧体磁芯，特别是在高频情况下。

可工作于 200℃以上的高温磁性元件如图 6.63 所示，对于低饱和磁密与高工作频率要求，大多选用铁氧体磁芯。对于高饱和磁密场合，如升压电路滤波电感或 EMI 滤波器，具有高饱和磁密的纳米晶软磁磁芯是一个较好的选择。在驱动变压器中适合采用耐高温、低磁导率的镍锌铁氧体磁芯。表 6.10 列出高温磁性元件的主要生产厂商和典型型号。

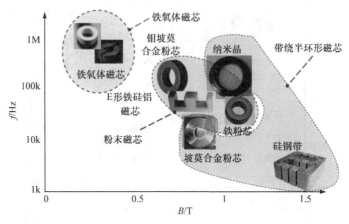

图 6.63　高温磁性元件

表 6.10　高温磁性元件的主要生产厂商和典型型号

生产商	型号	电感值/μH	温度/℃
Vishay 公司	TJ3-HT	0.39～100	−55～200
	TJ5-HT	0.47～470	−55～200
Datatronic 公司	Dr-360	1.2～1000	−55～200
	Dr-361	1.2～1000	−55～200
	Dr-362	1.0～1000	−55～200
Ferroxcube 公司	4C65		超过 200
	3C93		超过 200

对于印刷电路板的选择，一个关键参数是其玻璃化转化温度 T_g。印刷电路板层压板的温度超过 T_g 时，层压板开始向橡胶状态转变，失去原有的硬度。大多数 FR-4 材料的 T_g 可以达到 150℃。一些高温 FR-4 材料的 T_g 可达到 170℃。对于更高温度的应用要求，可采用 T_g 高达 260℃的聚酰亚胺材料或 T_g 高达 280℃的烃陶瓷类材料。

对于焊料的选择，一般来说，含锡高的合金，其熔化温度接近锡熔点 232℃，含铅高的合金，其熔化温度接近铅熔点 327℃。虽然金锗合金也可以提供高熔化温度，但其由于含金量高，价格非常昂贵。

6.7　多目标优化设计

与 Si 器件相比，宽禁带器件具有更低的导通电阻、更低的结-壳热阻、更高的击穿电压和更高的结温工作能力。用宽禁带器件去替代现有变换器中的 Si 器件，沿用现有 Si 基变换器的设计方法，虽然有可能会使变换器的性能得到一定程度的提升，但很难最大限度地发挥宽禁带器件的优势和潜力，实现宽禁带变换器性能的最优化。

6.7.1　变换器现有设计方法存在的不足

变换器现有设计通常首先依据对系统效率、体积、重量、纹波/谐波等方面的要求，根据设计者对变换器及其应用场合的熟悉程度做一些假定和简化，然后进行参数选取和设计，最后进行实验验证、修改，使设计结果达到指标要求。尽管经验丰富的设计者凭借积累的经验和专业水平通过不断调整参数，最终能够获得一组较好的设计参数，但其设计结果很可能在所要求的工况下并不是最优的，适当改变某些设计参数后，可能会进一步提高变换器的性能。

变换器现有设计流程图如图 6.64 所示，其主要特征如下。

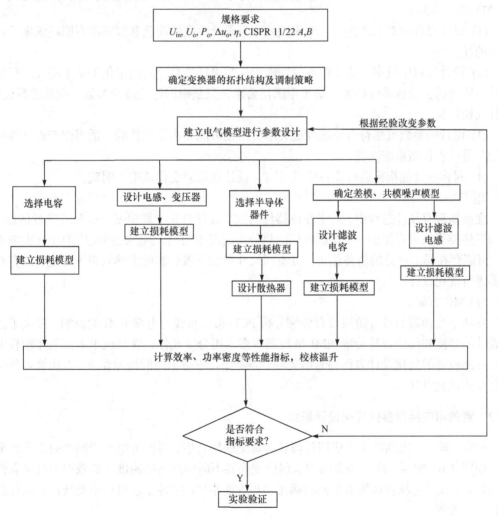

图 6.64　变换器现有设计流程图

(1) 变换器设计的起点是变换器的技术规格，如输入电压、输出电压、输出功率、电压纹波、电流谐波、效率、体积重量及 EMC 标准等规格要求。

(2) 根据输入、输出电压的大小及性质，如是否需要升降压、是否需要隔离，选择合适的变换器拓扑结构和调制策略。

(3) 根据电路结构及工作模式，建立电路的电气模型，通过设计变量的初始值计算得到主要工作点的电压、电流波形，对功率器件和磁性元件等进行选择与设计。

(4) 计算变换器的效率、功率密度等性能指标，理论计算结果如果不满足要求，根据设计者经验改变某些参数，重新进行变换器参数设计。

(5) 对设计结果进行实验验证，如果不满足要求，则再次修改设计参数，重新进行验证。

功率变换器的设计涉及电、热、磁等多个方面。除了电气性能要满足一定要求，热管理和 EMC 也要符合一定的标准与要求，变换器才能正常工作。

分析表明，变换器现有设计过程中存在的不足主要如下。

1) 电气方面

(1) 设计过程中对工作频率、电流纹波率等设计参数的简化和假定没有明确依据，具有较大的任意性。

(2) 设计过程中效率、功率密度等性能指标与设计参数之间的量化关系不明确，只是在设计完成之后去校核系统性能，如果不满足要求，只是根据经验改变参数，重新进行设计，设计周期较长。

(3) 设计的参数虽然符合系统性能要求，但很可能并不是最佳的，适当改变设计参数，可能会进一步提高系统性能。

(4) 对多项性能指标进行多目标设计时，设计参数的变化范围不明确。

2) 热管理方面

变换器现有设计过程中，对半导体器件的散热设计首先主要根据经验公式进行估算，然后加以热控手段进行保护，变换器内部的热分布情况不明确，器件之间温度的相互影响不清楚，可能存在局部过热的故障隐患，且不同尺寸参数下散热器的散热效果不确定，没有对散热器进行优化设计。

3) EMC 方面

在功率变换器的设计阶段没有详细分析 PCB 布局布线对电路 EMI 的影响，加大了滤波器设计的难度和代价，且传统 EMI 滤波器较多采用分立元件，在整机中占据的体积较大，同时在滤波器的优化设计方面还有所欠缺，需要综合考虑不同的指标要求，对滤波器的参数进行整体优化设计。

6.7.2　宽禁带变换器参数优化设计思路

航空、航天、电动汽车等应用环境较为苛刻的场合中，对电力电子变换器的要求越来越高，如图 6.65 所示，应用场合的需求促使变换器不断向高功率密度、高效率和高可靠性等方向发展，在特定场合可能需要同时满足多项性能指标的要求，这对功率变换器的设计提出了较大的挑战。

变换器中的性能指标是相互影响的，如实现高功率密度通常需要提高开关频率，从而减小电抗元件的体积，但开关频率的提高会使开关损耗增大，导致变换器效率降低，同时还会使功率器件所需的散热器体积增大。在传统的变换器设计中这种影响都是根据工程师的经验确定的，没有明确的设计依据。

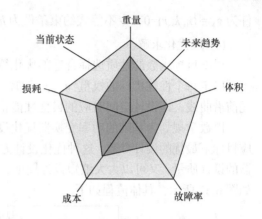

图 6.65　应用场合对变换器性能要求的发展趋势

新型宽禁带器件的损耗、开关速度、温度承受能力与 Si 器件相比都有了较大变化，因此在宽禁带变换器中，功率器件与磁性元件的损耗比例、EMI 水平及滤波器设计要求均会发生变化，结温可作为设计变量之一由设计人员灵活掌握，因此对于"多变量-多目标"的宽禁带变换器，若仍采用本质上为"试凑设计"的现有变换器设计方法，难以充分发挥宽禁带器件的优势且难以实现宽禁带变换器的最优设计。

这种缺陷可以通过对变换器系统进行数学建模和优化设计弥补，直接通过计算得到系统性能与设计参数之间的定量关系，从而明确设计变量与性能指标之间的相互影响情况。变换器优化设计示意图如图 6.66 所示，具体过程如下。

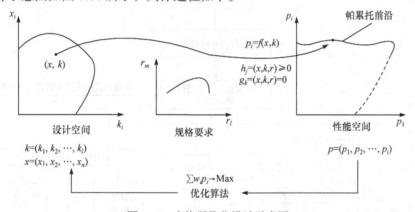

图 6.66　变换器优化设计示意图

(1) 定义设计空间。

将优化设计中的设计变量放在数组 x 中，即令 $x = (x_1, x_2, \cdots, x_n)$，将磁性材料的磁导率、饱和磁通密度等设计常量放在数组 k 中，即令 $k = (k_1, k_2, \cdots, k_l)$，每一组设计变量和常量的取值都会对应设计空间中的一个点，从而确定完整的设计空间。

(2) 定义目标函数。

对变换器系统的性能指标(效率、功率密度等)进行数学描述，根据设计变量与性能指标之间的关系建立目标函数，即令 $p_i = f(x, k)$，这样一个设计空间就可以根据目标函数转换成相应的性能空间。

(3) 定义约束条件。

将输入电压、输出电压和输出功率等规格要求放在数组 r 中，即令 $r = (r_1, r_2, \cdots, r_m)$，根据设计变量之间的相互影响情况建立需要满足的等式及不等式约束关系，即令等式约束条

件为 $g_k = (x, k, r)=0$，令不等式约束条件为 $h_j = (x, k, r) \geqslant 0$。

(4) 最优化求解。

根据目标函数的性质选择合适的优化算法，如果需要对多个性能指标同时进行优化，则需要确定每个性能指标的权重 w 进行加权处理。通过优化算法进行最优化求解，得到帕累托前沿曲线，即设计空间对应的最优性能指标。

以数学规划为基础的功率变换器优化设计技术，根据不同场合的性能要求，可以得到相应目标下最优的设计参数，这种优化设计方法与传统的设计方法相比，既可以提高功率变换器的设计质量，又可以大大缩短设计周期，具有明显的优越性。功率变换器优化设计流程图如图 6.67 所示，具体流程如下。

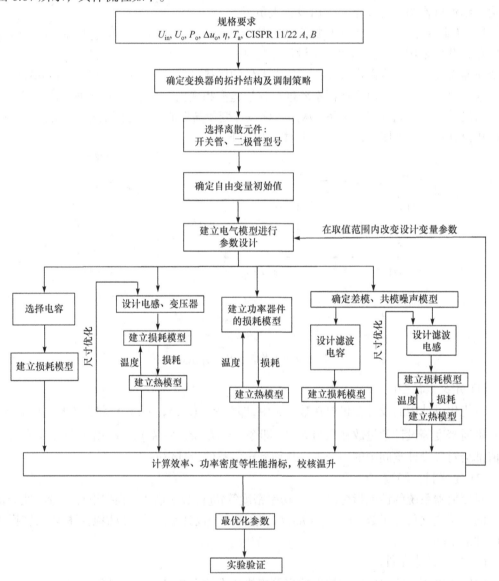

图 6.67 功率变换器优化设计流程图

(1) 优化过程的起点是关于变换器技术规格的一些参数，如输入电压、输出电压、输出功率、效率和电压纹波等。

(2) 根据输入、输出电压的大小及性质，如是否需要升降压、是否需要隔离，选择合适的变换器拓扑结构和调制策略。

(3) 对开关管、二极管等离散器件进行预先选择。

(4) 确定设计变量的初始值，根据电路结构及工作方式，建立电路的电气模型，通过设计变量的初始值计算得到主要工作点的电压、电流波形，进行元器件参数设计。

(5) 计算变换器损耗，并建立相应的热模型，根据温度计算结果对损耗模型进行修正，同时对散热器进行优化。

(6) 计算变换器的效率、功率密度等性能指标，然后在设计变量取值范围内改变其数值，重新进行循环计算。

(7) 性能指标最高的一组设计参数即为相应目标下的最优化参数，对其进行实验验证。

与传统变换器设计方法相比，变换器优化设计方法的改进之处主要体现在以下方面。

(1) 考虑了温度对器件损耗的影响，增加了损耗修正过程。

(2) 通过建立热模型，对半导体器件的散热器进行了优化设计，有利于提高变换器的功率密度。

(3) 在设计变量取值范围内，通过计算机对所有取值情况进行计算，找出一组最佳参数，使系统性能在相应目标下达到最优。

对于宽禁带变换器，设计变量比 Si 基变换器有所增多，参数设计复杂性加大，采用优化设计方法有利于充分发挥宽禁带器件优势，获得应用场合技术规格要求下的最优设计结果。

6.8　本章小结

宽禁带器件的特性虽然优于 Si 器件，但在宽禁带器件特性测试以及使用宽禁带器件制作电力电子变换器方面，却会受到一些实际因素的制约。本章介绍了宽禁带器件特性测试的基本方法，指出器件特性测试中存在的挑战，并对宽禁带器件高速开关限制因素、封装设计挑战、散热设计挑战、高温变换器设计挑战以及参数优化设计等问题进行了阐述。

本章首先阐述了宽禁带器件静态特性测试和开关特性测试的一般方法，分析了宽禁带器件特性测试存在的挑战，明确了其对测试设备和测试方法的要求。

其次对开关速度的制约因素，包括寄生电感、寄生电容、驱动能力、长电缆电压反射问题、EMI 问题和高压局放问题，进行了阐述。必须采取有效方法克服以上因素的制约，保证整机安全可靠工作，才能真正发挥宽禁带器件的快开关速度优势。

然后阐述了封装设计挑战。目前商用 SiC 器件主要沿用了 Si 器件的封装技术，封装引入的寄生参数偏大，散热效率不高，温度承受能力受限。为充分发挥 SiC 器件的高速开关能力和高结温能力，必须在封装结构和封装材料上提出更好的解决方案，从而与 SiC 管芯的优越性能相匹配。由于 GaN 器件比 Si 器件对寄生参数更为敏感，为尽可能减小寄生电感，可采用 GaN 集成驱动技术，将驱动电路和 GaN 器件集成在同一个封装中。

接着对 GaN 器件的散热设计挑战进行了介绍。GaN 器件由于体积小、功率密度大，贴片式封装使其散热设计存在较大挑战。GaN 器件散热要从封装结构、PCB 设计以及散热器设计等多个方面进行综合优化，减小热阻，提高散热能力，保证 GaN 器件可靠工作和在高温环境下应用。

之后对高温变换器设计挑战进行了介绍。相比于传统的 Si 器件，采用先进封装技术的 SiC 模块已是一个较大的技术进步，但这离实现真正意义上的耐高温变换器仍有差距。要实现高温变换器，不仅需要开发耐高温 SiC 模块，而且需要协同研究开发耐高温的驱动电路、控制电路、检测保护电路、无源元件、PCB 及连接件等，以保障 SiC 基变换器整机能够满足高温恶劣环境的工作要求。

最后对宽禁带变换器优化设计进行了介绍。现有 Si 基变换器的设计方法本质上是一种"试凑设计"，一些关键设计参数往往是根据工程师的经验确定的，所取参数并不是取值范围中的最优值，而是满足基本条件的某个可行值。这种设计方法并不适用于"多变量-多目标"的宽禁带变换器，难以充分发挥宽禁带器件的优势和实现宽禁带变换器的最优设计。宽禁带变换器宜采用以数学规划为基础的变换器优化设计技术，根据不同场合的性能要求，获得相应目标下的最优设计参数。

思考题和习题

6-1　说明宽禁带半导体器件静态特性测试需要测哪些内容。

6-2　画出电路图和原理波形图，阐述双脉冲测试的工作原理。

6-3　阐述宽禁带半导体器件特性测试存在什么挑战，并分析这些挑战的原因。

6-4　结合图 6.24 半桥 LLC 谐振变换器所采用的功率器件，分析说明采用 GaN 器件比 Si MOSFET 效率高的原因。

6-5　列举说明实际变换器中可能存在的限制功率器件开关速度的寄生电容。

6-6　分析说明长电缆电机驱动系统中提高开关速度对电压反射的影响。

6-7　给出至少一种能够改善 PWM 频谱特性的 PWM 调制方法，并对其进行原理分析。

6-8　分析说明为何现有测试设备不能用于 SiC 模块的局放测试。

6-9　列举说明 SiC 器件封装存在哪些挑战。

6-10　为何说 GaN 器件散热存在较大挑战？

6-11　分析阐述目前变换器常用的设计方法存在哪些不足。

参 考 文 献

蔡超峰, 2013. 碳化硅 JFET 器件的逆向导通应用的研究[D]. 杭州: 浙江大学.

蔡宣三, 汤伟, 1986. 单端反激变换器的优化设计与分析[J]. 通信学报, 7(1): 52-59.

陈治明, 李守智, 2009. 宽禁带半导体电力电子器件及其应用[M]. 北京: 机械工业出版社.

崔梅婷, 2015. GaN 器件的特性及应用研究[D]. 北京: 北京交通大学.

董耀文, 秦海鸿, 付大丰, 等, 2016. 宽禁带器件在电动汽车中的研究和应用[J]. 电源学报, 14(4): 119-127.

何亮, 刘扬, 2016. 第三代半导体 GaN 功率开关器件的发展现状及面临的挑战[J]. 电源学报, 14(4): 1-13.

黄一哲, 2014. 碳化硅双极性晶体管的建模及特性研究[D]. 浙江: 浙江大学.

蒋栋, 2018. 电力电子变换器的先进脉宽调制技术[M]. 北京: 机械工业出版社.

金淼鑫, 高强, 徐殿国, 2018. 一种基于 BJT 的耐 200℃高温碳化硅 MOSFET 驱动电路[J]. 电工技术学报, 33(6): 1302-1311.

李根, 杨丽雯, 黄文新, 2018. SiC MOSFET 基电机驱动器功率级寄生参数问题及解决方法[C]. 第十三届中国高校电力电子与电力传动学术年会, 西安.

梁美, 李艳, 郑琼林, 等, 2017. 高速 SiC MOSFET 开关特性的测试方法[J].电工技术学报, 32(14): 87-95.

刘喆, 2015. 电动汽车电机驱动系统的传导干扰建模与抑制方法研究[D]. 重庆: 重庆大学.

彭子和, 秦海鸿, 修强, 等, 2019. 寄生电感对低压增强型 GaN HEMT 开关行为的影响[J]. 半导体技术, 44(4): 257-264.

祁锋, 徐隆亚, 王江波, 等, 2015. 一种为碳化硅 MOSFET 设计的高温驱动电路[J]. 电工技术学报, 30(23): 24-31.

钱照明, 张军明, 盛况, 2014. 电力电子器件及其应用的现状及发展[J]. 中国电机工程学报, 34(29): 5149-5161.

秦海鸿, 董耀文, 张英, 等, 2016. GaN 功率器件及其应用现状与发展[J]. 上海电机学院学报, 19(4): 187-196.

秦海鸿, 荀倩, 聂新, 等, 2013. SiC 器件在航空二次电源中的应用分析及展望[C]. 第七届中国高校电力电子与电力传动学术年会, 上海.

秦海鸿, 严仰光, 2016. 多电飞机的电气系统[M]. 北京: 北京航空航天大学出版社.

秦海鸿, 张英, 朱梓悦, 等, 2017. 寄生电容对 SiC MOSFET 开关特性的影响[J]. 中国科技论文, 12(23): 2708-2714.

秦海鸿, 朱梓悦, 戴卫力, 等, 2017. 寄生电感对 SiC MOSFET 开关特性的影响[J]. 南京航空航天大学学报, 49(4): 531-539.

沈征, 何东, 帅智康, 等, 2016. 碳化硅电力半导体器件在现代电力系统中的应用前景[J]. 南方电网技术, 10(5): 94-101.

盛况, 郭清, 张军明, 等, 2012. 碳化硅电力电子器件在电力系统的应用展望[J]. 中国电机工程学报, 32(30): 1-7.

孙彤, 2015. 氮化镓功率晶体管应用技术研究[D]. 南京: 南京航空航天大学.

SHUR M, RUMYANTSEV S, LEVINSHTEIN M, 2012. 碳化硅半导体材料与器件[M]. 杨银堂, 贾护军, 段兴宝, 译. 北京: 电子工业出版社.

TEXAS INSTRUMENTS, 2016. 用集成驱动器优化 GaN 性能[EB/OL]. [2016-06-01]. https://e2echina.ti.com/blogs_/b/power_house/archive/2016/06/01/g-a-n?keyMatch=用集成驱动器优化氮化镓性能&tisearch=Search-CN-everything.

VISIC, 2016. AN01V650 应用手册[EB/OL]. [2016-05-28]. http://visic-tech.asia/products/AN01V650-Application Notes.pdf.

王俊, 李清辉, 邓林峰, 等, 2015. 高压 SiC 晶闸管在 UHVDC 的应用前景[C]. 中国高校电力电子与电力传动学术年会, 北京.

王学梅, 2014. 宽禁带碳化硅器件在电动汽车中的研究与应用[J]. 中国电机工程学报, 34(3): 371-379.

谢昊天, 2017. 基于 SiC MOSFET 的永磁同步电机驱动器高速开关行为研究[D]. 南京: 南京航空航天大学.

修强, 董耀文, 彭子和, 等, 2018. 一种新型超级联碳化硅结型场效应管[J]. 电子器件, 41(5): 1105-1109.

徐德鸿, 2013. 现代电力电子器件原理与应用技术[M]. 北京: 机械工业出版社.

袁立强, 赵争鸣, 宋高升, 等, 2011. 电力半导体器件原理与应用[M]. 北京: 机械工业出版社.

袁源, 王耀洲, 谢畅, 等, 2015. 一种新型的耐高温碳化硅超结晶体管[J]. 电子器件, 38(5): 976-979.

张明兰, 杨瑞霞, 王晓亮, 等, 2010. 高击穿电压 AlGaN/GaN HEMT 电力开关器件研究进展[J]. 半导体技术, 35(5): 417-422.

张雅静, 2015. 面向光伏逆变系统的氮化镓功率器件应用研究[D]. 北京: 北京交通大学.

张有润, 2010. 4H-SiC BJT 功率器件新结构与特性研究[D]. 成都: 电子科技大学.

赵斌, 2014. SiC 功率器件特性及其在 Buck 变换器中的应用研究[D]. 南京: 南京航空航天大学.

赵斌, 秦海鸿, 马策宇, 等, 2014. SiC 功率器件的开关特性探究[J]. 电工电能新技术, 33(3): 18-22.

赵斌, 秦海鸿, 文教普, 等, 2012. 商用碳化硅电力电子器件及其应用研究进展[C]. 中国电工技术学会电力电子学会第十三届学术年会, 合肥.

中国国防科技信息中心, 2014. 美国能源部建立下一代宽禁带电力电子器件创新研究所[EB/OL]. [2014-01-23]. http://roll.sohu.com/20140123/n394052101.shtml.

钟志远, 2015. 基于 SiC 器件的全桥 DC/DC 变换器优化设计研究[D]. 南京: 南京航空航天大学.

钟志远, 秦海鸿, 朱梓悦, 等, 2015. 碳化硅 MOSFET 器件特性的研究[J]. 电气自动化, 37(3): 44-45.

朱梓悦, 秦海鸿, 董耀文, 等, 2016. 宽禁带半导体器件研究现状与展望[J]. 电气工程学报, 11(1): 1-11.

ALQUIER D, CAYREL F, MENARD O, et al., 2012. Recent progress in GaN power rectifiers[J]. Japanese journal of applied physics, 51(1): 42-45.

BHALLA A, LI X Q, BENDEL J, 2015. Switching behavior of USCi's SiC cascodes[EB/OL].[2015-06-01]. http://www.bodospower.com/.

BIELA J, SCHWEIZER M, WAFFLER S, et al., 2011. SiC versus Si—evaluation of potentials for performance improvement of inverter and DC-DC converter systems by SiC power semiconductors[J]. IEEE transactions on industrial electronics, 58(7): 2872-2882.

BORGHOFF G, 2013. Implementation of low inductive strip line concept for symmetric switching in a new high power module[C]. PCIM, Nuremberg: 1041-1045.

BURGOS R, CHEN Z, BOROYEVICH D, et al., 2009. Design considerations of a fast 0-Ω gate-drive circuit for 1.2 kV SiC JFET devices in phase-leg configuration[C]. Energy Conversion Congress and Exposition, San Jose: 2293-2300.

CAI C F, ZHOU W C, SHENG K, 2013. Characteristics and application of normally-off SiC-JFETs in converters without antiparallel diodes[J]. IEEE transactions on power electronics, 28(10): 4850-4860.

CUI Y, XU F, ZHANG W, et al., 2014. High efficiency data center power supply using wide band gap power devices[C]. IEEE Applied Power Electronics Conference and Exposition, Fort Worth: 3437-3442.

DISNEY D, NIE H, EDWARDS A, et al., 2014. Vertical power diodes in bulk GaN[C]. International Symposium on Power Semiconductor Devices & IC's, Hawaii: 1-3.

EPC, 2019. EPC2016C-Enhancement Mode Power Transistor[EB/OL]. [2019-08-01]. Efficient Power Conversion Corporation eGaN FET datasheet. https://epc-co.com/epc/Products/eGaNFETsandICs/EPC2016C.aspx.

FUNAKI T, KASHYAP A S, MANTOOTHET H A, et al., 2006. Characterization of SiC diodes in extremely high temperature ambient[C]. IEEE Applied Power Electronics Conference and Exposition, Dallas: 441-447.

GAN SYSTEMS, 2015. PCB thermal design guide for GaN enhancement mode power transistors[EB/OL]. [2015-03-18].https://gansystems.com/wp-content/uploads/2018/01/GN005_PCB-Thermal-Design-Guide-Enhancement-

Mode-031815.pdf.

GAN SYSTEMS, 2016. GaN Systems' complete family of GaN-on-Si power switches[EB/OL]. [2016-04-21]. http://www.gansystems.com/transistors_new.php.

GAN SYSTEMS, 2018. GS66504B 数据手册[EB/OL]. [2018-01-28]. https://gansystems.com/gan-transistors/gs66504b/.

HAN D, NOPPAKUNKAJORN J, SARLIOGLU B, 2014. Comprehensive efficiency, weight and volume comparison of SiC- and Si-based bidirectional DC-DC converters for hybrid electric vehicles[J]. IEEE transactions on vehicular technology, 63(7): 3001-3010.

HIROKI M, TAKAFUMI O, HIROKI N, et al., 2012. 21-kV SiC BJTs with space-modulated junction termination extension[J]. IEEE electron device letters, 33(11): 1598-1600.

HOSTETLER J L, ALEXANDROV P, LI X, 2014. 6.5 kV SiC normally-off JFETs—technology status[C]. IEEE Workshop on Wide Bandgap Power Devices and Applications, Knoxville: 143-146.

HUANG X, LIU Z, LEE F C, et al., 2015. Characterization and enhancement of high-voltage cascode GaN devices[J]. IEEE transactions on electron devices, 62(2): 270-277.

HUANG X, LIU Z, LI Q, et al., 2014. Evaluation and application of 600 V GaN HEMT in cascode structure[J]. IEEE transactions on power electronics, 29(5): 2453-2461.

HULL B A, SUMAKERIS J J, O'LOUGHLIN M J, et al., 2008. Performance and stability of large-area 4H-SiC 10-kV junction barrier schottky rectifiers[J]. IEEE transactions on electron devices, 55(8): 1864-1870.

INFINEON, 2015. IDP15E60, 600V/1200V ultra soft diode datasheet[EB/OL]. [2015-01-12]. https://www.infineon.com/cms/en/product/ transistor-diode/diode/silicon-power-diode/600V-1200V-ultra-soft-diode/idd15e60/.

INFINEON, 2012. IDH10G65C5, 650V/10A SiC schottky diode datasheet[EB/OL]. [2012-12-10]. https://www.infineon.com/dgdl/Infineon-IDH10G65C5-DS-v02_02-en.pdf?fileId=db3a30433a047ba0013a06a8f03d0169.

INFINEON, 2010. IPW90R120C3, CoolMOS power transistor product datasheet[EB/OL]. [2010-02-09]. https://www.infineon.com/cms /en/product/power/mosfet/500V-900V-coolmos-n-channel-power-mosfet/900V-coolmos-n-channel-power-mosfet/ ipw90r120c3/.

INFINEON, 2004. IRG4PH30KDPbF, Si IGBT with ultrafast soft recovery diode[EB/OL]. [2004-06-17]. https://www.infineon.com/cms/en/product /power/igbt/igbt-discretes/discrete-igbt-with-anti-parallel-diode/irg4ph30kd/.

IXYS, 2012. DSEP15-06A, 600V/15A fast recovery diodes datasheet[EB/OL]. [2012-03-18]. http://ixapps.ixys.com/DataSheet/DSEP15-06A.pdf.

JIANG D, BURGOS R, WANG F, et al., 2012. Temperature-dependent characteristics of SiC devices: performance evaluation and loss calculation[J]. IEEE transactions on power electronics, 27(2): 1013-1024.

JONES E A, WANG F F, COSTINETT D, 2016. Review of commercial GaN power devices and GaN-based converter design challenges[J]. IEEE journal of emerging and selected topics in power electronics, 4(3): 707-719.

JONES E A, WANG F, OZPINECI B, 2014. Application-based review of GaN HFETs[C]. IEEE Workshop on Wide Bandgap Power Devices and Applications, Knoxville: 24-29.

KIZILYALLI I C, EDWARDS A P, AKTAS O, et al., 2015. Vertical power p-n diodes based on bulk GaN[J]. IEEE transactions on electron devices, 62(2): 414-422.

KIZILYALLI I C, EDWARDS A P, NIE H, et al., 2014. 3.7 kV vertical GaN PN diodes[J]. IEEE electron device letters, 35(2): 247-249.

KOLAR J W, BIELA J, MINIBOCK J, 2009. Exploring the pareto front of multi-objective single-phase PFC rectifier design optimization - 99.2% efficiency vs. 7kW/dm^3 power density[C]. Power Electronics and Motion Control Conference, Wuhan: 1-21.

LAUTNER J, PIEPENBREIER B, 2015. Analysis of GaN HEMT switching behavior[C]. International Conference on Power Electronics and ECCE Asia, Seoul: 567-574.

LIDOW A, STRYDOM J, 2016. eGaN® FET drivers and layout considerations[EB/OL]. [2016-08-05]. Efficient Power Conversion WP008. https://epc-co.com/epc/Portals/0/epc/documents/papers/egan fet drivers and layout considerations.pdf.

MASAYUKI I, NARUHISA M, 2015. Characteristics of 600, 1200, and 3300V planar SiC-MOSFETs for energy conversion applications[J]. IEEE transactions on electron devices, 62(2): 390-395.

MILLAN J, GODIGNON P, PERPINA X, et al., 2014. A survey of wide bandgap power semiconductor devices[J]. IEEE transactions on power electronics, 29(5): 2155-2163.

MÜNCHEN, 2016. Infineon datasheet of IPP60R450E6[EB/OL]. [2016-07-01]. http: //www.infineon.com/.

NAYAK P, PRAMANICK S K , RAJASHEKARA K, 2018. A high-temperature gate driver for silicon carbide MOSFET[J]. IEEE transactions on industrial electronics, 65(3): 1955-1964.

NING P Q, ZHANG D, LAI R X, et al., 2013. Development of a 10-kW high-temperature, high-power-density three-phase ac-dc-ac SiC converter[J]. IEEE industrial electronics magazine, 7(1): 6-17.

NING P, WANG F, ZHANG D, 2014. A high density 250℃ junction temperature SiC power module development[J]. IEEE journal of emerging and selected topics in power electronics, 2(3): 415-424.

PALMOUR J W, 2014. Silicon carbide power device development for industrial markets[C]. International Electron Devices Meeting, San Francisco: 1.1.1-1.1.8.

PALMOUR J W, LIN C, PALA V, et al., 2014. Silicon carbide power MOSFETs: breakthrough performance from 900 V up to 15 kV[C]. IEEE International Symposium on Power Semiconductor Devices & IC's, Hawaii: 79-82.

PENG K, ESKANDARI S, SANTI E, 2016. Characterization and modeling of a gallium nitride power HEMT[J]. IEEE transactions on industry applications, 52(6): 4965-4975.

POWEREX, 2015. CC410899C, single & dual diode isolated module 100 amperes/up to 1800 volts datasheet[EB/OL]. [2015-03-23]. http: //www.pwrx.com/Result.aspx.

QI F, XU L, 2017. Development of a high-temperature gate drive and protection circuit using discrete components[J]. IEEE transactions on power electronics, 32(4): 2957-2963.

QIN H H, LIU Q, ZHANG Y, et al., 2018. A new overlap current restraining method for current-source rectifier[J]. Journal of power electronics, 18(2): 615-626.

QIN H H, MA C Y, ZHU Z Y, et al., 2018. Influence of parasitic parameters on switching characteristics and layout design considerations of SiC MOSFETs[J]. Journal of power electronics, 18(4): 1255-1267.

QIN H H, ZHAO B, NIE X, et al., 2013. Overview of SiC power devices and its applications in power electronic converters[C]. Proceedings of Industrial Electronics and Applications, Melbourne: 466-471.

RECHT F, HUANG Z, WU Y F, 2017. Characteristics of transphorm GaN power switches[EB/OL]. [2017-02-18]. https://www.fujitsu.com/uk/Images/characteristics-transphorm-gan-power-fets-20161116.pdf.

REUSCH D, STRYDOM J, 2014. Understanding the effect of PCB layout on circuit performance in a high-frequency gallium-nitride-based point of load converter[J]. IEEE transactions on power electronics, 29(4): 2008-2015.

ROHM, 2016. SCS220AG, SiC schottky barrier diode datasheet[EB/OL]. [2016-03-06]. https://www.rohm.com/products/sic-power-devices/sic-schottky-barrier-diodes/scs220ag-product.

ROUND S, HELDWEIN M, KOLAR J, et al., 2005. A SiC JFET driver for a 5kW, 150 kHz three-phase PWM converter[C]. Industry Applications Society Petroleum and Chemical Industry Conference, Denver: 410-416.

SANDLER S, 2015. Faster-switching GaN: presenting a number of interesting measurement challenges[J]. IEEE power electronics magazine, 2(2): 24-31.

SCHUDERER J, VEMULAPATI U, TRAUB F, 2014. Packaging SiC power semiconductors-challenges, technologies and strategies[C]. IEEE Wide Bandgap Power Devices and Applications, Tennessee: 18-23.

SCOTT M J, FU L X, YAO C C, et al., 2014. Design considerations for wide bandgap based motor drive systems[C]. IEEE International Electric Vehicle Conference, Florence: 1-6.

SCOTT M J, BROCKMAN J, HU B X, et al., 2014. Reflected wave phenomenon in motor drive systems using wide bandgap devices[C]. IEEE Workshop on Wide Bandgap Power Devices and Applications, Knoxville: 164-168.

SHEN Z Z, JOHNSON R W, HAMILTON M C, 2015. SiC power device die attach for extreme environments[J]. IEEE transactions on electron devices, 62(2): 346-353.

SINGH R, SUNDARESAN S, 2013. 1200V SiC schottky rectifiers optimized for ≥250℃ operation with low junction capacitance[C]. IEEE Applied Power Electronics Conference and Exposition, Long Beach: 226-228.

ST, 2017. STPSC1006, 600 V power schottky silicon carbide diode datasheet[EB/OL]. [2017-06-08]. https://www.st. com/content/st_com/en/products /diodes-and rectifiers/silicon carbide-diodes/stpsc10065.html.

SUNDARESAN S, MARRIPELLY M, ARSHAVSKY S, et al., 2013. 15kV SiC PiN diodes achieve 95% of avalanche limit and stable long-term operation[C]. International Symposium on Power Semiconductor Devices and ICS, Kanazawa: 175-177.

TAKAKU T, WANG H, MATSUDA N, et al., 2015. Development of 1700V hybrid module with Si-IGBT and SiC-SBD for high efficiency[C]. International Conference on Power Electronics, Seoul: 844-849.

UEMOTO Y, HIKITA M, UENO H, et al., 2007. Gate injection transistor (GIT)—a normally-off AlGaN/GaN power transistor using conductivity modulation[J]. IEEE transactions on electron devices, 54(12): 3393-3399.

UNITED SILICON CARBIDE, 2014. Overview and user guide to united silicon carbide "normally on" xj series JFET[EB/OL]. [2014-05-06]. http: //www. unitedsic.com/.

VAZQUEZ A, RODRIGUEZ A, SEBASTIAN J, et al., 2014. Dynamic behavior analysis and characterization of a cascode rectifier based on a normally-on SiC JFET[C]. Energy Conversion Congress and Exposition, Pittsburgh: 1589-1596.

VIPINDAS P, ADAM B, BRETT H, et al., 2015. 900V silicon carbide MOSFETs for breakthrough power supply design[C]. IEEE Energy Conversion Congress and Exposition, Cincinnati: 4145-4150.

VISHAY, 2017. BAS170WS-G, small signal schottky diode datasheet[EB/OL]. [2017-06-02]. http://www.vishay.com/ product?docid=85236.

VISHAY, 2018. BAT46W-G, small signal schottky diode datasheet[EB/OL]. [2018-02-22]. http://www.vishay.com/ product?docid=85159.

WANG F, ZHANG Z Y, JONES E A, 2018. Characterization of wide bandgap power semiconductor devices[M]. London: The Institution of Engineering and Technology.

WANG K, YANG X, LI H, et al., 2018. A high-bandwidth integrated current measurement for detecting switching current of fast GaN devices[J]. IEEE transactions on power electronics, 33(7): 6199-6210.

WANG R X, BOROYEVICH D, NING P Q, et al., 2013. A high-temperature SiC three-phase AC-DC converter design for >100℃ ambient temperature[J]. IEEE transactions on power electronics, 28(1): 555-572.

WANG Y G, DAI X P, LIU G Y, et al., 2015. Status and trend of SiC power semiconductor packaging[C]. IEEE International Conference on Electronic Packaging Technology, Changsha: 396-402.

WOLFSPEED, 2016a. C3D10060A, 600V/10A silicon carbide schottky diode datasheet[EB/OL].[2016-01-06]. http: //www.wolfspeed.com/c3d10060a.

WOLFSPEED, 2016b. C3D10065A, 600V/10A silicon carbide schottky diode datasheet[EB/OL].[2016-01-08]. http: //www.wolfspeed.com/ c3d10065a.

WOLFSPEED, 2019. C2M0160120D, 1200V/160mΩ SiC MOSFET datasheet[EB/OL]. [2019-03-24].https://www. wolfspeed.com/downloads/dl/file/id/169/product/11/c2m0160120d.pdf.

WU Y, COFFIE R, FICHTENBAUM N, et al., 2011. Total GaN solution to electrical power conversion[C]. IEEE Annual Device Research Conference, Santa Barbara: 217-218.

XIE Y, PAUL B, 2016. Optimizing GaN performance with an integrated driver[EB/OL].[2016-03-01]. http:

//www.ti. com/power-management/gallium-nitride/technical-documents.html.

YAO Y Y, LU G Q, BOROYEVICH D, et al., 2015. Survey of high-temperature polymeric encapsulants for power electronics packaging[J]. IEEE transactions on components, packaging and manufacturing technology, 5(2): 168-181.

ZDANOWSKI M, KOSTOV K, RABKOWSKI J, et al., 2014. Design and evaluation of reduced self-capacitance inductor in DC/DC converters with fast-switching SiC transistors[J]. IEEE transactions on power electronics, 29(5): 2492-2499.

ZHANG W, ZHANG Z Y, WANG F, et al., 2017. Common source inductance introduced self-turn-on in MOSFET turn-off transient[C]. IEEE Applied Power Electronics Conference and Exposition, Florida: 837-842.

ZHANG Z Y, WANG F, TOLBERT L M, et al., 2014. Understanding the limitations and impact factors of wide bandgap devices' high switching-speed capability in a voltage source converter[C]. IEEE Workshop on Wide Bandgap Power Devices and Applications, Tennessee: 7-12.

ZHANG Z Y, WANG F, TOLBERT L M, et al., 2015a. Evaluation of switching performance of SiC devices in PWM inverter-fed induction motor drives[J]. IEEE transactions on power electronics, 30(10): 5701-5711.

ZHANG Z Y, WANG F, TOLBERT L M, et al., 2015b. Realization of high speed switching of SiC power devices in voltage source converters[C]. IEEE Workshop on Wide Bandgap Power Devices and Applications, Knoxville: 28-33.

ZHAO B, QIN H H, WEN J P, et al., 2012. Characteristics, applications and challenges of SiC power devices for future power electronic system[C]. IPEMC, Harbin: 23-29.